기체론 강의

판데르발스 이론;
화합물 분자의 기체; 기체의 해리; 결론

Vorlesungen über Gastheorie
by Ludwig Boltzmann

Published by Acanet, Korea, 2018

학술명저번역 603

기체론 강의

Vorlesungen über Gastheorie

판데르발스 이론;
화합물 분자의 기체; 기체의 해리; 결론

2

루트비히 볼츠만 지음 | **이성열** 옮김

아카넷

| 역자 서문 |

물리학자이자 화학자인 볼츠만(Ludwig Boltzmann)은 19세기의 뛰어난 과학자이다. 물질의 거시적인 성질을, 물질을 구성하는 입자(분자)들의 운동으로 해석한 볼츠만의 안목은 물질의 근본구조에 관심을 가졌었던 고대 그리스 자연철학자들의 의문에 대한 중요한 해답이라 할 수 있는데, 19세기 말까지의 물리학계에서는 이러한 관점에 매우 소홀하였다. '고전물리'로 알려진 그 당시의 물리는 뉴턴 역학과 전자기학으로 대표될 수 있는데, 이 두 자연법칙들이 너무나 강력하였기 때문에 물리학자들은 물질을 이루는 근본입자의 탐구에 별 노력을 기울이지 않았던 것 같다. 열의 본질에 대한 논쟁으로부터 출발한 열역학(thermodynamics) 대 운동론(kinetic theory)의 대결은 물리와 화학의 역사에서 중요한 위치를 차지한다. 열이 입자라는 가설에 대비되는, 열이 미세입자(즉, 원자)의 운동에 불과하다는 생각은 이미 볼츠만의 시대 이전에 발생하였지만, 직접적인 증거가 없었으므로 과학계에서는 소수의 이론으로 치부되었다. 이에 따라서 오늘날 열역학으로 알려진 분야는 19세기에만 하더라도 열 및 물질의 성질을 오직 거시적인 관점에서만 다루자는, "관념적 과학(idealistic science)"이라고 일컬을 수 있는 접근방식이 당시의 대가들(에른스트 마흐, 빌헬름 오스트발트, 피에르 뒤엠 등)에 의하여 주장되었다. 물질의 성질을 구성입자의 운동으로 설명하고자 하는 "원자론(atomic theory)"적 접근방식은 적어도 물리에서는 19세기 말까지 학계의 관심을 별로 끌지 못하였다. 이러한 학계의 풍토가 볼츠만의 자살로 이어졌음은 주지의 사실이다.

한편, 화학 쪽에서는 보일, 샤를, 아보가드로 등이 발견한 기체법칙을 바탕으로 하여, 물질을 구성하는 근본입자(원자, 분자)에 대한 학설이 일찌감치 정립되어, 분자의 관점에서 물질의 성질을 설명할 수 있었다. 이상기체 방정식으로 알려져 있는 이들의 법칙은 그러나 거시적 변수(온도, 압력, 부피, 몰수)들 사이의 관계에 대한 거시적 측정에 의한 것이어서 그 이론적 배경에는 취약했다. 기체의 거시적 성질을 구성분자들의 운동으로 해석하려는 노력은 18세기까지 부분적으로 이루어져 왔으며, 18세기 중반에는 열과 일이 동등하다는 사실이 줄의 실험에 의하여 알려졌고, 특히 맥스웰의 결정적인 공헌에 힘입어 운동론이 정립되기 시작하였다. 클라우시우스가 고안한 평균자유행로(mean free path)의 개념은 기체의 열전달, 점성 및 확산 현상을 분자운동으로 해석하였다.

볼츠만은 물리학자였지만, 당시의 과학으로 보자면 오히려 화학에 더 큰 영향을 미쳤다. 특히, 17세기에 이미 관찰된 기체법칙을 분자운동에 관련시키는 접근방식은 전형적인 화학적 방식이어서, 현재의 대학에서 학습하는 일반화학과 물리화학에서 볼츠만의 업적이 기여하는 바가 매우 크다. 특히, 기체분자운동론(kinetic theory of gas)에서 다루는 기체분자속도, 충돌수, 평균자유행로, 확산 등은 거의 전적으로 볼츠만 기체이론의 성과이다. 『기체론 강의』 제1부에서 볼츠만은 자신의 이론을 매우 상세히 전개하고 있다.

볼츠만은 또한, 이상기체를 넘어서 기체분자의 특성(크기, 인력)을 고려한 판데르발스 기체에 대해서도 분자운동과 기체의 거시적인 행위를 『기체론 강의』 제2부에서 다루고 있다. 이것은 실제 기체의 성질을 구성입자로 이해하는 중요한 경우이며, 나아가서 액체이론의 시초라고도 하겠다.

당시의 유럽 물리학계에서 주목받지 못한 볼츠만의 연구성과는 현대 물리 및 화학에서 중심적인 역할을 하고 있는데, 이것이 '통계역학'의 기본 개념과 관련되기 때문이다. 거시적 물질의 성질을 구성입자의 행위로서 이해하고자 하는 '통계역학'은 볼츠만의 기체이론과 직접적으로 관련된다. 실제로 볼츠만은 기체이론에 머무르지 않았고, 에너지에 따른 상태의 분포를 나타내는 볼츠만 분포 등의 핵심적인 개념을 이후에 다루었다. 물리상수 중에서 매우 중요한 역할을 하는 '볼츠만 상수'에 그의 이름이 붙은 것은 이러한 공로를 인정한 것이겠다.

대학에서 자연과학계열의 학생들은 대부분의 경우 역사적으로 이미 정설로 받아들여진 내용만을 학습한다. 그러나 과거에 제시되었던 자연현상에 대한 학설 중에서 지금까지 살아남은 것은 사실 소수라고 할 수 있는데, 이미 사라진 학설을 접하는 것도 정설을 배우는 것만큼 중요하다고 생각한다. 자연과학은 철저하게 논리로 무장된 과학자들에 의하여 가치중성적으로 연구되는 것이 아니라, 개인적 야망이라든가 열정, 희생 등에 의하여 동기가 부여되는 것이므로, 이런 점에서는 과학자들의 성공뿐 아니라 실패, 논리와 마찬가지로 우연과 편견에도 관심을 가질 필요가 있다. 예를 들면, DNA의 구조결정 과정에서 경쟁한 제임스 웟슨(James Watson), 프랜시스 크릭(Francis Crick) 팀과 라이너스 폴링(Linus Pauling) 연구진 사이의 경쟁, 또는 뛰어난 실험결과를 축적했음에도 노벨상에서 제외된 로잘린드 프랭클린(Rosalind Franklin) 등의 이야기는 얼마나 흥미진진한가. 이런 면에서 과학사는 자연과학을 전공하는 학생들에게 매우 중요하다.

국내에서 자연과학 분야의 고전번역은 거의 이루어지고 있지 않는 듯하다. 여기에는 많은 이유가 있겠지만, 우선 자연과학자들의 무관심이 큰 이유일 것이다. 대학이나 연구소에서 과학연구에 종사하는 과학자들이 고전을 접하는 경우는 사실 거의 없으며, 이들은 대학에서 자신들이 배운 지식을 바탕으로 새로운 연구에 골몰하여, 과학사에 관심을 가질 여유가 없다. 자연과학 계열의 학생들도 이것은 마찬가지여서, 대학 강의교재 내용을 학습하는 데 급급한 실정이다. 물론, 자연과학 고전을 번역할 정도의 어학 능력을 가진 번역자가 드문 것도 한 가지 이유일 것이다.

자연과학의 연구성과는 물론 과학적 논리에 의하여 평가되고, 부분적인 지식이 시간이 지남에 따라서 자연과학 전체의 구조 속에서 적절한 위치를 차지하게 되지만, 자연과학자들이 새로운 지식을 얻는 과정은 결코 논리적이지도 않고, 과학발전이 선형적이지도 않다. 과학적 발견의 상당 부분은 당시의 사회경제적 요건과 결코 무관하지 않으며, 과학자 또한 당대의 영향을 받지 않을 수 없다. 따라서 과학적 성과와 과학탐구 과정은 분리되어 고찰될 필요가 있다. 볼츠만의 경우도 이러한 점에서 시사하는 바가 크다. 뛰어난 과학자의 중요한 이론이 왜 당시 유럽의 물리학계로부터 외면당했는지, 과학이론과 학계의 풍토는 어떻게 상호작용하는지 등을 고찰하게 되면, 19세기 유럽의 물리학계와 화학계의 관계, 당시 유럽 문화의 전반적인 분위기 등에 대한 실마리를 찾을 수도 있을 것이다. 또한, 볼츠만의 삶을 되짚어 보면서, 과학자의 성과와 아울러 과학자의 구체적인 삶을 엿볼 수도 있을 것이다. 문학연구에서 작품과 작가의 삶이 동시에 중요시되는 것에 비하면, 자연과학의 경우에는 이러한 작업이 거의 중요시되지 않는데, 크게 개선되어야 할 부분이다.

『기체론 강의』 제2부의 6장 이후에서 볼츠만이 제시하는 '분자해리(dissociation)'이론은 다소 거칠다. 이것은 물론 볼츠만의 생시에 양자역학이론이 알려져 있지 않았기 때문이었다. 원자 간 화학결합이나 해리는 오직 양자역학으로만 이해될 수 있으므로, 볼츠만이 제시하는 분자해리이론은 현대의 화학결합론과는 상당한 거리가 있다. 역사적으로 보자면 볼츠만의 분자해리이론은 살아남지 못한 것이지만, 양자역학이론이 정립되기 이전의 자연과학이 화학결합을 어떻게 생각했는지를 알려준다는 점에서 매우 흥미롭다.

볼츠만의 『기체론 강의』는 역사적 의미뿐 아니라, 물리와 화학 교과서에서 자세히 다루지 않는 수학적 유도 및 이론 전개를 포함하고 있어서 학문적으로도 대단히 유용하다. 본 역자는 이 책을 번역함으로써 기체이론을 볼츠만의 관점에서 다시 이해하고, 그 이론의 역사적인 배경을 배우고자 한다. 또한, 이 책을 펴냄으로써 물리와 화학을 공부하는 학생들에게 좋은 참고자료로 제공하고자 한다.

차례

제2부

판데르발스 이론;
화합물 분자의 기체; 기체의 해리; 결론

| 제2부에 대한 서문 |

"The impossibility of an incompensated decrease of entropy seems to be reduced to an improbability"1)

『기체론』의 제1부가 인쇄되고 있을 때에 나는 제2부와 마지막 부분을 거의 완성하였지만, 아직 이 주제의 더 어려운 부분은 논의되지 않았었다. 바로 이즈음에 기체론에 대한 비난이 증가하기 시작했다. 나는 이러한 비난이 단지 오해에 근거한 것이고, 과학에서 기체이론의 역할이 아직 전개되지 않았음을 확신한다. 판데르발스가 순전히 연역적으로 유도한 많은 결과들이 실험과 일치한바, 나는 이 책에서 이를 명확히 하려 했다. 좀 더 최근에는 기체론에 대하여 다른 방식으로는 얻을 수 없는 여러 제안들이 제기된 바 있다. 비역의 비율에 대한 이론으로부터 램지는 아르곤의 원자량을 끌어내어, 화학원소 시스템에서 아르곤의 위치를 결정하였으며, 네온을 발견함으로써 이것이 옳음을 증명했다. 마찬가지로 스몰루코프스키는 열전달의 운동론으로부터 매우 희박한 기체의 열전달의 경우 온도의 불연속성이

1) (역자 주) Gibbs, Trans. Conn. Acad. **3**, 229(1875); 오스트발트 판의 p. 198. "일방적인(즉, 주위의 엔트로피 증가로 보충되지 않는) 계의 엔트로피 감소가 불가능하다는 것은, 그 확률이 극히 낮다는 사실로 귀착되는 듯하다."

존재함을 알아내었으며, 그 크기도 결정하였다.

내 생각에는 기체론으로 향한 비난 때문에 이 이론이 잠시라도 잊힌다면, 뉴턴의 권위로 인하여 파동이론이 잊힌 경우와 마찬가지로 이것은 과학의 크나큰 비극일 것이다.

내가 시간의 흐름에 대하여 미약하게 거스르는 개인일 뿐임을 나는 자각하고 있다. 그러나 내가 나의 능력 안에서 기체이론에 기여한다면, 이 이론이 부활한 후에 기체이론의 상당 부분이 다시 발견될 필요는 없을 것이다. 따라서 이 책의 제2부에서 나는 가장 어렵고 가장 오해하기 쉬운 부분을 넣을 것이며, (최소한 개략적으로라도) 이 주제에 대한 가장 쉬운 설명을 제공할 것이다. 논의의 어떤 부분이 다시 복잡해질 경우에 나는 물론 이론의 제시가 공식적인 수단 없이는 불가능함을 알릴 것이다.

내가 비엔나를 떠나 있는 동안 많은 문헌을 정리한 한스 벤도르프 박사에게 특히 감사한다.

볼로스스코사, 빌라 이레니아, 1898년 8월

루트비히 볼츠만

1장

판데르발스 이론의 기초

§1. 판데르발스의 일반적인 관점

두 기체분자들이 상호작용하는 거리가 분자와 분자에 가장 가까운 이웃 사이의 평균적인 거리에 비하여 매우 작을 때 —혹은, 분자들이 차지하는 공간(또는 분자들의 작용영역)이 기체가 차지하는 공간에 비하여 매우 작을 때— 각 분자가 다른 분자에 의한 영향을 받는 동안의 경로의 부분은 분자가 직선운동의 부분 또는 외부힘에 의하여 결정되는 경로의 부분에 비하여 무시할 정도로 작다. 이 경우에는 분자가 질점이든지, 고체이든지 또는 복잡한 집체이든지 간에 기체에 보일-샤를 법칙이 성립한다. 기체는 이 모든 경우에 있어서 "이상기체"인 것이다.

자연에서 관찰되는 기체는 이러한 이상기체의 조건을 부분적으로만 만족하므로, 분자들의 영향력이 유한한 영역에서 일어나는 사실을 포함하는 이론이 매우 바람직하다.

판데르발스는 이에 대한 기체이론을 제시하였는데, 이미 이 책의 제1부에서 제시된 바와 같이 그는 분자를 변형이 무시할 수 있을 정도로 작은 탄성구로 보았다. 판데르발스는 기체이론을 두 가지 면에서 일반화하였다:

1. 분자를 나타내는 탄성구가 실제로 차지하는 공간이 기체의 전체 부피에 비하여 매우 작다는 것을 가정하지 않았다.
2. 충돌 중에 작용하는 순간적인 탄성력과는 별도로, 분자 간 인력이 작용하는데, 이는 분자중심 방향으로 작용하며, 그 크기는 중심 간 거리의 함수라고 가정하였다. 판데르발스는 이 인력을 판데르발스 응축력(cohesion force)이라 불렀다.

분자 간 인력에 대한 가정은 ―어떤 기체에 대해서도 일어날 수 있는― 기체의 액화 가능성으로부터 직접적으로 발생하는데, 용기 내에 기체상과 액체상이 동일한 온도 압력에서 공존한다는 사실은 분자들이 충돌할 시에 튕겨 나가게 하는 힘과, 분자 간 인력이 동시에 존재할 경우에만 이해 가능하기 때문이다.

이 인력은 다음과 같은 실험에서 직접 보일 수 있다. 압축된 기체로 채워진 용기를 희박한 같은 종류의 기체로 채워진 용기에 갑자기 연결시킨다. 첫 번째 용기의 기체는 흘러나오면서 압력에 대항하여 일을 하여 냉각된다; 두 번째 용기에서는 우선 가시적인 기체의 흐름이 발생하여, 이는 점성의 결과 열로 전환된다. 분자 사이에 오직 반발력만 작용한다면, 발생된 열은 첫 번째 용기 내의 기체냉각과 정확히 동등할 것이다. 만약 분자 사이에 인력도 작용한다면, 이러한 관계는 불완전할 것이다; 오히려 열의 손실이 발생하는데, 이는 분자 간 평균거리가 증가하여 이 인력을 극복하기 위하여 일정한 양의 열이 소요되기 때문이다.

이 방법을 이용, 게이-뤼삭[2]에 의하여, 그리고 그 후에 줄 및 켈빈 경[3]에 의하여 실시된 실험들은 이 인력의 존재에 대하여 명확한 답을 주지는 않았지만, 좀 더 간접적인 방법에 의한 기체팽창 실험[4]에서 줄과 켈빈 경은 이를 증명하였다. 이 두 과학자들은 (외부로부터 열 공급이 없는) 기체가 압력에 의하여 다공성 마개를 통과할 때에 약간의 냉각이 발생하는데, 계산에 의하면 이 과정에서 완전한 이상기체의 온도는 변하지 않는 것으로 나타났다.

분자 간 인력과 분자에 탄성을 부여하는 핵심부분이 동시에 존재할 확률은 물론 낮다. 특히, 이는 본 책의 제1부 3장에서 세워진 가정, 즉 두 분자가 거리의 5제곱에 반비례하는 힘으로 반발한다는 가정에 정면으로 위배되는 듯하다. 그러나 만약 분자들이 큰 거리에서는 약한 인력을 작용하고, 가까운 거리에서는 거리의 5제곱에 반비례하는 힘으로 반발한다면 두 가정들은 실제에 대한 근사가 될 수 있을 것이다. 거리가 감소함에 따라서 인력은 반발력으로 전환되는데, 작은 거리에서는 분자 간 반발이 지배하므로 충돌 시에 인력은 전혀 중요하지 않을 것이다.

가능한 가정들에 대한 더 자세한 논의는 뒤로 미루어야 하는데, 여기에서는 제1부의 가설과 판데르발스의 가정 사이의 정확한 관계를 다루지 않을 것이다. 우리 이론의 관점에서 보자면, 판데르발스의 가정은 많은 면에서 옳은 그림을 주지만, 모든 경우에 적용되지는 않는다. 사실 지금까지 분자의 실제 성질들을 잘 모르기 때문에, 우리의 가정들이 자연에서 정확하게 실현된다고 주장하지는 않았다. 한편, 우리는 계산의 정확성에 중점을 두었는데, 이는 계산의 결과가 세워진 가정들의 논리적인 귀결임을 기하고

2) Gay-Lussac, Mem. soc. d'Arcueil **1**, 180(1807); Mach, *Prinzipien der Wärmelehre* 참조.
3) Joule and Thompson, Phil. Mag. [3] **26**, 369(1845); Joule의 *Scientific paper* **171**.
4) Joule and Thompson, Phil. Trans. **144**, 321(1854); **152**, 579(1862).

자 했기 때문이다. 그 결과로 얻어지는 수학적 방법의 전개가 주된 원리였다. 여러 종류의 가정들의 논리적 귀결을 안다면, 이를 시험할 수 있는 실험들을 찾는 것이 더 쉬울 것이며, 지식이 진전함에 따라서 새로 발견된 법칙들을 연구할 수학적 방법을 쉽게 활용할 수 있을 것이다.

불행하게도, 판데르발스는 계산을 시행하기 위하여 어떤 지점에서 수학적 엄밀함을 포기할 수밖에 없었다. 그러나 그의 이론은 실제적인 의미에서 대단히 값진 것인데, 제시한 수식들이 실험과 완벽하게 일치하지는 않지만, 일반적으로 액화 직전까지의 기체의 거동을 충분히 잘 설명하기 때문이다. 이런 점에서 판데르발스 이론의 토대를 다른 이론으로 대체하는 것은 거의 불가능하다고 결론지어도 될 것이다.

이 절에서 나는 판데르발스의 방정식을 가능한 가장 단순하고 간략한 방식으로 유도할 것이어서, 더 자세한 부분은 제5장으로 미루겠다.

§2. 외부압 및 내부압

부피 V의 용기에 n개의 동일한 분자들이 있고, 이 분자들은 완전탄성이며 거의 변형되지 않으며 그 지름은 σ이다. 분자들 자체가 차지하는 공간은 상당히 작지만 용기의 전체 부피에 비하여 무시할 수 있을 정도는 아니다. 물질의 상태가 더 이상 기체가 아니라 액체인 경우에도 여기에서 구할 관계식들이 적용될 수 있음을 보이고자 한다. 따라서 우리는 기체라기보다는 단순히 "물질"이라 부를 것이며, 이 경우에도 우리는 그 물질의 상태가 기체로 근사될 수 있음을 염두에 두어야 할 것이다.

두 분자들의 중심 사이에 인력(판데르발스 응축력)이 작용하는데, 이 힘은 거시적 거리에서는 0이 되지만 거리에 따라서 매우 느리게 감소하므로 두 이웃한 분자들 사이의 평균간격에 비하여 큰 거리에서는 일정하다고 할 수 있다. 따라서 용기 내 여러 분자들로부터 각 기체분자에 작용하는 판데르발스 응축력은 공간 내의 모든 방향에 대하여 거의 동일하여, 각 분자의 운동은 일상적인 기체분자의 경우와 같도록 모든 방향에 대하여 균형을 이룬다. 우리는 제1부에서 그러한 힘을 다룬 적은 없지만, 동일한 원리를 사용하여 판데르발스 기체의 운동을 계산할 수 있을 것이다.

판데르발스 응축력은 물질의 표면에 매우 가까운 분자들에 대해서만 눈에 띄는 효과를 유발한다. 이 분자들에는 따라서 두 가지의 힘, 즉 용기 벽에 의한 힘과 응축력이 작용한다. 단위면적에 존재하는 분자에 작용하는 벽에 의한 반작용 힘을 p로, 응축력을 p_i로 하면 이 분자들에 작용하는 힘의 총합은

$$p_g = p + p_i. \tag{1}$$

벽의 일부인 DE가 Ω의 면적을 가진다면 힘의 총합은

$$\Omega p_g = \Omega(p + p_i).$$

이 힘은 표면 DE에 존재하는 분자들에 작용하며, 분자들은 (평형상태에서는) 이 힘을 반대로 벽에 작용하는데, 제1부 §1에 의하면 용기 내 분자들이 단위시간당 이 표면을 통하여 실어 나르는 (표면 DE에 수직한 방향 N의) 총운동량과, 이 분자들이 표면에서 반사되어 기체 내부로 움직이는 운동량의 합이다.

§3. 벽과의 충돌수

모든 분자들 중에서 우선 속도 c의 크기가 c와 $c+dc$ 사이, 그리고 표면 DE에 바깥 방향으로 수직한 N과 θ, $\theta+d\theta$ 사이의 각을 가지는 분자들만을 생각해보자; 또한 속도의 방향을 포함하는 DE에 수직한 평면과 DE에 수직한 고정된 평면 사이의 각 ϵ이 ϵ과 $\epsilon+d\epsilon$ 사이에 있다고 하자. 우리는 이 조건들을:

"조건 (2)"

라고 부르자. (2)를 만족하는 모든 분자들을 '지정된 종류의 분자'라 하면, 첫 번째 질문은 다음과 같다: 지정된 종류의 분자들 중 몇 개가 매우 짧은 시간 dt 동안에 표면 DE와 충돌하는가?

각각의 분자는 지름 σ의 구형으로 취급되는데, 이 구가 표면 DE에 접촉할 때 충돌이 일어날 것이다. 시간 dt 동안에 모든 지정된 종류의 분자들의 중심은 거의 동일한 방향으로 동일한 거리 cdt를 이동한다. 다음과 같은 방식으로 지정된 종류의 분자들과 표면 DE 사이의 시간 dt 동안의 충돌횟수를 구하고자 한다:

표면 DE의 각 점에서 지름이 분자의 지름 σ와 같은 구면에 닿게 한다. 이 구형들의 중심은 표면적 Ω의 두 번째 평면상에 놓인다. 이 두 번째 평면의 각 점을 통과하며, 그 길이와 방향이 시간 dt 동안 지정된 종류의 분자가 이동한 경로와 같은 선분을 그린다. 이 모든 선분들은 밑면이 Ω이고 높이가

$$dh = cdt\cos\theta \tag{3}$$

이며, 따라서 부피가 Ωdh인 기울어진 원통 γ을 채운다. 이렇게 하면 dt의 초기에 γ 내에 존재했던 분자들이 시간 dt 동안에 DE와 충돌한다는 것을 쉽게 알 수 있을 것이다.

§4. 분자 크기와 충돌수의 관계

이 분자들의 개수를 얻기 위해서는, 다른 모든 분자들의 배치가 주어진 상태에서 특정한 분자의 중심이 원통 γ 내에 존재할 확률을 구해야 한다. 이 분자는 다른 분자들의 중심으로부터 σ 이하의 거리로 떨어져 있을 수 없다. 다른 분자들의 위치가 고정되어 있을 때에 이 분자의 중심이 위치할 수 있는 부피를 다음과 같이 구할 수 있다: $(n-1)$개의 다른 분자들의 중심 주위에 반지름 σ의 구를 구축하면, 그 부피가 분자 부피의 여덟 배인 탄성구를 생각할 수 있다. 기체의 총부피 V로부터 이 $(n-1)$개 분자들의 부피 $4\pi(n-1)\sigma^3/3$을 빼어야 하는데, 여기에서 $(n-1)$은 매우 큰 숫자이므로 대신에 n으로 써도 무방할 것이다.

dz를 구하기 위하여 이 공간 $V-4\pi n\sigma^3/3$을 원통 γ 내에 가용한 공간과 비교해야 한다. 원통 γ 내에 가용한 공간은 γ의 총부피 Ωdh에서, $(n-1)$개의 다른 분자들이 움직이는 부분을 빼어서 얻어진다. $(n-1)$개 분자들의 공간은 용기의 벽에 가까운 지역을 제외하면 기체 부피 V 내에 균일하게 분포된다. γ가 용기 내부에 있다면, γ 내의 모든 분자들의 공간의 총부피 A와 모든 분자들의 공간의 총부피 $4\pi n\sigma^3/3$에 대한 비율은, 원통 γ의 부피 Ωdh와 기체의 총부피 V의 비율과 같다.

따라서

$$A=\frac{4\pi n\sigma^3}{3V}\Omega dh.$$

원통의 높이는 매우 작으므로, γ를 투과하는 분자들 중에서 그 중심이 γ 내에 있는 것들은 무시할 수 있다. γ를 투과하는 분자들의 중심은, γ 내에 있다면 γ의 두 측면에 동일하게 분포된다.

γ가 용기 내부가 아닌, 벽에서 $\frac{1}{2}\sigma$만큼 떨어져 있으므로, $(n-1)$개 분자들의 중심은 원통의 한쪽에 있게 된다. 따라서 위에서 구한 양 중에서 절반을 생략할 수 있으며, γ 중에서 $(n-1)$ 분자들이 차지하는 부분은:

$$\frac{A}{2}=\frac{2\pi n\sigma^3}{3V}\Omega dh.$$[5)]

γ의 나머지 부분의 총부피

$$\Omega dh\left(1-\frac{2\pi n\sigma^3}{3V}\right)$$

가 지정된 분자의 중심에 허용된 공간인데, 이는 그 중심이 γ 내에 있을 확률에 해당한다. 이 확률은 γ 내에서 허용된 공간과, 기체의 전체 부피 내에 허

5) 이 관계를 더 복잡한 방식으로도 구할 수 있다. 용기의 벽을 마주보는 원통 γ의 끝-표면을 밑면이라 하자. 한 개의 영향권의 중심은 당연히 용기의 벽에서 떨어져 있는 밑면의 한쪽에 놓인다. 이제 이 면에 γ의 표면과 평행한 면적 Ω의 두 평면을 밑면으로부터 ξ와 $\xi+d\xi$ 의 거리에 구축해보자. 이 두 평면 사이의 공간을 원통 γ라 하면 그 부피는 $\gamma_1=\Omega d\xi$ 이다. 주어진 순간에 중심이 γ 내에 있는 영향권들의 개수는:

$$\frac{\gamma_1(n-1)}{V-\frac{4\pi(n-1)\sigma^3}{3}}$$

이다. 계산하고자 하는 양이 작은 보정에 불과하므로 이를

$$\frac{n\gamma_1}{V}=\frac{n\Omega d\xi}{V}$$

로 쓸 수도 있다. 각 영향권은 면적 $\pi(\sigma^2-\xi^2)$ 의 원을 자를 것이므로, 원통 γ로부터 부피 $\pi(\sigma^2-\xi^2)dh$ 의 공간을 자를 것이다. 이에 영향권들의 개수 $\frac{n\Omega d\xi}{V}$ 를 곱하고 모든 가능한 값에 대하여 —즉 0부터 σ까지— 적분하면 원통 γ로부터 영향권들에 의하여 잘라내진 전체 공간을 얻는다:

$$\frac{n\Omega\pi dh}{V}\int_0^\sigma(\sigma^2-\xi^2)d\xi=\frac{2\pi n\sigma^3\Omega dh}{3V}.$$

이는 본문의 관계식과 일치한다.

용된 공간의 비율이다:

$$\text{(4)} \qquad \frac{\Omega h}{V}\frac{1-\dfrac{2\pi n\sigma^3}{3V}}{1-\dfrac{4\pi n\sigma^3}{3V}}$$

이며, (분자와 분모에서 제외된 부분은 매우 작으므로)

$$\text{(5)} \qquad \frac{\Omega dh}{V-B}$$

로 할 수 있는데,

$$\text{(6)} \qquad B=\frac{2\pi n\sigma^3}{3}$$

는 모든 분자들이 차지하는 공간의 절반, 즉 모든 분자들의 부피의 네 배이다.

§5. 분자에 가해지는 충격량의 결정

기체에는 지정된 한 개의 분자만이 아닌, n개 분자들이 존재하므로, 중심이 γ 내에 있는 분자들의 총개수는:

$$\text{(7)} \qquad \frac{n\Omega dh}{V-B}=\nu.$$

이 중에서

$$\nu\phi(c)dc=\nu_1$$

은 그 속도가 c와 $c+dc$ 사이에 있고,

(8) $$\phi(c)dc = 4\sqrt{\frac{h^3m^3}{\pi}}\,c^2e^{-hmc^2}dc$$

는 분자의 속도가 c와 $c+dc$ 사이에 있을 확률, 즉 그 속도가 이 조건을 만족하는 분자들의 개수를 분자들의 총개수 n으로 나눈 값이다. ν_1 분자들 중에서 각 θ가 θ와 $\theta+d\theta$ 사이에 있는 분자들의 개수[6]는

$$\nu_2 = \frac{\nu}{2}\phi(c)dc\sin\theta\, d\theta$$

이며, 각 ϵ이 ϵ과 $\epsilon+d\epsilon$ 사이에 있는 분자들의 개수는

$$\frac{\nu_2 d\epsilon}{2\pi} = \frac{\nu}{4\pi}\phi(c)dc\sin\theta\, d\theta\, d\epsilon$$

이다.

이것은 그러므로 부피

(9) $$\Omega dh = \Omega c\cos\theta dt$$

의 원통 내에 있고 그 속도가 조건 (2)(§5 참조)를 만족하는 분자들의 개수(위에서 dz로 정의된)이다. 이 분자들은 또한 시간 dt 동안에 표면적 Ω를 가지는 용기 벽의 부분 DE에 충돌하며, 또한 조건 (2)를 만족한다. (7)과 (9)의 값을 치환하면, 이 분자들의 개수는:

(10) $$dz = \frac{n\Omega c\cos\theta\sin\theta}{4\pi(V-B)}\phi(c)dc\,d\theta\,d\epsilon\,dt.$$

계가 정상상태에 있다고 가정하자. 시간 t_2-t_1 동안에 $(t_2-t_1)dz/dt$개의 지정된 분자들이 표면 DE에 충돌할 것이다. 충돌 전에 N의 방향으로 $mc\cos\theta$

6) 제1부, 방정식 (38), (43) 참조.

의 운동량을 가졌던 각각의 분자는, 충돌 후에는 평균적으로 이와 크기가 같고 방향이 반대인 운동량을 가지게 되며, 따라서 DE의 안쪽 수직선 방향으로 $2mc\cos\theta$의 운동량이 전달된다. 이 운동량은 힘 Ωp_g에 의하여 공급된 총 충격량 $\Omega p_g(t_2-t_1)$의 일부이다. 모든 지정된 종류의 분자들은 그러므로 충격량 $\Omega p_g(t_2-t_1)$에

(11) $$2mc\cos\theta\,(t_2-t_1)\,dz/dt$$

을 기여한다. dz에 (10)의 값을 치환하고, ϵ에 대하여 0부터 ∞까지 적분하면 충격량 $\Omega p_g(t_2-t_1)$를 얻는다. 이를 $\Omega(t_2-t_1)$로 나누고, ϵ에 대하여 적분하면:

(12) $$p_g=\frac{nm}{V-B}\int_0^{\infty}c^2\phi(c)dc\int_0^{\pi/2}\cos^2\theta\sin\theta d\theta.$$

θ에 대한 적분은 $\frac{1}{3}$이며, $\int_0^{\infty}c^2\phi(c)dc$은 분자의 평균제곱속도 $\overline{c^2}$이므로:

(13) $$p_g=\frac{nm\overline{c^2}}{3(V-B)}.$$

기체분자들의 인력(판데르발스 응집력)이 없다면, p_g는 기체의 외부압력일 것이다. 그러나 이 응집력 때문에 총압력 p_g는 두 개의 부분으로 구성되어, 첫째는 벽에 의하여 작용하는 압력 p이며, 둘째는 벽 근처에서 다른 분자들에 의하여 작용하는 인력이다. 표면에 있는 각 분자에 작용하는 인력의 총세기를 p_i로 표기하면, 방정식 (1)을 다시 얻게 된다.

$$p_g=p+p_i.$$

§6. §4에서 시도된 근사의 한계

방정식 (5)와 (13)을 유도할 시에, 우리는 대략 B^2/V^2 크기의 항들을 무시했다. 따라서 V와 B가 비슷한 크기를 가지는 경우에 이 식들이 성립할 것이라고 생각할 수 없는데, 실제로 $V=B$일 때에 방정식 (10)은 무한대의 값을 준다. 그렇지만 이 부피는 실제로 분자들이 차지하는 부피의 네 배이기 때문에 이에 대응하는 압력이 무한대일 수는 없다. 분자들이 너무 조밀하게 있어서 단 한 개의 분자도 추가할 수 없을 때에만 압력이 무한대일 것이다.

많은 공들을 가장 조밀하게 쌓는 방법 중 하나는 대포알을 피라미드 안에 쌓는 식이다. 간단한 계산을 하면 공들이 차지하는 총부피는, 공들 사이의 작은 공간을 포함하면, 공들의 부피 자체의 $3\sqrt{2}/\pi$배이다.

공들이 이런 식으로 배치되어 있다면,

$$V=\frac{3\sqrt{2}}{4\pi}B=0.33762B. \tag{14}$$

따라서 방정식 (10)에 의하면 $V=B$일 때에 p_g는 이미 무한대이지만, V가 $\frac{1}{3}B$가량의 값을 가질 때에 유한하게 된다.[7)]

제5장(§58)에서 우리는 방정식 (13)에 의하여 얻어지는, 대략 B^2/V^2 크기를 가지는 항들의 계수가 정확하지 않음을 알 것이다.

이러한 관점에서 보자면, 판데르발스는 정확한 관계식 대신에, V가 B에

7) 이렇게 되면 방정식 (19)에 등장하는 양들 사이에 $v=\frac{1}{3}b$ 의 관계가 성립하며, 방정식 (26)에 도입된 양 ω는 $\frac{1}{3}$이 된다.

비하여 그리 크지 않을 경우에 부정확한 식으로 치환한 듯하다. $V=B$일 때에 0이 되는 경우와, $V=\frac{1}{3}B$일 때에 0이 되는 경우 사이에는 정량적인 차이가 있지만, 정확한 관계식은 판데르발스가 제시한 것과는 정성적으로 다른 과정을 거쳐서 얻어져야 한다. 이러한 사실은, 판데르발스 방정식이 기체 및 액체의 실제 성질들과 잘 들어맞지만, 또 한편으로는 정량적인 차이를 보인다는 점을 이해할 수 있게 한다. 정확한 관계식의 계산에는 극복 불가능한 수학적 난점이 놓여 있으므로, 우리는 판데르발스의 근사에 만족하여야 할 것이다.

그러므로 판데르발스의 가정에 정확히 부합하는 물질의 성질과 판데르발스 방정식으로 나타낼 수 있는 성질을 구별할 필요가 있는데, 아래에서는 항상 후자에 대하여 논의할 것이다.

§7. 내부압의 결정

p_i를 계산하기 위하여 판데르발스는 두 분자 사이의 인력이, 매우 작지만 이웃한 분자 간의 평균간격에 비하면 큰 거리에서 작용한다고 가정하였다. 이제 단위표면적에 작용하는 판데르발스 응집력 p_i를 다음과 같이 구하자: 기체의 경계표면에 표면요소 ds를 선택하고, 기체 내부에 이 표면요소를 밑면으로 하는 수직 원통을 구축하자. 또한 이 원통의 두 단면을 밑면 ds로부터 ν와 $\nu+d\nu$의 거리에 구축하자. 이 두 단면 사이의 부피는 $\zeta=dsd\nu$이며, 기체의 밀도가 ρ라면 이 부피 내의 기체의 질량은 $\rho dsd\nu$이다.[8] m이 분자의 질량이면 ζ는

(15) $$\frac{\rho}{m}dsd\nu$$

개의 분자들을 포함한다. 각 분자는 경계표면으로부터 거의 동일한 거리에 있으므로 거의 동일한 조건하에 있다. 각 분자는 표면에 더 가까이 있는 분자들로부터 표면으로 향하는 힘을 받을 것이며, 표면으로부터 더 먼 분자들로부터는 표면에서 멀어지는 힘을 받을 것이다.[8)]

원통 ζ 내의 특정한 분자를 선택하고, 그 분자에 가까운 곳에 부피요소 ω를 택한다면, ω 내의 모든 분자들은 지정된 분자에 거의 동일한 힘을 가할 것이다. 총인력(ds에 수직한 성분)은 ω 내의 분자 개수에 비례할 것인바, 따라서 기체의 밀도 ρ에 비례할 것이다. 비례상수는 오직 ω의 크기와 지정된 분자로부터의 거리에만 의존할 것이며, 특히 우리의 가정에 따르면 주어진 밀도 ρ에서의 온도에는 무관할 것이다. 이 이유는, 온도는 단지 분자운동의 속도를 결정할 뿐이어서, 우리의 가정에 의하면 분자 간 인력은 분자운동에 무관하기 때문이다. 이 모든 결론은 지정된 분자 근처에 있는 모든 다른 부피요소 $\omega_1, \omega_2, \cdots$ 에 대하여 동일하게 적용되므로, 주위의 분자들에 의하여 지정된 분자에 작용하는 모든 힘의 ds에 수직한 성분들의 합은 밀도에 비례하지만 온도에는 무관하다. 이 합을 ρC로 표기하면, C는 분자와 경계표면 사이의 거리에만 의존한다. 무한소의 원통 ζ 내의 모든 분자들은 동일한 조건하에 있고, 방정식 (15)에 의하면 분자 개수는 $\rho dsd\nu/m$이므로, 이 모든 분자들에 작용하는, ds에 수직한 힘은

8) 판데르발스 응집력에 의하여 물론 용기 벽 근처에서는 밀도의 변화가 발생할 것이지만, 판데르발스와 마찬가지로 여기에서는 이를 무시할 것이다. 압력과 온도가 변화할 때에, 밀도가 경계표면으로부터의 거리에 따라서 같은 비율로 변화한다고 가정하더라도 동일한 관계식을 얻게 될 것이다. 그러면 ρ, T에 독립적인 인자 F가 방정식 (15)와 (16)에 나타나게 되며, 본문의 $C=f(\nu)$ 대신에 FC를 $f(\nu)$와 같게 놓을 수 있을 것이다.

(16) $$\frac{\rho^2 C ds\, d\nu}{m}$$

이다. 또한, C는 온도와 밀도에는 무관하여, 표면으로부터의 거리 ν에만 의존하므로 이를 $f(\nu)$로 표기하자. 원통 Z 내의 모든 분자들에 가해지는 총힘은

$$\frac{\rho^2 ds}{m}\int_0^\infty f(\nu)d\nu$$

이다. 식 $1/m\int_0^\infty f(\nu)d\nu$의 값은 밀도나 온도에 무관하며, 오직 물질의 특성에만 관여하는 상수이므로, 이를 a로 표기하면, 원통 Z 내의 모든 분자들에 가해지는 힘은 $a\rho^2 ds$이다. 단위면적 상에 있는 분자들을 당기는 힘 —p_i로 표기한— 은 따라서 $a\rho^2$이며,[9] 식 (1)과 (13)에 의하면:

(17) $$p + a\rho^2 = \frac{nm\overline{c^2}}{3(V-B)}$$

이며, 여기에서 nm은 기체의 총질량이다. $V/nm = v$는 따라서 주어진 온도에서의 단위질량의 부피, 즉 비부피이다. 총질량은 $nm = \rho V$이므로,

(18) $$\rho = \frac{1}{v}$$

이며, 방정식 (17)을

9) 용기가 곡면일 때에 이 표현은 보정될 필요가 있다. 사실은 라플라스 및 푸아송(§23 참조)과 마찬가지 방식으로 판데르발스가 모세관 현상을 설명한 것은 바로 이 보정에 의한 것이었다. 따라서 판데르발스에 의하면, 기체의 압력은 용기 벽의 곡률에 전혀 무관하지 않다. 하지만 분자 지름에 비하여 응집력의 영향권이 큰 경우에 이 보정은 무시할 수 있을 정도로 작아진다.

$$(19) \qquad p+\frac{a}{v^2}=\frac{\overline{c^2}}{3(v-b)}$$

로 할 수 있는데,

$$(20) \qquad b=\frac{B}{nm}=\frac{2\pi\sigma^2}{3m}$$

이다. 이것도 또한 기체의 상수이며, 단위질량의 기체 내의 분자들의 구형 부피, 즉 단위질량의 분자들의 부피의 네 배이다.

§8. 열측정 물질로서의 이상기체

이제 온도의 한 측정치로서, 일정 부피의 이상기체(정상기체)가 여러 온도에서 작용하는 압력을 취하자. 우리는 제1부에서 다룬, 그리고 제2부의 §1 초입에서 정의한 바와 마찬가지로, 두 분자 사이의 평균거리에 비하면 극히 작은 거리에서만 힘을 작용하는 기체를 이상기체로 간주한다.

특정한 이상기체의 경우 분자의 질량을 M, 분자의 질량중심의 평균제곱 속도를 $\overline{C^2}$, 단위부피당의 분자수를 N으로 표기하자. 제1부의 §1에 따르면 단위표면에 작용하는 압력은 $p=\frac{1}{3}NM\overline{C^2}$이다. 일정 부피에서 N은 일정하며, 우리가 선택한 온도 단위에 의하면 절대온도는 따라서 $\overline{C^2}$에 비례한다. 제1부의 방정식 (51)에 의하여 $\overline{C^2}=3RT$, R은 온도단위에 의하여 결정되는 상수이다.

3장의 §35와 4장의 §42에서 우리는 같은 온도에서 분자의 질량중심의 평균 운동에너지는 모든 경우에 있어서 동일하다는 명제를 증명할 것이다.

제1부에서 우리는 이것이 두 이상기체들의 열평형 조건임을 이미 증명했다. 이것은 판데르발스가 가정한 분자 간 인력과는 상관없는데, 이 인력은 이웃한 두 분자들 사이의 간격에 비하여 큰 거리에서만 작용하여 분자들이 충돌할 시의 운동에는 영향을 미치지 않기 때문이다. 따라서 방정식 (19)로 규정되는 두 정상기체들의 열평형 조건은 —기체분자가 단원자분자라면— 각 기체의 분자 평균 운동에너지가 동일하다는 것이다. 즉, 동일한 온도에서는 $m\overline{c^2} = M\overline{C^2}$이다. $M\overline{C^2}$은 $3RMT$이므로 같은 온도의 두 번째 기체에서 $m\overline{c^2} = 3RMT$이다. 이제, 두 번째 기체의 분자량을 정상기체의 분자량과 비교하여, m/M을 μ로, R/μ을 r로 나누자. 그러면

$$\overline{c^2} = 3rT = \frac{3R}{\mu}T \tag{21}$$

이며, 따라서 방정식 (19)에 따르면

$$p + \frac{a}{v^2} = \frac{rT}{v-b} = \frac{RT}{\mu(v-b)} \tag{22}$$

이다. 이것이 압력, 온도, 기체부피에 대한 판데르발스의 관계이다. r, a, b는 기체에 특이한 상수들이며, R은 정상기체의 상수인데, 기체의 속성에 무관하다.

화학에서 기체의 분자량은 보통 수소원자의 질량에 대한 특정 분자의 질량의 비율로서 이해된다. 이원자분자인 수소분자의 경우 $\mu = 2$이므로 기체상수는 $r_H = \frac{1}{2}R$이며, R은 수소분자가 원자들로 해리되는 경우의 수소의 기체상수이다. 이렇게 해리된 기체로 정의하지 않기 위해서 우리는 R을 수소의 기체상수의 두 배로 정의해야 할 것이다.

§9. 온도-압력계수. 판데르발스 상수들의 결정

이것이 압력, 밀도 및 온도 사이의 관계가 판데르발스 방정식 (22)로 충분히 잘 나타나는 기체를 생각해보자. 이 기체의 일정 부피에서의 온도계수를 결정해보자. 즉, 기체를 T_1으로부터 T_2까지 가열, 이 두 온도에서의 단위면적당 압력을 p_1, p_2로 표기하여, 비율 $(p_2 - p_1)/(T_2 - T_1)$을 결정해보자. 방정식 (22)로부터:

$$p_1 + \frac{a}{v^2} = \frac{rT_1}{v-b},\ p_2 + \frac{a}{v^2} = \frac{rT_2}{v-b} \tag{23}$$

이므로

$$\frac{p_2 - p_1}{T_2 - T_1} = \frac{r}{v-b} \tag{24}$$

이다. 따라서 압력의 차이는 온도의 차이에 비례하며, 비례상수는 단위질량의 부피의 함수이다. 그러므로 판데르발스 법칙을 따르는 기체의 압력 차이는 언제나 온도 차이의 한 척도이다. 제3의 온도 T_3에서의 압력을 p_3로 표기하면—단위질량의 부피 v를 동일하게 두는 경우에:

$$(p_3 - p_1) : (p_2 - p_1) = (T_3 - T_1) : (T_2 - T_1) \tag{25}$$

이다. 두 번째 기체(예를 들면 수소)가 충분히 이상기체에 가깝다고 가정하자. 이 기체에 대하여

$$p_3 : p_2 : p_1 = T_3 : T_2 : T_1$$

이라 하자. 이것을 사용하면, 온도의 단위를 설정하면 —예를 들면 대기압하에서의 끓는 물과 녹는 얼음의 온도 차이를 100으로— 절대온도를 직접

결정할 수 있게 된다.

첫 번째 기체가 방정식 (25)를 얼마나 잘 만족하는지, 즉 판데르발스 법칙이 온도의 압력 의존성을 얼마나 잘 예측하는지를 결정하는 방법은 다음과 같다: 방정식 (24)로부터 두 밀도에서의 압력의 온도계수 $r/(v-b)$를 계산하면 기체의 r과 b를 계산할 수 있다. 기체의 분자의 화학 조성을 안다면 방정식 $\mu r = R$이 정확히 만족되는지를 테스트할 수 있다. 또한 μ를 증기의 밀도로부터가 아니라, 경험적으로 결정된 판데르발스 상수 r로부터 얻을 수 있다. 만약 두 개의 값에 대하여 일정 부피에서 압력의 온도계수 (24)를 결정하면, 판데르발스 식에 의하여 온도계수가 v의 함수로 얼마나 잘 기술될지를 알 수 있다.

여기에서 한 가지를 언급할 필요가 있다. §6에 따르면 식 $r/(v-b)$은 v가 b에 접근할 때에는 성립하지 않는 근사에 의하여 얻어졌다. 더 작은 값의 v에 대해서는 b는 $b/3$로 치환되어야 한다. 사실, 실험에 의하면 b가 이런 식으로 서로 다른 v의 값에 대하여 측정될 때, b는 상수가 아니라 v가 작아질 때에 감소한다. 이로부터, 판데르발스의 기본 가정들이 이러한 물질에 대해서는 옳지 않다고 말할 수는 없다. 실상, 상태방정식이 이 기본 가정들로부터 정확하게 유도된다 하더라도 동일한 결과가 얻어질 것이다. 불행하게도, 판데르발스의 기본 가정들에 근거하여, 정확한 상태방정식에서 $r/(v-b)$이 v의 어떤 함수로 치환되어야 하는지는 알 수가 없다. 그러므로 이하에서 우리는 방정식 (22)를 논의하는 것에 만족하여야 하며, 작은 값의 v에 대해서는 정성적인 일치 이상을 기대할 수 없음을 염두에 두어야 할 것이다. 식 (23)으로부터

$$a = v^2 \frac{p_2 T_1 - p_1 T_2}{T_2 - T_1} \tag{26}$$

을 얻으며, 이로부터 상수 a의 값을 구할 수 있다. 몇 가지 v의 값에 대하여 a의 값을 계산하면, 판데르발스 방정식 (22)의 좌변에서 p에 더해진 항들이 실험에 얼마나 잘 일치하는지를 알 수 있다. 그러므로 응집력이 이웃한 두 기체 사이의 간격에 비하여 큰 거리에까지 미친다는 판데르발스의 가정이 옳은지를 테스트할 수 있는 것이다.

§10. 절대온도. 압축계수

수소를 포함한 어떤 기체도 이상기체의 성질을 정확히 가질 수는 없으므로, 이상기체에 의하여 절대온도를 실제로 결정할 수는 없다. 가장 합리적인 온도의 정의는 물론 켈빈 경의 온도 스케일에 기초한 것이다. 주지하듯, 이 온도 스케일은 열을 한 온도에서 더 낮은 다른 온도로 이전하는 과정에서 얻어지는 최대의 일로부터 유도된다. 그러나 이 일을 실험적으로 직접 결정하는 데에는 항상 부정확성이 개입되므로, 절대온도를 어떤 물질의 상태방정식으로부터 계산할 수밖에 없다. 수소 기체가 이상기체로부터 벗어나는 정도는 매우 작으므로 이 차이를 판데르발스의 가정에 의한 것으로 취급한다면 현재 다른 방식으로는 도저히 이룰 수 없는 정확도로 절대온도를 구축할 수 있을 것이다.[10] 그렇다면 위에서 유도된 방정식들을 이용하여 절대온도를 결정할 수 있겠다. 다만 T_1, T_2, T_3가 다른, 좀 더 이상적인 기체와 비교하는 방식으로 결정될 수 없다는 것을 염두에 두어야 할 것이다. 위

10) 아주 낮은 온도가 아니라면 공기의 성질은 모든 온도에서 판데르발스의 가정에 매우 정확히 부합된다. 따라서 수소 대신에 (실험에 더 편리한) 공기를 사용할 수 있을 것이다.

에서 예를 든 바와 같이, 첫째로 임의의 온도 단위를 선택한 후에 비례식 (25)를 사용하여 온도의 차이를 숫자로 나타낸다. 이를 확인하기 위하여 몇 가지의 밀도에서의 온도를 결정한다. 주어진 비부피 v에서 온도 T_1, T_2, T_3에서의 압력 p_1, p_2, p_3를, 동일한 온도 및 비부피 v'에서 압력 p_1', p_2', p_3'를 얻는다면, 기체가 판데르발스 방정식에 충분히 가깝다면, 압력은

$$(p_3 - p_1) : (p_2 - p_1) = (p_3' - p_1') : (p_2' - p_1')$$

을 만족한다.

p_1', p_2'가 비부피 v', 온도 T_1, T_2에서의 압력이라면, 방정식 (26)을

$$a = v^2\left[(p_2 - p_1)\frac{T_1}{T_2 - T_1} - p_1\right] = v'^2\left[(p_1' - p_1')\frac{T_1}{T_2 - T_1} - p_1'\right]$$

으로 할 수 있다. T_1을 녹는 얼음의 온도로, T_2를 끓는 물의 온도로 하고, $T_2 - T_1 = 100$으로 하면 위 방정식의 다른 양들을 측정할 수 있으며, 따라서 T_1을 계산할 수 있다. 또한, 수소의 a 값도 결정할 수 있다.

이제 절대온도를 결정할 수 있으므로, 위의 방식으로 수소의 r과 b 값을 결정할 수 있다. 여기에서 한 가지 언급할 것은: 판데르발스 방정식 (22)가 경험적으로 주어진 사실이라 하면, 식 (22)의 우변에서 T 대신에 켈빈 경의 절대온도의 함수 $f(T)$를 기재해야 할 것이다. 절대온도 자체는 비열이라든지 또는 줄-톰슨 냉각 등[11]의 경험적 정보 없이는 결정될 수 없다.

일정 온도 T에서의 p와 v 사이의 관계 —즉, 밀도의 압력계수— 를 시험하기 위하여 판데르발스 방정식을

11) Boltzmann, Mun. Ber. **23**, 321(1894); Ann. Phys. [3] **53**, 948(1894).

$$pv = \frac{rT}{1-\frac{b}{v}} - \frac{a}{v} = rT - \frac{a - rbT}{v} \cdots$$

으로 써보자.

v가 b와 a/rT에 비하여 큰 한에는 보일의 법칙이 근사적으로 적용된다; 즉, pv는 일정 온도에서 거의 일정하다. 기체가 액화의 지역에서 멀다면, $a > rbT$인 한에는 판데르발스 응집력에 의한 보일 법칙의 보정이 분자의 유한한 크기에 의한 것보다 훨씬 크며, $pv = p/\rho$는 부피가 증가함에 따라 증가한다. 밀도의 압력계수 $d\rho/dp$는 압력이 내려감에 따라 감소한다. 매우 높은 온도의 기체에서는 $a < rbT$이므로 분자의 유한한 크기에 대한 보정이 응집력에 대한 보정보다 훨씬 크며, pv는 v의 함수로서 감소한다.

또한, 일정 압력에서의 온도에 대한 비부피의 미분계수 —부피의 온도계수라고 부를— 는 일정하지 않다.

§11. 임계온도, 임계압력, 임계부피

이제 식 (22)로 기술되는 압력, 온도 및 비부피 사이의 관계를 좀 더 자세히 살펴보자. $v = b$일 때에는 어떤 온도에서도 압력이 무한대임을 알 수 있다. 판데르발스의 가정에 부합하는 물질에 있어서, 부피가 대략 $\frac{1}{3}b$로 감소하기 전에는 압력이 무한대일 수 없음을 우리는 알고 있다. 우리는 여기에서 판데르발스의 원래의 가정보다는, 방정식 (22)가 부피가 큰 경우에 근사적으로 옳고, 작은 부피에 대해서도 정성적으로 맞는 결과를 보여주는 한에는, 이에 대해서 더 이상 생각하지 말기로 하자.

부피 $v = b$는 따라서 불가능하다; 마찬가지로 이보다 더 작은 부피도 불가능한데, 안정적인 평형상태에서 부피가 감소하면 압력은 증가하고, 따라서 무한대보다도 더 커야 하기 때문이다.

이제 등온선 —즉, 일정 온도에서의 압력과 부피 사이의 관계— 을 살펴보자. T가 일정하므로 방정식 (22)로부터

$$\frac{dp}{dv} = \frac{2a}{v^3} - \frac{rT}{(v-b)^2} \tag{27}$$

를 얻는다. 이 식에서 우변은 가장 작은 값(b보다 약간 큰)의 v와, 매우 큰 v에 대하여 0보다 작다. 또한, 그 값은 모든 v에 대하여 v에 대한 도함수가 연속적이도록 변화한다. (27)의 우변은 오직

$$T = \frac{2a(v-b)^2}{rv^3}$$

인 경우에만 0이 된다.

이 식에서, 우변은 b보다 약간 큰 부피 및 매우 큰 부피에 대하여 매우 작은 양의 값을 갖는다. 그 사이에서는 연속적이며 단 한 개의 극대값을 갖는다: 따라서 $T > T_k$일 때에 dp/dv는 0이 될 수 없으므로 양의 값을 가질 수 없으며 등온선은 v가 증가함에 따라 감소한다. $T < T_k$일 때에 dp/dv는 0을 통과하여 음의 값을 가지다가, 다시 0을 통과하여 양의 값을 가지게 된다. 등온선의 y 값은 극대값과 극소값을 갖는다. $T = T_k$일 때에 dp/dv는 항상 0보다 작으며, $v = 3b$일 때에만 0이 된다. p는 v가 증가함에 따라 감소하며 $v = 3b$인 경우에 무한소의 부피증가보다 차수가 높은 무한소만큼 증가한다. 이 점을 임계점이라 하며, 이에 대응하는 v, p, T에 첨자 k를 붙여서 임계치라고 부른다. 따라서

$$v_k = 3b, T_k = 8a/27rb \tag{28}$$

이다. 임계압력 p_k는 식 (22)에 의하여

$$p_k = a/27b^2$$

이다. v_k, p_k, T_k는 모두 양의 값이며, v_k는 물질의 최소부피 b보다 크다. 방정식 (27)로부터 (T가 일정하면)

$$\frac{d^2p}{dv^2} = 2\left(\frac{rT}{(v-b)^3} - \frac{3a}{v^4}\right) \tag{29}$$

를 얻으며, 이 임계치에서 d^2p/dv^2는 0인데, 임계점에서 등온선은 극대값-극소값의 형상(변곡점)을 갖기 때문이다.

또한, 임계치들의 대수적 성질을 살펴보기 위하여 식 (22)의 모든 항들을 한쪽으로 이항하고, 분수식을 제거하여 v의 차수로 모으면,

$$pv^3 - (bp + rT)v^2 + av - ab = 0. \tag{30}$$

주어진 p, T에서, 이는 v에 대한 3차방정식이다. 좌변을 $f(v)$로 나타내자. $f(v)$뿐 아니라 $f'(v)$, $f''(v)$ 가 특정한 p, T, v에 대하여 0이라면, v의 3차방정식은 세 개의 동일한 근 v를 갖는다. 여기에서 $f'(v)$, $f''(v)$ 는 일정 p, T에서 $f(v)$의 일차, 이차 도함수를 의미한다.

T만을 일정하게 한다면, 식 (30)으로부터

$$(v^3 - bv^2)\frac{dp}{dv} = -f'(v),$$

$$(v^3 - bv^2)\frac{d^2p}{dv^2} + (3v^2 - 2bv)\frac{dp}{dv} = -f''(v).$$

$\frac{dp}{dv}$, $\frac{d^2p}{dv^2}$는 위에서 언급한 바와 같이 임계치 p, T, v에서 0이다. 이 값들에 있어서 $f(v)$뿐 아니라 $f'(v)$, $f''(v)$ 도 0인데, 즉 방정식 (30)은 p, T의 임계치

를 넣으면 세 개의 동일한 근 v를 갖는다. 음수로 취급되고 p로 나누어진 v^2의 계수는 이 근들의 합과 같다. 마찬가지로 음수로 취급되고 p로 나누어진, v를 포함하지 않는 항의 계수는 이 근들의 곱과 같다. 마지막으로, 음수로 취급되고 p로 나누어진, v의 1차항의 계수는 두 개씩의 근들을 곱하여 합한 것과 같다. 따라서 p_k, T_k의 값에 대하여 [이 값에서 식 (30)은 세 개의 동일한 근을 가지는데, 이를 v_k로 표기한다.] 세 개의 방정식

$$3v_k = b + \frac{rT_k}{p_k}, 3v_k^2 = \frac{a}{p_k}, v_k^3 = \frac{ab}{p_k}$$

을 얻게 되며, 이로부터 v_k, p_k, T_k의 값들을 다시 구할 수 있다. 등온선의 y 값이 극소값을 가지지 않는 온도에 있어서 각각의 p에는 오직 한 개의 v가 대응하므로, 방정식 (30)은 오직 한 개의 근을 가지게 되고, 이는 b보다 크다; 그러나 등온선의 y 값이 극소값 p_1을 갖는 온도에서 p_1과 p_2 사이에서는 방정식 (30)은 b보다 큰 세 개의 근을 가지게 되고, 이는 등온선의 형태로부터 즉시 알 수 있다.

지금까지 우리는 압력과 부피의 단위에 대하여 별로 상관하지 않았다. 물질의 성질을 논할 때에, 임계부피 v_k와 임계압력 p_k를 각각 부피와 압력의 단위로 나타내면 관계식들이 특히 간단해질 것이며, 우리는 또한 물의 어는점과 끓는점으로부터 유도된 경험적인 온도단위를 무시하고 각 기체의 임계온도 T_k를 절대온도의 단위로 나타내고자 한다.

$$(31) \quad \begin{cases} v = v_k\omega = 3b\omega, \\ p = p_k\pi = \dfrac{a}{27b^2}\pi, \ T = T_k\tau = \dfrac{8a}{27rb}\tau. \end{cases}$$

이런 식으로 부피를 ω(부피와 임계부피 사이의 비율)로 나타내고, 압력과 온도에 대해서도 마찬가지 방식을 취한다. 이 세 개의 양들 ω, π, τ를 각각 환산부

피, 환산압력, 환산온도라 하는데, 다른 단위계와 비교할 필요가 없는 경우에는 각각을 단순히 부피, 압력, 온도라 할 것이다.

우리는 물론 각 기체에 있어서 다른 단위 —판데르발스 단위라 부를— 를 도입한 것인데, 그 결과로서 방정식들은 훨씬 간단해진다. 각 기체의 경험적 성질들로부터 a, b, c, 또한 v_k, p_k, T_k를 계산할 수 있으므로, 판데르발스 단위를 언제든지 다른 단위로 변환할 수 있다. 방정식 (22)에서 p, v, T를 π, ω, τ로 치환하면 (0이 아닌 인자로 나눈 후에는)

$$\pi = \frac{8r}{3\omega - 1} - \frac{3}{\omega^2}. \tag{32}$$

이 방정식에서는 기체의 특성을 나타내는 모든 상수들은 제거되었으며, 판데르발스 단위에 기초하여 기체의 성질을 측정한다면 모든 기체에 대하여 동일한 방정식을 얻을 것이다. 판데르발스는 이 수식이 기체의 액화 직전까지, 또한 심지어는 액체의 영역까지 적용된다고 생각하였다; 오직 임계부피, 임계압력, 임계온도의 값들만이 특정한 물질에 의존하며, 임계치의 배수로 표현되는 실제 부피, 압력, 온도를 나타내는 수치는 모든 기체들에 대하여 동일한 식을 만족한다. 즉, 모든 기체의 환산부피, 환산압력, 환산온도 사이의 관계가 동일한 방정식으로 나타나는 것이다.

이렇게 광범위하게 일반적인 관계가 정확할 수 없음은 명백하다; 그러나 이 방정식을 이용하여 실제 현상을 정확히 나타낼 수 있다는 사실은 매우 놀라운 것이다.

§12. 등온선의 기하학적 논의

방정식 (22)로 표현되는 관계를 좀 더 깊이 고찰하기 위하여 x축 $O\Omega$상에 원점 O로부터 환산부피 ω를 x축 OM으로 그리자. 점 M 위에 $O\Pi$와 평행한 y축 MP를 세워 환산압력 π를 나타내도록 하면, 기체의 각 상태에 있어서 압력과 부피는 이 평면 내의 점 P로 나타난다. 이 π, ω에 대응하는 환산온도가 방정식 (32)에 의하여 얻어지는 τ의 값이다. 판데르발스 방정식이 옳다고 한다면, 어떤 양의 τ 값에 대해서도 환산압력은 $\omega = \dfrac{1}{3}$에서 무한대가 된다. 위에서 지적한 바와 같이, 물질의 부피를 $\omega = \dfrac{1}{3}$로 압축하려면 무한대의 압력이 필요하며, 부피가 감소하면 압력은 증가해야 하므로 수식에 의하여 음의 압력을 가해야 얻어지는 부피는 불가능하다.

우리는 따라서 x축의 값이 $> \dfrac{1}{3}$인 경우로 논의를 국한시켜야 한다.

등온선은, 주어진 온도에서 물질의 상태를 나타내는 모든 점들의 궤적을 의미한다. 등온선의 방정식은 τ에 일정한 임의의 값을 치환할 때에 방정식 (32)를 따르는 π와 ω 사이의 관계이다. τ가 매우 작은 양의 값과 ∞ 사이의 모든 양의 값을 가지도록 하면 모든 가능한 등온선을 얻을 수 있다. 방정식 (32)에 의하면 ω가 $\dfrac{1}{3}$보다 약간 큰 경우에 τ와 π는 매우 큰 양의 값을 갖는다. 또한, 일정한 τ에서는

$$\frac{d\pi}{d\omega} = 6\left[\frac{1}{\omega^3} - \frac{4\tau}{(3\omega-1)^2}\right]. \tag{33}$$

이 식은 $\dfrac{1}{3} < \omega < \infty$에 대해서만 유한하므로, $\dfrac{1}{3}$과 ∞ 사이의 모든 등온선들은 연속 곡선이다. ω가 $\dfrac{1}{3}$에 접근하면 등온선들은 점근선 AB에 접근하는데, 이는 $\dfrac{1}{3}$의 거리에서 양의 방향에서 y축에 평행하다. ω가 매우 크게

되면, 등온선들은 마찬가지로 양의 y 방향에서 x축에 접근한다. 첫 번째 경우에 π는 매우 큰 양의 값을 갖는 반면, $d\pi/d\omega$는 매우 큰 음의 값을 갖는다. 두 번째 경우에는, π는 작은 양의 값을 가지며, 반면 $d\pi/d\omega$는 작은 음의 값을 갖는다. 모든 등온선들은 두 개의 가지를 가지며, 0보다 큰 x축에서 무한대로 간다. 한편, $\omega = \frac{1}{3}$과 $\omega = \infty$ 사이에서 π는 0보다 작을 수 있다. 일정한 τ에서 방정식 (32)로 나타나는 곡선은 x축 아래로 갈 수 있다.

이러한 거동을 그림으로 나타내기 위하여, 우선 방정식 (32)에서 볼 수 있듯 ω가 동일하다면 작은 값의 τ에는 항상 작은 값의 π가 대응된다는 사실을 주목할 필요가 있다. 따라서 각 등온선은 고온에 해당하는 등온선들의 아래에 있게 되며, 각 ω에 있어서 고온의 등온선은 저온의 등온선보다 더 큰 y 값을 가진다; 즉, 어떠한 두 등온선도 교차하지 않는다.

이제 방정식 (33)에 나타난 $d\pi/d\omega$를 논의하자. 이는 $\frac{1}{3}$과 $+\infty$ 사이에서는 연속함수이다. ω가 매우 큰 경우와 ω가 $\frac{1}{3}$보다 약간 더 큰 경우에는 두 번째 항이 우세하여, 이미 위에서 본 바와 같이 $d\pi/d\omega$는 0보다 작다. 이 구간에서 $d\pi/d\omega$는 0을 통하지 않고서는 절대로 0보다 클 수가 없다. 방정식 (33)에 따르면, $d\pi/d\omega$가 0이 되는 것은 오직

(34) $$\tau = \frac{(3\omega - 1)^2}{4\omega^3}$$

일 때에만 가능하다. ω가 $\frac{1}{3}$보다 약간 더 큰 경우뿐 아니라 ω가 매우 큰 경우에도 이 방정식의 우변은 매우 작은 양의 값을 갖는다. 이 구간에서 그 값은 연속적으로 변하며, 잘 알려진 방법을 사용하면 $\omega = 1$에서 한 개의 극대값 1을 갖는다는 사실을 알 수 있다. 따라서 세 가지 경우를 구분할 필요가 있다:

1. $\tau > 1$인 경우에는 방정식 (34)가 만족될 수 없으며, $d\pi/d\omega$는 0이 될 수 없고 전 구간에서 0보다 작다. 그림 1에서 0으로 표기된 등온선은 ω가 커짐에 따라 연속적으로 x축을 향하여 내려온다.
2. $\tau = 1$인 경우에는 등온선이 임계온도에 해당한다. 방정식 (34)의 우변에 대하여 이미 알아본 바에 의하면 $\omega = 1$에서만 $d\pi/d\omega$는 0이 된다. 방정식 (34)에 따르면 또한 $\pi = 1$이다. 물질은 이 점에서 임계온도, 부피, 압력을 가지게 되며 이 상태(임계상태)는 그림 1에서 K로 표기되었고, x값, y값 모두 1이다. 일정 τ에서 2차, 3차 도함수들을 취하면 방정식 (34)에 따라서:

$$\left\{\begin{aligned}\frac{d^2\pi}{d\omega^2} &= 18\left[\frac{8\tau}{(3\omega-1)^3} - \frac{1}{\omega^4}\right] = \frac{6}{3\omega-1}\left[\frac{3(1-\omega)}{\omega^4} - \frac{d\pi}{d\omega}\right],\\ \frac{d^3\pi}{d\omega^3} &= 72\left[\frac{1}{\omega^5} - \frac{18\tau}{(3\omega-1)^4}\right].\end{aligned}\right. \tag{35}$$

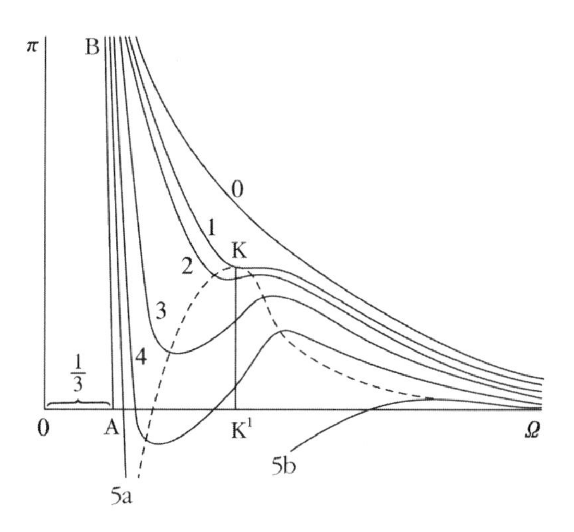

그림 1

임계상태에서 $d^2\pi/d\omega^2=0$이며, 이는 임계상태에서 $d^2p/dv^2=0$인 사실로부터 예상할 수 있다. 하지만 d^3p/dv^3은 0보다 작다. 이 경우의 등온선은 따라서 변곡점이며, 그 접선은 x축에 평행하지만 ω가 커짐에 따라서 그 y값은 감소한다. 이 등온선은 $\omega=1.87$에서 두 번째의 변곡점을 가지는데, 이 값과 1 사이에서 아래로 오목하고, 다른 x 값에 대해서는 아래로 볼록하다. 그림 1의 곡선 1이 임계등온선을 나타낸다. 두 개의 변곡점들은 환산온도 $\tau=3^7\cdot2^{-11}=1.06787$에 해당하는 등온선에서 처음 나타나며, $\omega=\frac{4}{3}$[12]에서 동시에 발생한다. 작은 τ에서 두 변곡점들은 갈라지며, 큰 τ에 있어서는 등온선은 변곡점 없이 양의 x축에 접근하여 $d\pi/d\omega$는 계속 감소한다.

3. 온도가 임계온도보다 낮다고 하자: $0<\tau<1$. 방정식 (33)에서 볼 수 있듯이, $\omega=1$에서 $d\pi/d\omega$는 0보다 크지만 ω가 매우 큰 경우나 ω가 $\frac{1}{3}$에 가까운 경우에 $d\pi/d\omega$는 0보다 작다. 따라서 $d\pi/d\omega$는 ω가 1보다 크거나 1과 $\frac{1}{3}$ 사이일 때에는 0이어야 한다. 방정식 (35)에서 보면 $\omega=1$일 때에만 $d\pi/d\omega$와 $d^2\pi/d\omega^2$가 동시에 0이 되므로, ω가 1보다 크거나 1과 $\frac{1}{3}$ 사이일 경우에 $d^2\pi/d\omega^2$은 0이 될 수 없다. 이는 또한 방정식 (30) — 방정식 (35)와는 단위만이 다른— 이 세 개의 공통근을 가지는데, 이는 오직 임계점에서만 가능하기 때문이다. ω가 1과 $\frac{1}{3}$ 사이일 때에는 ω가 증가함에 따라서 $d\pi/d\omega$는 음의 값으로부터 양의 값으로 변화하며, 방정식 (35)에 따르면 $d^2\pi/d\omega^2$는 0보다 크므로 π는 극소값을 갖는 반

12) $d^2\pi/d\omega^2$ 은 $\tau=(3\omega-1)^3/8\omega^4$ 일 때에 0이 된다. 우변의 표현은 0보다 크며, ω가 매우 크거나 $\frac{1}{3}$ 보다 약간 더 큰 경우에는 매우 작다. 이 두 구간에서 ω는 연속적이며, $\omega=\frac{4}{3}$ 에서 한 개의 극대값 $3^7\cdot2^{-11}$ 을 가진다. 따라서 $\tau>3^7\cdot2^{-11}$ 일 때에 $d^2\pi/d\omega^2$ 은 0이 될 수 없다.

면, 다른 ω의 값에서는 극대값을 갖는다. 방정식 (34)를

$$4\tau\omega^3 - (3\omega - 1)^2 = 0 \tag{36}$$

으로 쓸 수 있으므로, 세 번째의 ω 값에 있어서 $d\pi/d\omega$는 0이 될 수 없다. 이 다항식은 $\omega = 0$에서 0보다 작고 $\omega = 1$에서는 0보다 크므로, 이 세 번째 근은 ω의 이 두 값 사이에 있게 되는데. 이 구간은 우리가 논의하는 부분이 아니다. 임계온도보다 낮은 온도에 해당하는 모든 등온선들에 있어서, 1과 $\frac{1}{3}$ 사이의 ω에서 π는 극소값을 갖고, 1보다 큰 ω에서 극대값을 갖는다. 그림 1의 곡선 3이 이 경우의 일반적인 형태를 보여준다.

§13. 특수한 경우들

이제 세 번째 경우의 특수한 두 가지의 예를 보자.

3a. τ가 1보다 약간 작은 값, 예를 들면 $1-\epsilon$라고 하자. π가 극대, 극소값을 가지는 두 값은 1에 가까운데, $1+\xi$라고 하자. 방정식 (34)에서 $\tau = 1-\epsilon$, $\omega = 1+\xi$를 치환하여, 1차의 크기를 가지는 항들만을 취하면 $\xi = \pm\sqrt{4\epsilon/3}$이며, 방정식 (32)에 따르면 $\pi = 1 - 4\epsilon$이다. 따라서 τ와 π는 1로부터 무한소 ϵ의 크기 정도만큼 다르며, ω와 1의 차이는 무한소 $\sqrt{\epsilon}$의 크기 정도이다. 임계등온선 바로 아래에 위치한 등온선들은 임계점 K의 근처에서 거의 수평인데, 이는 거기에서 등온선이 극대점과 극소점을 모두 가진다는 사실로부터 알 수도 있다. 모든 등온선들의 극대점과 극소점의 궤적(그림 1의 점선)은 따라서 임계점과 교차하는 K에서 최대값을 갖는다.

3b. τ가 매우 작아서 온도가 거의 절대영도에 가깝다고 하자. 이 경우에 $\frac{1}{3}$ 근처의 근은 방정식 (36)에 의하여:

$$\omega_1 = \frac{1}{3} + \frac{2}{9}\sqrt{\frac{\tau}{3}}$$

이다. 우리의 관심을 끄는 다른 근은 매우 큰데,

$$\omega_2 = \frac{9}{4\tau}$$

이다. π의 극소값은 따라서 $OA = \frac{1}{3}$보다 약간 큰 수평축 상의 값에 해당하는데, 이는

$$\pi_1 = -27 + 12\sqrt{3\tau}$$

이다. 이에 해당하는 등온선(그림 1의 $5a$)은 선 BA의 아래쪽 연장선과, 수평축 아래 −27의 수직축에 무한히 가깝다. 이 등온선은 회귀하는데, 즉 그림 1의 $5b$의 가지가 처음에는 매우 급히 상승하여 원점에 매우 가까이 접근하지만 수평축과 다시 만난다. 이 등온선과 만나는 수평축의 값을 ω_3로 표기하면:

$$\frac{8\tau}{3\omega_3 - 1} = \frac{3}{\omega_3^2}, \quad -\frac{3}{\omega_3^2} + \frac{9}{\omega_3} = 8\tau.$$

$\frac{1}{3}$ 근처의 ω_3는 별로 중요하지 않으므로 이 방정식으로의 변환은 가능하다. 사실, 이 등온선의 감소하는 가지 5a가 수평축과 만나는 점이 이 방정식의 해임을 우리는 이미 알고 있다. 대신에 우리는 ω_3가 매우 큰 해를 구하고자 하며, 이 경우에 ω_3는 근사적으로 $9/8\tau$임을 알 수 있다. 따라서 매우 낮은 온도에서는 부피가 매우 크기 전에는 곡선 $5b$의 수직축 값이 0보다 클 수 없

다. $\omega = \omega_2 = 9/4\tau$(즉, 원점과의 거리가 두 배인)에서 수직축 값은 극대값을 보이는데, 이는 $\pi_2 = 16\tau^2/27$으로 매우 작다.

이 극단적인 등온선과, π가 양의 값만을 가지는 그림 1의 등온선 3 사이에는 물론 π 값이 0보다 작을 수 있는 다른 많은 등온선들이 존재하는데, 예를 들면 그림 1의 등온선 4가 그러하다. $O\Omega$와 $O\Pi$에 수직한 제3의 좌표축을 구성하면 이러한 상황을 좀 더 잘 이해할 수 있겠다. 평면 $\Omega O\Pi$에 평행한 여러 평면들에서, 서로 다른 온도에 해당하는 등온선들을 구축하면 이 등온선들로 이루어지는 표면을 입체적으로 볼 수 있을 것이다.

2장

판데르발스 이론의 물리적 논의

§14. 안정한 상태, 불안정한 상태

그림 1의 물리적 의미를 논의해보자. 두 개의 무한직선 OA와 AB를 경계로 하는 4분면의 각 점 P는 어떤 부피와 압력을 나타내는데, 방정식 (32)가 압력을 제공하므로, 물질의 어떤 상태를 지정한다. 이 상태를 간단히 상태 P라고 표기하자. 이 4분면 내에 있는 각각의 곡선 PQ(P와 마찬가지로 그림에는 드러나 있지 않은)는 따라서 물질의 다양한 상태, 특히 곡선 위 서로 다른 점들에 해당하는 연속적인 다른 상태들을 나타낸다. 이때 우리는 물질의 상태가 곡선상의 점들로 표시되는 모든 상태들을 통과할 때에, 물질이 상태변화 PQ를 일으킨다고 말하자.

그림 1의 등온선 O는, 예를 들면 일정 온도 τ_0에서 매우 큰 부피에서 시작하는, 물질의 압축 과정을 보여준다. 부피가 감소함에 따라서 압력은 연속적으로 증가하며 큰 부피에서 압력은 거의 부피에 반비례하는데, 이는 방정식 (22)의 b와 a/v^2가 매우 작기 때문이다. 이 경우에 물질은 거의 이상기

체의 거동을 보인다. 한편, ω가 $\frac{1}{3}$보다 크면 부피는 임계부피보다 약간 더 크다; 등온선은 급격히 상승하여 AB에 점근적으로 가까워진다. 이때에는 부피가 약간만 줄어도 압력은 급격히 상승하는데, 물질은 거의 압축 불가능한 액체처럼 거동한다. 기체로부터 액체로의 전이는 매우 점진적으로 일어나며, 불연속적인 어떤 변화도 감지되지 않는다. 이는 임계점에 해당하는 그림 1의 등온선 1에서도 마찬가지인데, 단지 임계점에서 등온선의 접선이 수평축에 평행하여 부피가 무한소만큼 변화할 때 압력이 고차의 무한소만큼 변한다는 것만이 다를 뿐이다.

이제 물질을 임계온도 이하에서 압축한다고 하자. 이 경우에 $\tau < 1$인 등온선, 예를 들면 온도 τ_3에 대응하는 그림 1의 등온선 3을 따르게 된다. 이 등온선을 그림 2에 다시 그려놓고, 수직축의 값 CC_1과 DD_1이 각각 극소값과 극대값을 가지는 점들을 C와 D로 표기하자. C와 D로부터 수평축에 평행하게 그린 선들은 각각 E와 F에서 수평방향과 만난다. 이 두 점들의 수평축에 대한 투사를 각각 E_1, F_1이라 하자. 압력이 EE_1보다 작은 한에는 등온선의 가지 LE에 있게 된다. 주어진 온도에서 각각의 압력에는 오직 한 개의 물질의 가능한 상태가 대응하며, 압력이 감소함에 따라서 보일의 법칙은 점점 더 정확하게 성립하게 된다. 반면, 압력이 EE_1과 같아지는 순간, 두 개의 완전히 다른 상태(물질의 상)들이 동일한 온도, 압력에서 가능하게 되는데, 이 상태들은 등온선상에 동일한 수직축 값을 가지는 두 점 E, C로 나타난다. 점 E로 나타나는 상(또는 단순히 상 E)는 큰 비부피와 작은 밀도를 가지는 반면, 상 C는 더 큰 밀도를 가진다. 상 E는 증기, 상 C는 액체이다. 등온선이 임계온도보다 약간 더 낮은 온도에 해당한다면 두 점 E, C는 매우 가까울 것이어서 두 상태들의 성질은 별로 다르지 않겠지만, 임계온도보다 훨씬 더 낮은 온도에서는 액체와 증기 상들은 완전히 다를 것이다.

압력이 DD_1과 같게 되는 순간, 그 온도와 압력에서의 가능한 상태를 나타내는 두 개의 점 D, F가 등온선에 나타난다. 그러나 압력이 EE_1과 DD_1 사이, 예를 들면 GG_1이라면, 그 압력에 해당하는 세 개의 점 G, H, J가 등온선상에 나타나게 되는데, 중간의 점 H가 불안정함을 쉽게 알 수 있다.

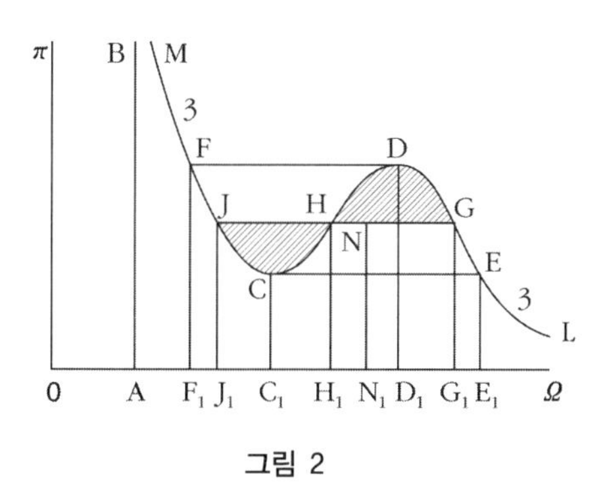

그림 2

물질이 원통 안에 있고, 이 원통이 이동 가능한 피스톤으로 닫혀 있다고 하자. 물질이 초기에 H 상태에 있어서, 평형에서 피스톤에 HH_1의 압력이 작용한다고 하자. 외부압력을 바꾸지 않고 피스톤을 약간 밀면 부피는 약간 줄어들 것이다. 물질이 좋은 열전도기로 둘러싸여 있어서 물질의 온도가 주위의 일정한 온도로 동일하게 유지된다고 하자. H 근처의 등온선의 성질로부터 보자면, 물질이 피스톤에 가하는 압력은 감소할 것이다; 따라서 피스톤은 부피가 OC_1으로 될 때까지 외부압력에 의하여 밀려들어 갈 것이다. 무한소의 등온팽창에서도 마찬가지 현상이 일어날 것이므로, 피스톤이 약간만 움직여도 부피는 유한한 만큼 변화할 것이다. 따라서 EE_1과 DD_1 사이의 모든 압력에 있어서 등온선 3에 해당하는 온도 τ_3에서 오직 두 개의 안정한 상만이 가능하다.

§15. 과냉각. 지연증발

온도 τ_3에서 단위질량의 물질의 임계부피가 OC_1과 OD_1 사이에 있다면 무슨 일이 일어날까? 그러한 부피는 온도 τ_3에서 안정한 물질의 어떤 상태에도 해당하지 않지만, 그러나 작은 부피의 액체상과 큰 부피의 기체상 사이의 어떤 종류의 전이가 존재할 것이므로 가능할 수도 있겠다. 이 모순은 물질의 한 부분이 액체인 동시에 다른 부분은 기체상일 가능성을 제기하면 해소될 수 있겠다. 이 경우에 만약 열평형 및 역학적 평형이 성립되고, 두 가지의 공존하는 상들을 나타내는 점들이 동일한 등온선 상에 있고, 수평축 상에서 동일한 거리를 가진다면, 두 개의 상들의 온도와 압력이 같게 된다. 중력의 영향하에서 무거운 액체상은 물론 용기의 아랫부분에, 증기는 윗부분에 모일 것이다.

액체와 증기상의 공존은 또한 부피가 OF_1과 OC_1, 또는 OD_1과 OE_1 사이에 있는 경우에도 가능하다. 만약 물질이 처음에 상태변화 LE를 일으킨 후에 그 부피가 일정한 온도에서 감소한다면 우리의 논의에 의하면 두 가지 가능성이 존재한다: 그 이후의 상태변화는 곡선 ED로 나타나는데, 모든 물질은 언제나 동일한 상태에 있게 된다. 그러나 어떤 순간에는 물질의 한 부분이 곡선 DE 상에서 움직이는 반면, 다른 부분은 G 상태로부터 같은 온도와 압력을 가진 상태 J로 전이할 수 있다. 부피가 더 작아진다면 물질의 상당 부분이 GD 상에서 움직이는 대신에 G에서 J로 전이할 수 있다. 사실, 특히 물질의 용액상태가 존재하는 것과 같은 다른 경우에 증기는 쉽게 응축될 수 있겠지만, 응축을 개시하기 위한 먼지나 다른 물질이 없다면, 증기는 응축되지 않은 채 압축될 수도 있다. 이 상태는 압축보다는 냉각 과정에서 더 자주 얻어지므로, 이를 과냉각 증기라고 부르겠다. 응축이 드디어 발생할 시에는 많은 양의 물질이 갑자기 비가역적으로(즉, 이렇게 형성된 액체-증기 혼합물이 동일한 과정을 역으로 거쳐서 과냉각된 증기로 돌아갈 수 없다는 의미로) 액화한다.

비슷한 현상이 기화에서도 일어날 수 있다. 물질이 처음에는 곡선 *MF*를 통과하며, 고도로 압축된 액체로 존재한다. 부피가 일정 온도에서 증가하여 *F* 상태에 이르면, 곡선 *FJC*를 따르거나, 혹은 어떤 점에서 두 가지 상의 공존이 발생하여 물질의 한 부분은 *FC* 상의 *J* 상태에 남고, 다른 부분은 동일한 높이를 가지는 곡선 *DE* 상의 *G* 상태로 전이할 수 있다. 기화는 액체와 용기 벽에 공기가 없는 경우에 지연될 수 있다. 그러나 더 이상 팽창하든지 혹은 가열하면 많은 양의 액체가 갑자기 기화할 수 있다.(지연된 기화, 또는 비등) 이 과정도 마찬가지로 비가역적일 듯하다.

그림 1의 등온선 4와 같이 수평축 아래로 내려갈 수 있는 등온선에서는 압력이 0보다 작을 수도 있다. 수은을 압력계로부터 꺼내는 경우에 이런 현상을 볼 수 있다. 수은을 (윗부분이 막힌) 압력계에서 천천히 꺼내면 윗부분의 압력은 연속적으로 내려가며, 그림 2에서 *MFJC*를 따라서 상태변화를 일으킨다. 수은 기둥은 압력계의 위치보다 더 위에 있음에도 분리되지 않는데, 이는 등온선의 수직축 값이 극소인 점 *C*가 그림 1의 등온선 4와 같이 수평축 아래로 내려가 있음을 보인다. 결국 수은 기둥은 분리되어 즉시 기화한다; 물론 수은 증기가 매우 작은 장력을 가지므로 이를 관찰하기는 어렵다. 그러나 수은 기둥 위의 압력계 관에 증류수를 채우면 많은 양의 물이 기화하는 것을 볼 수 있을 것이다.

음의 압력은 또한 상온의 증류수에서도 발생할 수 있다. 따라서 그림 1의 등온선 4처럼, 물에서도 상온의 등온선이 수평축 아래로 갈 수 있다. 반면에, 에테르의 경우에는 쉽게 관찰할 수 있는 온도의 등온선이 수평축 아래로 갈 수 없다. 위에서 언급된 실험에서 수은 위에 에테르를 채운다면, 에테르의 압력이 포화압력보다 더 작도록 수은 기둥을 길게 만들 수 있지만, 이 경우에 압력은 0보다 작지 않을 것이다.

지연된 비등(과가열)이라 부를 수 있는 과정에서, 물질은 자신의 증기에 닿아 있다. 이 상태는 평형이 아닌데, 반대로 폭발적인 기화가 액체의 윗부분에서 발생하여, 온도는 위쪽에 존재하는 증기압력에 대응하는 비등점과 같다. 지연된 기화가 일어나는 내부는 더 뜨거우며, 이 상태는 표면에서 연속적으로 기화가 일어나며 내부로 열전달이 이루어지는 경우에만 지속될 수 있다.

§16. 두 가지 상(相)의 안정한 공존

우리가 기술한 물질의 상태변화가 유일하게 결정되지는 않는 것처럼 보이기도 하지만 과냉각이라든가 지연된 기화와 같은 비가역적 전이를 배제한다면, 상태변화가 유일하게 결정된다고 기대할 수 있겠다.

이를 보이기 위하여, 질량 1의 물질의 샘플 q를 생각해보자. 초기에 상태 L(그림 2)에 있던 물질은 일정 온도에서 압축되어, E에 이르자마자 동일한 온도, 압력의 액체와 접촉된다. 초기에, q가 E 상태 근처에 있을 때 이 액체는 지연된 기화의 상태에 있는데, 폭발적으로 기화할 것이다. 이를 다시 q의 상태로 되돌려, 동일한 온도, 압력의 액체와 접촉하게 한다. 이 과정을 반복, q가 동일한 온도, 압력의 액체와 접촉하게 하여, 액체가 q로 기화하지 못하게, 또한 q가 응축하지 않게 하여, 액체와 증기가 평형상태에 있게 한다. 이 온도에서 액체는 그림 2의 J 상태에, 증기는 G 상태에 있게 된다.

이 평형상태는 두 상의 혼합비율에는 무관하며, 오직 접촉하는 표면의 상태에만 의존하는데, 이는 표면의 분자들만이 다른 상과 평형에 이르기 때문이다. 표면의 크기 또한 중요하지 않은데, 이는 각 부분이 유사한 조건하에 있기 때문이다.[13] 따라서 두 상 상의 평형이 일단 이루어지면 J 상태에 있는 어떠한 양의 물질도 G 상태에 있는 어떠한 양의 물질과도 평형을 이루게 된다.

G 상태는 정상적인 증기와 과냉각된 증기 사이의 경계를, J 상태는 정상적인 액체와 과가열된 액체 사이의 경계를 이룬다.

응축에 영향을 미치는 물체를 제거한 상태에서 q를 압축하면 곡선 CD의 상태들을 지나게 된다. 각각의 상태에서 동일한 온도, 압력의 액체와 접촉하게 하면 비가역적으로 갑자기 응축하게 된다. 그러나 액체와 접촉한 상태에서 G에서 시작하여 압축하면, q는 완전히 액체가 될 때까지 점점 더 응축하게 되는데, 동일한 방식으로 일정 온도에서 부피를 늘리면 물질이 기화될 수 있으므로, 이 과정은 가역적이다.

주어진 등온선에서 정상적인 상태와 과냉각된 증기, 또는 과가열된 상태 사이의 경계를 이루는 G와 J의 위치를 맥스웰은 한 가지 가정을 세움으로써 알아냈다.[14] 이미 잘 알려진 바와 같이, 어떤 가역적 순환과정에서도 $\int dQ/T = 0$인데, dQ는 가해진 열량이고 T는 절대온도이다. 열량은 역학적 단위로 측정된다. 맥스웰은 초기상태와 최종상태 사이에 불안정한 상태

13) 접촉표면의 곡률은 이것이 매우 작다 하더라도 영향을 미칠 것이다. (모세관의 반달막에서처럼) 오목한 표면의 경우, 증기압은 반달면과 모세관 바깥의 액체-표면의 평면 사이에 존재하는 증기기둥의 수력압보다 작으며 볼록한 표면의 경우에는 그만큼 크다.

14) Maxwell, *Nature* 11, 357, 374(1875); Scientific paper 2, 424. Clausius, *Die Kinetische Theorie der Gase*(Braunschwig, 1889-1891), p. 201 참조.

가 개입하더라도 —예를 들면 그림 2의 CHD— 이 방정식이 성립한다고 가정한다.

순환 과정이 일정 온도하에서 일어난다면 $1/T$ 인자를 적분기호 밖으로 꺼낼 수 있으므로 $\int dQ=0$이 된다. dQ는 외부에서 제공한 일을 초과하는 물질의 내부에너지 dJ이다. 여기에서 가정된 바와 같이, 외력이 모든 표면 요소에 대하여 단위표면당의 세기가 p인 수직의 압력힘과 같을 때에 그 외부일은 pdv와 같다.

순환 과정에서는 $\int dJ$가 0이므로, $\int pdv=0$, 또는 $\int \pi d\omega=0$을 얻는다. 이제 단위질량의 물질이 일정 온도에서 다음과 같은 순환 과정을 진행한다고 하자: 초기에 물질의 모든 부분은 J 상에 있고, 그 후에 조금씩 상 G로 전이된다. 압력은 JJ_1에서 일정하게 유지되지만, 부피는 OJ_1으로부터 OG_1으로 증가한다. 물질에 가해진 외부일 $\int \pi d\omega$는 압력과 부피증가의 곱과 같으므로, 사각형 $JJ_1GG_1=R$의 면적과 같다. 이제 곡선 $GDHCJ$를 따라서 원래의 상태로 되돌아간다고 하자. 부피는 감소할 것이므로, 물질에 외부의 일이 행해진다. 이 일은 상태변화의 모든 과정에 대한 적분 $-\int \pi d\omega$와 같다. ω가 수평축, π가 수직축이므로, 이 적분은 수평축 아래에서 곡선 $JCHDG$로, 오른쪽, 왼쪽에서 각각 JJ_1과 GG_1을 경계로 하는 부분의 면적 $J_1JCHDGG_1J_1=\Phi$와 같다. 최종적으로 물질은 원래의 상태 K로 돌아가는데, 전 과정의 $\int \pi d\omega$는 $R-\Phi$이며, 그림 2의 빗금 친 두 부분의 면적 차이 $JCH-HDG$와 같다. 이 가상적인 경로에 불안정한 상태가 개입하더라도 열역학 제2법칙이 성립한다는 맥스웰의 가정을 받아들인다면, 다음과 같은 결과를 얻는다: 평형상태에 있는 두 개의 상 G와 J를 연결하는 선 GHJ는 그림 2의 빗금 친 두 부분의 면적이 동일하게 되도록 그려져야 한다. 이 조건이 만족되지 않는다면, 두 개의 상 G와 J는 동일한 등온선 상에 있고 수평축으로부터 같은 거리에 있음에도 불구하고 평형에 이를 수 없다.(이 조건을 나타내는 방정식에 대해서는 §60을 참조할 것)

§17. 두 개의 상(相)의 공존하는 상태의 기하학적 표현

수평축에 평행하고 그림 2의 빗금 친 두 부분의 면적이 동일하게 되도록 하는 선을 이후에도 GHJ라 한다면, 온도 τ_3에서 등온팽창을 일으키는 물질의 거동을 다음과 같이 나타낼 수 있다. 부피가 OE_1보다 작은 한에는 물질은 증기상태에 있게 된다. 부피가 OE_1과 OG_1 사이인 경우 물질의 액체상은 증기와 공존할 수 없다. 응축은 염이라든가, 또는 물질의 분자들 사이의 인력보다 더 큰 인력을 작용하는 입자가 존재할 때에만 발생한다. 이때 형성된 액체는 염을 녹이든지 또는 입자 표면에 쌓이게 되는데, 만약 무한대의 양이 존재하지 않는다면, 이 과정이 진행됨에 따라 증기압은 하강한다.(조기 응축) 만약 그러한 입자가 존재하지 않는다면 물질은 부피가 OG_1에 이를 때까지 기체로 남는다. 여기에서, 물질의 약간의 액체상태와 접촉한다면 더 이상의 등온압축은 응축으로 이르게 되며, 압력이 더 높은 증기는 액체상과 공존할 수 없으므로(정상적인 응축), 증기압은 모든 물질이 액화되기 전까지는 증가하지 않는다. 정상적인 응축을 촉진할 입자가 없다면 물질은 응축되지 않고 더 압축될 수 있는데, 그 상태는 곡선 CD를 따른다.(과냉각된 증기) 하지만 부피가 OD_1 이하로 되면 어떠한 경우에도 응축이 일어나는데, 응축이 시작되면 물질의 유한한 양이 갑자기 액화되어, 온도가 일정하다면 압력은 GG_1까지 하강한다. 물질이 초기에 액체였다가 점진적으로 팽창되는 경우도 비슷한 거동을 보인다; 증기를 소량의 액체와 접촉하게 하는 대신에, 진공 또는 증기로 채운 공간에서 액체를 만들면 된다.

각 등온선에서 우리는 CHD 부분을 삭제해야 하는데, 이에 해당하는 상태가 물리적으로 실현 불가능하기 때문이다. 또한, 우리는 지연된 기화(과열) 및 과냉각된 혹은 조기 응축된 증기를 논의하지 않고 오직 정상적인 응축, 즉 액체로부터 직접 증기로 전이하는 가역 과정만을 다룰 것이다. 이렇게 하면 그림 2에서 각 등온선에서 MJ와 GL만을 취하게 된다. 그 사이의 영역에서 물질의 일부는 J로 표시되는 액체상태로, 일부는 G상태의 기체상태로 있게 되어, 두 부분의 온도와 압력은 같게 된다. 각 중간상태는 G와 J 상태로 동시에 나타나는데, 각 점은 물질이 두 상태로 존재하는 비율을 가진다. 이 상태들을 선 JG [2상-선(two-phase line)] 위의 점들로 표시한다. 이 선상의 임의의 점 N(그림 2)의 수직축 값 NN_1은 압력을 나타내는데, 두 공존하는 두 상의 압력은 동일하다. 수평축의 값 ON_1은 물질의 총부피, 즉 액체와 기체 부분의 부피의 합이 되도록 선택한다. 액체 부분이 클수록 J는 그 상태를 나타내는 점에 가깝게 된다. N 상태에서 액체의 질량을 x, 증기의 질량을 $1-x$라 하면, x는 다음과 같은 성질을 보인다: OJ_1이 액체의 비부피이고, OG_1이 증기의 비부피이므로, xOJ_1은 상태 N에서의 액체 부분의 부피, $(1-x)OG_1$은 기체 부분의 부피이다. 두 부피의 합이 수평축의 값 ON_1과 같으므로

$$xOJ_1 + (1-x)OG_1 = ON_1$$

이며, 따라서:

$$(37) \qquad \begin{cases} x = \dfrac{N_1G_1}{J_1G_1} = \dfrac{NG}{JG}, \quad 1-x = \dfrac{J_1N_1}{J_1G_1} = \dfrac{JN}{JG}, \\ \dfrac{x}{1-x} = \dfrac{N_1G_1}{J_1N_1} = \dfrac{NG}{JN}. \end{cases}$$

액체의 질량 x가 점 J에, 증기의 질량 $1-x$가 점 G에 집중되어 있다고 한다면, N은 두 질량으로 구성된 계의 질량중심이다. 수평축 값의 역수가 항상 밀도를 나타낸다는 규칙은 물론 2상-선 상의 점들에 대해서는 성립하지 않는다. 반대로, 액체의 밀도가 ρ_1, 증기의 밀도가 ρ_2라 하면, 수평축 값은

$$ON_1 = \frac{x}{\rho_1} + \frac{1-x}{\rho_2}.$$

액체와 기체가 공존하는 상태를 이런 식으로 표시하고, 과냉각된 증기와 과열된 액체를 무시한다면, 등온선들은 그림 1보다 그림 3의 형태를 가지게 될 것이다. 그림 1, 그림 2에서 3으로 표기된 등온선을 그림 3에서도 마찬가지로 3으로 표기하자. JG는 직선이며, 이 선 상의 점 N은 물질 중의 x가 액체이고 $1-x$가 기체인 상태를 나타낸다. 두 부분의 압력은 NN_1으로 동일하며, 부피의 합은 ON_1, x와 $1-x$는 방정식 (37)에 의하여 결정된다. 또한, 지연된 기화를 보이는 부분이 수평축 아래로 내려가는 등온선에게는 항상 수평축 위쪽에 나타나는 선 JG가 있게 되는데, 이에 대한 그림 2의 두 빗금 친 부분의 면적은 같다; 이는 수평축과 그 아래로 내려가는 등온선의

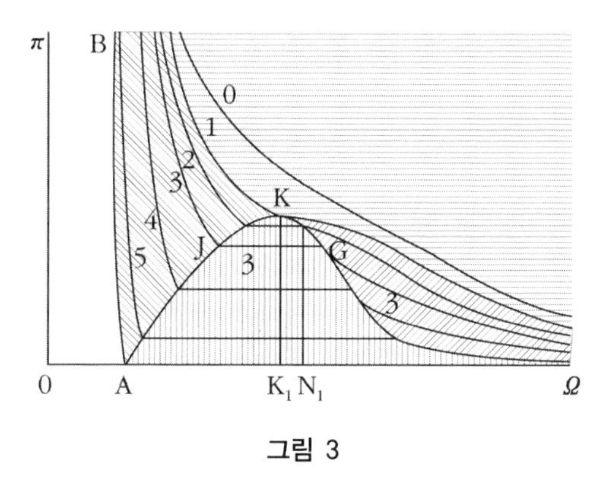

그림 3

부분 사이의 면적이 항상 유한하며, 더 큰 수평축 값에 해당하는 등온선의 부분과 수평축 사이의 면적이 수평축 값이 무한대로 가면 로그함수로 무한대로 증가하기 때문이다. 따라서 그림 2의 두 빗금 친 부분의 면적을 동일하게 하면 2상-선은 언제나 수평축의 위쪽에 있게 된다.

§18. 기체, 증기 및 액체 개념의 정의

그림 3에서 수평으로 빗금 친, 임계등온선 1 위쪽의 영역을 기체 영역으로 표기할 수 있다. 큰 수평축 값을 가지는 이 영역 내의 점들은 실상 이상기체에 근접한 상태들을 나타낸다. 수평축 값이 작아서 선 *AB*에 가까울수록 상태는 액체처럼 거동하지만 이 상태는 일정 온도에서 명확히 기체인 상태로 연속적으로 전이할 수 있으므로 기체 영역으로 볼 수도 있을 것이다. 상온의 압축된 공기를 한 가지 예로서 들 수 있을 것이다.

2상-선으로 채워진 영역은 2상 영역으로 부를 것이며, 이는 그림 3에서 수직 빗금 친 부분이다. 그림 1의 점선은 등온선들의 모든 극대점과 극소점들의 궤적인데, 어떤 경우에도 2상 영역 내에 위치한다. 이 영역의 경계가 되는 곡선은 임계점에서 점선보다 더 작은 곡률을 가지며, 불연속적인 부분을 가지지 않는다.

기체 영역 아래 2상 영역의 오른쪽에는 기체 영역이 자리하는데, 이 영역에서 물질은 기체로서 거동한다; 2상 영역의 왼쪽은 액체 영역(선 *AB*로 경계 짓는)이고, 이 경우에 물질은 "응축 가능한 유체"로 부를 수 있다. 이 두 영역은 그림 3에서 사선으로 표시되었다. 이 두 상태들의 특징으로는, 한 상태의 물질이 응축을 거치지 않고는 일정 온도에서 다른 상태로 전이될 수 없다는 것이다.

이 두 영역을 통과하는 전형적인 등온선이 그림 3의 등온선 3이다. 밀도가 낮은 영역에서 시작한다면, 등온 가압 과정에서의 물질의 성질 변화는 다음과 같을 것이다: 부피가 큰 경우에 증기 영역에서는 보일의 법칙이 근사적으로 적용될 것이다. 부피가 줄어들면 보일의 법칙으로부터 벗어나는 정도가 점점 증가할 것이며, 2상 영역에 이르는 즉시 압축이 진행되며 압력은 일정하게 유지되는데, 액체로 변하는 부분이 증가한다. 물질이 모두 액화된 후에는 더 이상 압축되면 압력은 급격히 상승한다.

두 가지의 극단적인 경우가 등온선 2와 5로 제시된다. 등온선 2는 임계등온선에 가까운데, 액체는 증기와 별로 다르지 않다. 압축은 짧은 시간 동안에만 일어나며, 압축계수는 일시적인 불규칙성을 보인다. 한편, 등온선 5는 임계점보다 훨씬 아래의 온도에 위치하여, 일반적으로 증기의 압력은 매우 낮아서 눈에 띄지 않는다. 압력이 상당한 값으로 상승하는 즉시, 다른 물질이 혼합되어 있지 않다면, 물질은 오직 액체로만 존재하며, 그 부피는 압력에 의하여 소량 변할 수 있다. 임계점보다 훨씬 아래의 온도에서 액체의 압축계수는 매우 작다. 물론, 그림에 의하면 증기압은 오직 점근적으로만 0에 접근할 수 있다. 매우 낮은 온도에서도 소량의 증기는 항상 존재하게 된다.

§19. 기체, 증기 및 액체의 개념의 임의성

우리는 기체, 증기 및 액체를 일정 온도에서의 상태변화에 의하여 정의하였다. 이는 물론 임의적인데, 실제로 계의 온도를 주위의 온도와 동일하게, 일정히 유지하는 경우가 대부분이라는 사실로만 합리화될 수 있겠다.

우리는 마찬가지로, 밀봉된, 이동 가능한 피스톤을 장착한 일정 압력의 원통 용기 내의 물질의 상태변화를 생각할 수도 있을 것이다. 처음에 온도가 매우 높았다고 하자. 열이 손실됨에 따라 부피는 감소한다. 이러한 상태변화를 등압 과정이라 하면, 이는 수평축에 평행한 선(등압선)으로 나타난다. 물질에 작용하는 압력이 임계압력보다 크면 물질은 근사적으로 기체인 상태로부터 근사적으로 액체인 상태로 연속적으로 전이한다. 그러나 압력이 임계압력보다 작으면 부피가 증가함에 따라서 온도는 2상 영역에 이를 때까지 하강한다.

증기와 액체의 구별을 단열변화, 즉 열의 획득이나 손실이 없는 변화에 있어서 생각해볼 수도 있다. 이 상태변화를 계산하기 위하여 외부로부터 얻은 열의 미분 dQ를 0으로 놓아야 한다.(§21 참조) 우리는 이 경우를 더 이상 논의하지 않을 것이며, 등온, 등압 및 단열 등 상태변화의 명확한 기준을 정하지 않으면 한 상태로부터 다른 상태로 연속적으로 또는 불연속적으로 전이하는 상태들을 구별할 수 없다는 점만을 지적하고자 한다. 이는, 하나의 상태가 2상 영역을 통과하지 않고, 즉 응축이나 기화를 거치지 않고도 다른 상태로 전이할 수 있기 때문이다. 이를 다음과 같이 알 수 있겠다: 2상 영역 내의 점들의 수평축 값이 압력을, 수직축 값이 액체와 기체 부피의 합을 나타낸다면, 그림 3의 사분면 $BA\Omega$의 점들은 물질의 가능한 상태들을 나타내게 된다. 물질의 두 가지 상태가 주어진다고 하자. 각각의 상태에서 물질은 한 가지의 상에 있다면 두 점 P, Q는 모두 2상 영역의 밖에 존재한다. 이 두 상태를 P에서 Q로, 2상 영역을 지나지 않고 K의 위쪽으로 가는 것은 언제나 가능하다. 이 곡선은 물질의 어느 부분도 다른 상으로 변하지 않으면서 P에서 Q로 변하는 연속적 과정을 나타낸다. 하지만 P로부터 2상 영역의 왼쪽 경계선 AJK를 향하여 선을 긋고, 이 영역에서 왼쪽으로부터 오른쪽으로 이동, 그 윗부분을 지나서 Q에 이를 수도 있다. 이 곡선은 물질이 액체로부터 출발하여 점차 기화되어 완전히 기화된 후에는 연속적으로 Q로 가는 변화를 나타낸다. 역으로, P로부터 2상 영역의 윗부분을 지나서, 2상 영역의 오른쪽 경계선인 곡선 AJK 상의 점을 지나 2상 영역의 윗부분을 통하여 Q에 이를 수도 있다. 그런 곡선은 물질이 P로부터 연속적으로 증기상태로 변한 후 응축하여 Q가 되는 변화를 나타낸다.

물질은 심지어 기화가 아니라 응축에 의하여 액체로부터 증기상태로 전이할 수도 있다. 이를 위하여, 작은 부피에서 출발, 임계온도 이상으로 물질을 가열, 큰 부피로 팽창시킨 후 임계온도 이하로 냉각, 응축하고 나서 다시 액체를 임계온도 이상으로 물질을 가열하여 원하는 최종상태로 이르게 하면 된다. 마찬가지로, 기화에 의하여 증기를 액체로 전이하게 할 수도 있다.

물질의 상태가 선 AB의 아랫부분 근처, 곡선 KGB 근처, 또는 AB에서 먼 등온선 위쪽에 있을 때에 각각 액체, 증기 및 기체로 정의할 수 있겠지만, 중간 영역에서는 이 상태들이 상호 연속적으로 전이할 수 있으므로, 명확한 경계를 짓고 싶다면 임의의 정의를 사용해야 할 것이다.

§20. 상태의 등밀도 변화

고정된 양(예를 들면 단위질량)의 물질을 양쪽이 밀봉된 관에 넣고 점차 가열하면 일정 부피에서의 상태변화(등밀도 상태변화)를 볼 수 있다. 부피가 정확히 임계부피의 1/3이면(일반적으로 이보다 더 부피가 작을 수는 없다.), 절대영도를 제외하면 압력은 항상 무한대이다. 다른 부피에서는 충분히 낮은 온도에서 물질은 항상 2상 영역에 있게 된다. 따라서 물질의 일부분은 관의 아랫

부분에서 액체로 있고, 관 윗부분의 증기압력은 낮은 온도에서 거의 0에 가까운데, 온도에 따라서 증가한다. 액체와 증기 사이의 경계를 반월면(meniscus)이라 한다. 부피가 일정하다고 가정하므로, 상태변화는 수직축에 평행하며 2상 영역을 지나는 선, 예를 들면 그림 3의 선 N_1N으로 나타난다. 점 N으로 표시되는 상태에서 물질의 액체 부분의 질량은 방정식 (37)에 따르면

$$x = \frac{NG}{JG}$$

이고, 증기 부분의 질량은

$$1 - x = \frac{JN}{JG}$$

이다. 두 가지 경우를 구별하고자 한다.

1. 상태변화를 나타내는 선 N_1N이, 수직축에 평행하고 임계점을 지나는 선 KK_1의 오른쪽에 있는 경우. 주어진 일정한 부피가 임계부피보다 크므로, 온도가 상승하면 NG는 JG에 비하여 점점 더 작아진다. 관 내부의 액체의 양은 온도에 따라서 감소하며, 반월면은 내려간다. 선 N_1N이 2상 영역의 경계에 이르면 물질은 모두 증기로 된다.
2. N_1N이 KK_1의 왼쪽에 있는 경우. JN은 NG에 비하여 점점 더 작아지며, 반월면은 올라가며, 2상 영역의 경계에 이르면 물질은 모두 액체로 된다.
3. 물질이 정확히 임계부피 OK_1을 가지면 NG에 대한 JN의 비율은 물질이 일정 부피에서 가열될 때에 임계점에 이를 때까지 언제나 유한하다. 반월면은 관의 위쪽 끝부분과 아래쪽 끝부분 사이에 존재하며, 임계온도에서는 액체와 증기가 동일한 성질을 가지므로 이 온도에서 반월면은 사라진다.

2상 영역의 경계가 임계점 근처에서는 거의 수평임을 알고 있다. 따라서 N_1N이 KK_1에 가까이 있으면 반월면은 거의 사라진다. 이론적으로 보자면, 반월면은 온도가 거의 임계온도와 동일할 때까지 관의 내부에 있어야 하며, 임계온도에서는 관의 위쪽 끝부분 또는 아래쪽 끝부분으로 급속히 이동한다. 실제로는 이를 관찰할 수 없는데, 그전에 반월면이 이미 너무 희미해지기 때문이다. 또한, 물질 중의 소량의 불순물이 임계점에서는 큰 변동을 줄 수 있다.

§21. 판데르발스 법칙을 따르는 물질의 열측정

우리는 물질의 역학적 모형을 선택하였으므로, 가해진 열의 미분 dQ를 결정하는 것은 어렵지 않다. 제1부 §8의 방정식 (19)에서처럼, 분자의 질량중심의 병진운동의 평균제곱속도를 $\overline{c^2}$, 단위질량의 물질의 질량중심의 평균운동에너지를 $\frac{1}{2}\overline{c^2}$라 하자. 단위질량의 온도가 dT만큼 상승하면, 가해진 열에서 이 운동에너지를 증가시키는 데 소요된 부분(역학적 단위로 나타낸)은

$$dQ_2 = \frac{1}{2}d(\overline{c^2}) = \frac{3}{2}rdT$$

인데, 이는 방정식 (21)에서 유도될 수 있다.

판데르발스 법칙을 유도할 때에 우리는 분자를 탄성구로 가정했지만, 일반적으로 분자 내 운동을 무시할 수는 없다; 제1부 §8에서처럼, 가해진 열에 의하여 분자 간 인력에 대항하여 행해진 일을

(37a) $$dQ_3 = \beta dQ_2$$

로 놓자. 판데르발스 응집력은 각 분자에 대하여 거의 모든 방향으로 동일하게 작용하므로, 분자 내부의 운동에 영향을 줄 수는 없다. 우리가 화합물 분자의 이상기체에 대하여 §42–§44에서 얻을 결과와 마찬가지의 결론이 이 내부운동에도 적용될 것이다. 이는 분자들 간의 충돌횟수가 아니라 온도에 의존하므로, β는 온도의 함수이다. 분자가 강회전체이면 뒤에서 알 수 있듯이 $\beta=\frac{2}{3}$이지만, 다른 모양의 고체라면 $\beta=1$이다.

분자 내부운동이 존재하고, f가 분자의 자유도라면, 평균 운동에너지 중 내부운동에 해당하는 부분은 $\frac{1}{3}f-1$일 것이다. 분자 내부운동에 의하여 행해진 일의 기여도를 더할 수도 있는데, 이는 온도의 함수이다.

여기에서는 더 이상 깊이 들어가지 않겠지만, 방정식 (37a)에서 β가 온도의 어떤 함수라고만 하자.

일정 부피에서의 단위질량의 비열은 그러므로:

$$\gamma_v = \frac{dQ_2 + dQ_3}{dT} = \frac{3}{2} r(1+\beta).$$

부피가 동시에 dv만큼 증가한다면, 이 외부압력을 극복하기 위하여 행해진 일은 pdv이며, 내부 분자압력을 극복하기 위하여 행해진 일은 $a\,dv/v^2$이다. 따라서 단위질량에 행해진 일의 총합은

(38) $$dQ = \frac{3r(1+\beta)}{2} dT + \left(p + \frac{a}{v^2}\right) dv = \frac{3r(1+\beta)}{2} dT + \frac{rT}{v-b} dv.$$

판데르발스 운동론의 가정은 상태방정식을 결정할 뿐 아니라 비열의 결정도 가능하게 하므로, 단지 판데르발스 상태방정식을 경험적으로 만족하는 물질이 아닌, 판데르발스 가정의 조건을 만족하는 물질을 이용하여 비열을

어떻게 결정할지는 명확하다. 엔트로피는:

$$S=\int \frac{dQ}{T}=r\left[\log(v-b)+\frac{3}{2}\int(1+\beta)\frac{dT}{T}\right]$$

이며, β가 상수라면:

$$r\log\left[(v-b)\,T^{3(1+\beta)/2}\right]+\mathrm{const}$$

로 간단해지는데, log는 로그를 의미한다. 이 양을 일정하게 놓으면 단열 상태변화의 방정식을 얻는다. 일정 압력에서 단위질량의 비열은

$$\gamma_p=\frac{3r(1+\beta)}{2}+\frac{r}{1-\dfrac{2a(v-b)^2}{rTv^3}}=\frac{3r(1+\beta)}{2}+\frac{r}{1-\dfrac{2a(v-b)}{v(pv^2+a)}}$$

이고, 비열의 비율은

$$\kappa=1+\frac{2}{3(1+\beta)\left[1-\dfrac{2a(v-b)^2}{rTv^3}\right]}$$

이다.

(게이-뤼삭의 실험에서처럼) 기체가 갑자기 진공 중으로 팽창될 때, 초기의 비부피와 밀도가 v와 ρ였고, 나중에는 v', ρ' 이라면, 기체의 단위질량당 분자 간 인력에 거슬러서 행해진 일

$$\int\frac{a\,dv}{v^2}=\frac{a}{v}-\frac{a}{v'}=a(\rho-\rho')$$

은 따라서 온도에 무관하다.

그러나 기체가 가역적으로 단열팽창한다면, 방정식 (38)로부터

$$\left(\frac{dT}{dv}\right)_{\bar{S}} = -\frac{2T}{3(1+\beta)(v-b)} = -\frac{T}{\gamma_v\left(\frac{dT}{dp}\right)_v}.$$

단위질량의 물질이 처음에는 액체상태였고, 일정 온도 T에서의 증기의 포화압력 p에서 기화된다고 하자. 방정식 (38)에서 $dT=0$로 놓으면, 기화열의 총량은

$$\int dQ = \frac{a}{v} - \frac{a}{v'} + \int pdv = a(\rho - \rho') + p(v' - v)$$

이며, v와 ρ는 액체의 비부피와 밀도, v', ρ' 은 같은 온도에서의 증기의 비부피와 밀도이다.

이 방정식의 마지막 항은 증기에 작용하는 외부압력을 극복하기 위한 일을 나타낸다. 증기의 밀도가 액체의 밀도에 비하여 무시할 만큼 작다고 하면:

$$\varpi = a\rho$$

는 액체 분자들을 분리하는 데 소요되는 일이다.

이제, 가열된 희박한 증기가 보일-샤를 법칙으로부터 벗어나는 정도로부터 상수 a를 계산할 수 있다. 이로부터 물질의 액체상태의 내부압력 또는 분자압력(즉, 액체 표면 근처에서의 내부압력과 표면 밖 압력 사이의 차이) $a\rho^2$을 얻는다. 역학적 단위로 나타낸 액체의 기화열(좀 더 정확히는 액체분자의 분리열)은 $a\rho$인바, 이를 실험과 비교할 수 있다.

이 결과는 판데르발스 방정식의 유도 과정의 가정과는 무관하며, 오직 방정식의 형태에만 의존하는데, 이 방정식이 경험적으로 주어진다면 이 결과는 정확하다.

§22. 분자의 크기

기체가 보일-샤를 법칙으로부터 벗어나는 정도로부터 상수 b를 계산하면 로슈미트에 의하여 결정된 분자의 크기(제1부 §12)를 개선할 수 있다. 제1부에서 우리는 분자들의 부피가 액체상태에서의 부피보다 작을 수는 없고 그 부피의 10배보다 클 수는 없다는 가정을 사용하였지만, 이제는 그럴 필요 없이 단위질량의 분자들이 실제로 차지하는 부피 $1/4b$을 계산할 수 있다.

제1부의 방정식 (77)과 (91)로부터 기체의 점성계수 $\wp = k\rho c/\pi n\sigma^2\sqrt{2}$를 얻는데, c가 기체분자의 병진운동의 평균속도라 하면, 제1부의 방정식 (89)에 의하면 k는 $\frac{1}{3}$로부터 약간 벗어난다. σ는 분자의 지름, ρ는 단위부피당 질량, n은 단위부피 내의 분자개수, $\rho/n = m$는 분자의 질량이다. 따라서 점성계수는

$$\wp = \frac{kmc}{\pi\sigma^2\sqrt{2}}$$

이다. 또한

$$b = \frac{2\pi\sigma^3}{3m}$$

이므로,

$$\sigma = \frac{3\wp b}{\sqrt{2}\,kc}.$$

평균속도 c는 제1부의 방정식 (7)과 (46)에 의하여 충분히 정확하게 계산할 수 있다.

여기에서 구체적인 수치를 제시하지는 않을 것인데, 이를 위해서는 실험결과를 분석해야 하는데, 이는 본 책의 범위를 벗어나는 것이기 때문이다.

§23. 모세관 현상과의 관련

판데르발스는 우리가 §7에서 시도한 것보다 좀 더 긴 과정을 거쳐서 a/v^2을 결정했다; 판데르발스는 라플라스와 푸아송이 모세관 방정식을 유도한 방식을 사용했다. 모세관과의 관련이 꽤 중요하므로 여기에서 판데르발스가 원래 사용한 방법을 요약하겠다.

아래의 논의는 액체와 기체 모두에 적용되지만 특히 액체에 부합하는데, 우리는 물질을 "유체"라고 간단히 부르겠다. 질량이 m, m' 인 두 분자들 사이에 거리 f의 함수 $mm'F(f)$ 인 인력이 중심선 방향으로 작용한다고 가정하고

$$\int_f^\infty F(f)df = \chi(f), \int_f^\infty f\chi(f)df = \psi(f)$$

라 하면, $mm'\chi(f)$ 는 두 분자 m, m' 을 거리 f로부터 멀리 떼어놓는 데 소요되는 일이다. 어떤 경우에도 $F(f)$ 는 분자 간 거리에서 0과는 다른 값을 가진다. f가 증가함에 따라 $F(f)$ 가 f의 역3제곱보다 더 빨리 감소한다고 가정하여, f가 작지 않은 값을 가질 때에 $F(f)$ 뿐 아니라 $\chi(f)$ 와 $\psi(f)$ 가 항상 0이 되도록 하자. 우리의 가정으로부터 m, m' 사이에 작용하는 힘은 $-mm'd\chi(f)/df$이다.

유체 내에 반지름 b의 구 K를 구축하여,[15] K의 표면요소를 do로 표기하고, 구 K의 바깥, do 위에 매우 큰 길이 $B-b$의 직립 원통 Z를 세우자. 구의 중심 O를 원점으로, 양의 수평축을 원통의 축으로 선택하자.

15) 이전에 b로 나타낸 상수와 혼동하지 말 것.

이제 구 K 내의 유체가 원통 Z 내의 유체에 작용하는 인력 dA를 구하고자 한다.

이를 위하여 수평축 값이 x와 $x+dx$인 단면 사이에 원통 Z의 부피요소 dZ를 세운다. 이 부피요소의 부피는 $do\,dx$이므로, 그 안에는 질량 $\rho\,do\,dx$의 유체가 존재한다.(밀도 ρ는 유체 내 모든 곳에서 일정하다고 가정한다.)

구 K로부터 동심의 구면각 S를 깎아내고, 이로부터 원점과 연결되는 선이 양의 수평축과 $\theta, \theta+d\theta$ 사이의 각을 가지는 원환 R을 깎아내면, R의 부피는 $2\pi u^2 \sin\theta\, du d\theta$이다. 이에 ρ를 곱하면 원환 내에 존재하는 유체의 질량이 된다.

수평축 x' 에서 R 내에 존재하는 질량 m' 의 유체분자가 수평축 x에서 원통 Z 내에 있는 질량 m의 유체분자에 작용하는 인력은

$$-mm'\frac{d\chi(f)}{df}$$

이며, 음의 수평축 방향의 성분은

$$-mm'\frac{d\chi(f)}{df}\frac{x-x'}{f}=-mm'\frac{d\chi(f)}{dx}$$

이다. R 내에 존재하는 유체 전체는 dZ 내의 유체에

$$-2\pi\rho^2\, do\; dx\, u^2 \sin\theta\; du\, d\theta \frac{d\chi(f)}{dx}$$

의 인력을 작용한다. 구 K 내의 유체가 원통 Z 내의 유체에 작용하는 인력의 총합은 우리의 계산에 가장 편리한 다음의 적분 순서를 취하여 구할 수 있다:

$$dA=-2\pi\rho^2 do\int_0^b udu\int_b^B dx\frac{d}{dx}\int_0^\pi \chi(f)u\sin\theta\, d\theta.$$

θ에 대한 적분을 행할 시에, 구면각 S만을 생각하므로 u는 상수로 취급한다. 적분변수로 u를 f로 치환하면

$$ux\sin\theta\,d\theta = fdf$$

를 얻는데, f의 하한과 상한은 $x-u, x+u$이다. 따라서:

$$\int_0^\pi \chi(f)\,u\sin\theta\,d\theta = \frac{1}{x}[\psi(x-u)-\psi(x+u)]$$

이며, ψ는 이 절의 초입에서 정의된 함수이다. x에 대한 적분은 이 식에서 $x=B$로 놓고, $x=b$일 때의 값을 빼면 된다.

독립변수의 값이 매우 작지 않다면 함수 ψ는 항상 0임을 기억할 필요가 있다. B와 b는 분자의 크기에 비하면 매우 크므로, 여기에서 취급되는 u의 값보다도 훨씬 크다. 따라서 $\psi(B+u), \psi(B-u), \psi(b+u)$ 는 모두 0이며, 오직 $\psi(b-u)$만이 0이 아닐 것이며:

$$\int_b^B dx \frac{d}{dx}\int_0^\pi \chi(f)\,u\sin\theta\,d\theta = -\frac{1}{b}\psi(b-u)$$

이며, 따라서

$$dA = \frac{2\pi\rho^2 do}{b}\int_0^b udu\,\psi(b-u).$$

정적분 내에서 $z=b-u$로 변수를 변환하면

$$b\int_0^b \psi(z)dz - \int_0^b z\psi(z)dz$$

로 변환된다. 큰 값의 z에서 $\psi(z)$는 0이 되므로, 적분 상한을 ∞로부터 b로 바꿀 수 있다.

$$(39) \qquad a = 2\pi \int_0^\infty \psi(z)dz, \alpha = \pi \int_0^\infty z\psi(z)dz$$

로 놓으면,

$$\frac{dA}{do} = \alpha\rho^2 - \frac{2\alpha\rho^2}{b}.$$

원통 Z의 모든 변들이 유체로 둘러싸여 있다면, 이에 작용하는 모든 힘들은 중화될 것이다. 따라서 구 K를 둘러싸는 유체가 원통 Z 내의 유체에 작용하는 힘은 K 내의 유체가 작용하는 힘과 크기는 같고 방향은 반대일 것이다. K 내의 유체를 제거한다면, 바깥 표면이 구면 K인 유체만이 남을 것이다. 그러면 dA는 이 유체가 표면요소 do에 놓인 원통 Z 내의 유체에 작용하는, 내부로 향하는 인력인데, §2에서 이를 $p_i do$로 표기하였다.

만약 표면이 평면이거나 혹은 그 곡률반지름이 매우 커서 $1/b$이 무시될 수 있다면 이미 §7에서 구한 값 $p_i = a\rho^2$을 얻는다. 그러나 방정식 (39)에 의하면 상수 a는 분자 사이의 인력법칙으로 나타낼 수 있다.

$-2\alpha\rho^2/b$ 항은 표면이 곡면일 경우에 작은 보정이 필요함을 보여준다. 잘 알려진 바와 같이, 이 보정항이 모세관 현상을 일으킨다; 표면이 구면은 아닐 경우, 이는

$$(40) \qquad -2\alpha\rho^2\left(\frac{1}{\wp_1} + \frac{1}{\wp_2}\right)$$

의 형태를 보이는데, $\wp_1, \wp_2$는 표면의 두 주곡률 반지름이다.

§24. 분자 분리의 일

이제 기화열을 함수 χ로 나타내고자 한다. 질량 m의 유체분자 주위에 구면각 S를 구축, 반지름 f와 $f+df$인 두 개의 구표면들이 경계면이 되도록 하면, 그 안에 포함된 유체의 질량은 $4\pi\rho f^2 df$가 된다. 유체분자 m, m'을 무한대의 거리로 떼어놓는 데 소요되는 일이 $mm'\chi(f)$ 이므로, 두 분자들이 처음에 f의 거리에 있었다면 m을 구면각 S의 중간점으로부터 먼 거리로 이동하는 데 필요한 일은

$$4\pi\rho m f^2 \chi(F) df$$

이다. m을 유체의 내부로부터 먼 거리로 이동하는 데 필요한 일의 총량은 따라서:

$$B = 4\pi\rho m \int_0^\infty f^2 \chi(F) df$$

이다. 단위질량의 유체에 n개의 분자들이 있다면 $mn=1$이다. 증기상태에서 분자가 다른 분자들의 영향권으로부터 이미 멀리 떨어져 있다면, 응집력을 극복하여 단위질량의 유체를 기화시키기 위하여 행해진 일은

$$\varpi = \frac{nB}{2} = 2\pi\rho \int_0^\infty f^2 \chi(f) df.$$

물론 여기에 기화의 외부압력에 거슬러서 행해진 일 $\int pdv$를 더해야 할 것이다.

이 식에서, 각 분자를 다른 분자로부터 분리하는 일이 두 번씩 셈해졌으므로, ϖ는 nB의 반이다. §21에서 우리는 분리일 ϖ을 $a\rho$로 얻은바, a는 방

정식 (39)의 첫 번째 식으로 주어진다. 이 방정식의 우변을 부분적분하면:

$$\int_0^\infty \psi(z)dz = -\int_0^\infty z\frac{d(\psi)z}{dz}dz = \int_0^\infty z^2\chi(z)dz.$$

이전에 얻어진 ϖ의 값은, 따라서 여기에서 구한 것과 일치한다.

유체 내의 두께 dh의 평면층에 있는 거리 h의 입자들을 분리하는 데 소요되는 일을 미리 계산한다면, 방정식 (39)의 첫 번째 식을 적분하여 분리일을 직접 얻을 수도 있다. 이렇게 하면:

$$2\pi\rho m dh\int_0^\infty rdr\chi(\sqrt{h^2+r^2}) = 2\pi\rho m dh\int_h^\infty f\chi(f)df. \tag{41}$$

n으로 곱하고 0부터 ∞까지 h에 대하여 적분하면 분리일의 총량 ϖ를 얻는다.

비슷한 수식을 사용하여 다음 문제를 해결할 수 있다: 단면적이 1인 원통이 주어진다고 하자; 원통의 임의의 단면 AB가 유체를 두 부분으로 나누게 하고, 단면 한쪽의 유체를 다른 쪽의 유체로부터 분리하는 데 소요되는 일을 구해보자.

우선 AB의 아래쪽에 용기의 바닥으로부터 두께 x의 거리에 있는 두께 dx의 층과, AB 위쪽의 두께 dh의 층을 분리하는 데 소요되는 일을 계산하자. 방정식 (41)에서 $m = \rho dx$로 놓으면 분리일은

$$2\pi\rho^2 dhdx\int_h^\infty f\chi(f)df$$

와 같다. 여기에서 h는 두 층 사이의 거리이다. 이를 당분간 일정하게 두고 허용된 모든 값의 x에 대하여 적분한다. c가 AB와 바닥 사이의 거리일 때 h가 일정할 때 $x = c - h$로부터 $x = c$까지 적분하면:

$$2\pi\rho^2 dh\int_h^\infty f\chi(f)df\int_{c-h}^c dx = 2\pi\rho^2 hdh\int_h^\infty f\chi(f)df.$$

0부터 ∞까지 모든 값의 h에 대하여 적분하면, AB 아래쪽에 유체를 AB 위쪽의 유체로부터 분리하는 데 소요되는 일은:

$$2\pi\rho^2\int_0^\infty hdh\int_h^\infty f\chi(f)df = 2\alpha\rho^2.$$

이 분리 과정에서 유체의 표면적은 2만큼 증가하므로, 유체의 표면적을 1만큼 증가시키는 데 소요되는 일은 이의 절반인 $\alpha\rho^2$이다.[16) 하지만 이 양은 동시에 방정식 (40)에 제시된 모세관의 기본 방정식에서

$$\frac{1}{\wp_1}+\frac{1}{\wp_2}$$

의 계수이며, 실상 이 계수가 유체의 표면적을 1만큼 증가시키는 데 소요되는 일임은 잘 알려져 있다.

푸아송이 라플라스의 구식 모세관이론을 수정했듯이, 유체가 내부로부터 표면으로 이동할 시의 밀도변화를 고려하여 이 문제를 풀 경우, 이 방정식들은 훨씬 복잡해지겠지만, 정적분으로 나타나는 상수만이 다를 뿐, 얻어지는 방정식들의 형태는 마찬가지일 것이다. 모세관이론은 본 논의에서 크게 흥미롭지는 않으므로 더 이상 다루지는 않을 것이어서, 이에 대해서는 스테판의 논의[17)]를 참고하기 바란다.

16) α는 방정식 (39)의 두 번째 식에 의하여 주어지는 양이다.
17) Stefan, Wien. Ber. **94**, 4(1886); Ann. Phys. [3] **29**, 655(1886).

3장

기체론을 위한 일반 역학원리

§25. 일반좌표로 나타낸 역학계로서의 분자

(비열을 제외한) 지금까지의 모든 계산에서 우리는 기체분자들을 내부구조가 없는 완전한 탄성구로 취급하였다. 여러 정황으로 보자면 이 가정은 실제와 정확히 들어맞지는 않는다.

모든 기체는 빛을 흡수하여, 빛은 때때로 멋진 스펙트럼을 멋지게 보여준다. 이는 단순한 질점에서는 불가능한 현상이다; 우리가 지금까지 무시해왔던 탄성물질의 내부운동을 계산하더라도, 탄성구들의 진동 또한 관찰된 스펙트럼 현상을 재현할 수 없다.

나아가서, 화학의 지식은 화합물 기체의 경우 분자들이 이질적인 부분으로 구성되어 있는 가정을 내릴 수밖에 없게 한다. 화학적으로 가장 간단한 분자들도 최소한 두 개의 부분으로 구성되어 있음을 보일 수 있다. 예를 들면 Cl와 H가 결합하여 ClH를 이룬다면, ClH 기체는 동일한 온도와 압력에서 Cl와 H 기체가 차지했던 공간에 있게 된다. 아보가드로 법칙(제1부, §7)에 의하면 동일한 온도와 압력에서 모든 기체는 같은 수의 분자수를 가지므로, 염소 한 분자와 수소 한 분자는 두 분자의 ClH를 형성한다; 따라서 염소와 수소 분자들은 두 부분으로 이루어져 있어야 한다. 염소 분자의 절반과 수소 분자의 절반이 결합하여 ClH 분자 한 개를 만들고, 각 분자의 다른 절반들이 또 하나의 ClH 분자를 만드는 것이다.

이 의심할 여지없는 기체분자의 복합구조를 다루기 위해서는 분자를 중심력에 의하여 결합된 일정한 수의 질점들의 집합으로 보아야 하겠지만, 이런 식으로도 실험과 일치하는 결과를 얻기는 어렵다; 이와 반대로, 많은 기체에 있어서 적어도 열적 현상들은 분자가 비구형의 강체들로 이루어져 있다고 가정하는 게 더 좋다. 이 부분들의 연결은 매우 밀접하여 열적 현상들에 있어서는 강체처럼 거동하지만 다른 경우에는 상호 간에 서로 진동하는 부분들로 이루어져 있는 듯하다.

이러한 사정으로부터 보면, 분자들의 성질들에 대하여 가능한 한 가장 일반적인 가정을 세워, 모든 가능성들이 이 가정의 특수한 경우가 되게 하는 것이 최선일 것이다. 따라서 우리는 새로운 실험적 결과들을 가장 잘 설명할 수 있는 역학적 모형을 얻고자 한다.

임의의 역학적 계의 상태가 주어져 있다고 하자. 계의 모든 부분들이 μ개의 독립적인 변수들 $p_1, p_2, \cdots p_\mu$로 유일하게 결정된다 하고, 이 변수들을 일반 좌표(generalized coordinates)라 부르자. 계의 기하학적 특성과 모든 부분들의 질량이 주어져 있으므로 우리는 계의 운동에너지 L을 좌표들의 속도 변화의 함수로 알고 있다. 이는 좌표들의 도함수 $p_1', p_2', \cdots p_\mu'$의 homogeneous 이차함수, 그 계수들은 좌표들의 함수이다. p'에 대한 L의 편도함수 q는 운동량이며, 각 i에 대하여:

$$q_i = \frac{\partial L(p,p')}{\partial p_i'}$$

이다. q는 따라서 p'의 선형함수이고, 이 함수들 내의 계수들 또한 p의 함수이다. 역으로, p'을 q의 함수로 나타낼 수도 있다. 적절한 값을 $L(p,p')$에 넣으면 L을 p와 q의 함수로 얻는다. 이 함수 $L(p,p')$은 따라서 계의 기하학적 특성에 의하여 결정된다.

계의 여러 부분에 작용하는 힘들은 마찬가지로 정확히 지정되어야 한다. 이는 위치에너지 함수 V로부터 유도되어야 하는데, V는 오직 좌표들의 함수이며, 음의 도함수는 힘을 나타내며, 계의 임의의 변위에 의한 V의 증분 dV는 계가 행한 일을 나타낸다. 어떤 순간에 계의 운동에너지가 dL만큼 변한다면, 에너지보존법칙에 의하여 $dV+dL=0$이다.

계의 기하학적 특성과 함께 계에 작용하는 힘이 주어져 있어야 하는데, 계의 운동방정식이 이에 의하여 결정된다. 어떤 시간 t에서의 모든 좌표들과 운동량들을 계산하려 한다면, 계의 초기상태가 주어져 있어야 한다. 운동량은 p'의 함수로 주어지므로, 초기(시간 0)에서의 좌표들과 시간 도함수를 선택해도 무방할 것이다. 시간 0에서의 좌표들과 운동량들의 값을 $P_1, P_2, \cdots P_\mu, Q_1, Q_2, \cdots Q_\mu$로 표기하자. 시간 t에서의 좌표들과 운동량들의 값 $p_1, p_2, \cdots p_\mu, q_1, q_2, \cdots q_\mu$는 이 값들과 지나간 시간 t의 함수로 주어진다.

L과 V는 p와 q의 함수로 주어지므로, L과 V를 각 시각에서 P, Q, t의 함수로 계산할 수 있다. L과 V를 적분

$$W = \int_0^t (L - V)dt$$

내에 넣으면, W는 또한 초기값 P, Q와 지나간 시간 t의 함수이어서, 전 과정의 운동은 P, Q에 의하여 결정되며, 적분은 상한과 하한에 주어지면 계산될

수 있기 때문이다.

이제, 2μ개의 양들 p, q가 P, Q, t의 함수로 주어지는데, 즉 $4\mu+1$개의 양들 사이에 2μ개의 방정식들이 성립함을 알 수 있다. 이 2μ개의 방정식들로부터 2μ개의 양들 p, q를 나머지 변수들의 함수로 결정해야 한다. 하지만 또한 2μ 개의 양들 q, Q에 대한 방정식들을 풀어서 q, Q를 $2\mu+1$ 개의 다른 변수들 p, P, t의 함수로 구한다고 볼 수도 있다. 잠시 동안 우리는 변수들 p, P, t에 윗줄을 붙이자. 그러면 $\overline{q_i}$는 q_i가 p, P, t의 함수로 나타난다는 사실을 의미한다. W를 p, P, t의 함수로 구할 수 있으므로, 적분 내에서 Q를 p, P, t의 함수로 나타낼 수 있으며, (이제 $\overline{W}$로 표기되는) W 자체도 p, P, t의 함수가 된다.

$$\frac{\partial \overline{W}}{\partial P_i} = \overline{q}_i, \quad \frac{\partial \overline{W}}{\partial P_i} = -\overline{Q}_i$$

임은 잘 알려져 있다.[18] 따라서

$$\frac{\partial \overline{q_i}}{\partial P_j} = -\frac{\partial \overline{Q_i}}{\partial p_j} \tag{42}$$

를 얻는데, 여기에서 윗줄은 어떤 p에 대한 미분에서 다른 모든 p, 모든 P 및 시간이 일정함을 의미하며, 어떤 P에 대한 미분에 대해서도 마찬가지이다. i와 j는 1부터 μ 사이의 모든 값들을 독립적으로 가진다.

18) Jacobi, *Vorlesung. üb. Dynamik* 제19번째 강의, 방정식 4, p. 146.

§26. 루이빌의 정리

어떤 곡선의 방정식이 임의의 매개변수를 포함하는 경우, 이 매개변수에 모든 가능한 값을 부여함으로써 얻어지는 모든 곡선들을 동시에 생각해보는 것이 관례적이다. 우리는 (운동방정식으로 규정되는) 역학적 계를 논의하고 있는데, 이 계의 운동은 2μ개의 P, Q의 값들에 의존한다. 한 개의 곡선을 매번 다른 값의 매개변수값에 대응하여 무한 반복하여 나타낼 수 있듯이, 우리는 동일한 특성과 운동방정식을 가지는 역학적 계를 매번 다른 초기조건으로 무한히 반복하여 얻을 수 있다. 이 무한히 많은 역학적 계들 중에서 좌표와 운동량의 초기값이 무한소의 구간

$$\begin{cases}(P_1, P_1 + dP_1), (P_2, P_2 + dP_2), \cdots, (P_\mu, P_\mu + dP_\mu) \\ (Q_1, Q_1 + dQ_1), (Q_2, Q_2 + dQ_2), \cdots, (Q_\mu, Q_\mu + dQ_\mu)\end{cases} \tag{43}$$

사이에 놓이는 것들이 주어져 있다고 하자. 시간 t 동안 이 계는 운동방정식에 의하여 이동, 좌표와 운동량이

$$\begin{cases}(p_1, p_1 + dp_1), (p_2, p_2 + dp_2), \cdots, (p_\mu, p_\mu + d_\mu) \\ (q_1, q_1 + dq_1), (q_2, q_2 + dq_2), \cdots, (q_\mu, q_\mu + dq_\mu)\end{cases} \tag{44}$$

사이에 있게 된다. 우리의 문제는

$$dp_1 dp_2 \cdots dp_\mu dq_1 dq_2 \cdots dq_\mu \tag{45}$$

를

$$dP_1 dP_2 \cdots dP_\mu dQ_1 dQ_2 \cdots dQ_\mu \tag{46}$$

로 나타내는 것이다. q를 p, P, t의 함수로 나타낼 수 있으므로, 미분식 (45)에서 p, q 대신에 p, P를 도입할 수도 있다. 시간 t는 일정한 것으로 한다. 이른

바 함수 행렬식에 대한 야코비의 잘 알려진 정리에 의하면:

$$(47)\qquad \begin{cases} dp_1 dp_2 \cdots dp_\mu dq_1 dq_2 \cdots dq_\mu = \\ D dp_1 dp_2 \cdots dp_\mu dP_1 dP_2 \cdots dP_\mu \end{cases}$$

인데, 여기에서 D는

$$(48)\qquad D = \begin{vmatrix} 100\cdots 0, & 0 & \cdots \\ 010\cdots 0, & 0 & \cdots \\ & \cdots & \cdots \\ 000\cdots & \frac{\partial q_1}{\partial P_1}, & \frac{\partial q_2}{\partial P_1}\cdots \\ 000\cdots & \frac{\partial q_1}{\partial P_2}, & \frac{\partial q_2}{\partial P_2}\cdots \\ & \cdots & \cdots \end{vmatrix} = \begin{bmatrix} \frac{\partial q_1}{\partial P_1}, & \frac{\partial q_2}{\partial P_1} & \cdots \\ \frac{\partial q_1}{\partial P_2}, & \frac{\partial q_2}{\partial P_2} & \cdots \\ \cdots & \cdots & \cdots \end{bmatrix}$$

이다. 마찬가지로, 식 (46)에서 Q를 p, P, t의 함수로 나타냄에 의하여 변수 p, P를 도입할 수도 있고, 이에 의하여

$$(49)\qquad \begin{cases} dP_1 dP_2 \cdots dP_\mu dQ_1 dQ_2 \cdots dQ_\mu = \\ \Delta dP_1 dP_2 \cdots dP_\mu dP_1 dP_2 \cdots dP_\mu \end{cases}$$

를 얻는다. 여기에서

$$(50)\qquad \Delta = \begin{bmatrix} \frac{\partial Q_1}{\partial p_1}, & \frac{\partial Q_2}{\partial p_1} & \cdots \\ \frac{\partial Q_1}{\partial p_2}, & \frac{\partial Q_2}{\partial p_2} & \cdots \\ \cdots & \cdots & \cdots \end{bmatrix}$$

이다. 함수 행렬식 D의 편도함수들은 위에서 윗줄로 표기된 양들과 동일한 의미를 지닌 것으로 이해되어야 한다; 즉, q는 p, P, t의 함수이다. 이는 함수 행렬식 Δ의 편도함수들에서도 마찬가지이며, Q는 p, P, t의 함수이다. 행렬식의 두 행 또는 열을 교환하면 그 부호가 바뀌므로, 방정식 (42)를 적용하면

$$(51)\qquad \varDelta = \begin{vmatrix} -\dfrac{\partial q_1}{\partial P_1}, -\dfrac{\partial q_2}{\partial P_1} \cdots \\ -\dfrac{\partial q_1}{\partial P_2}, -\dfrac{\partial q_2}{\partial P_2} \cdots \\ \cdots \quad \cdots \quad \cdots \end{vmatrix} = (-1)^{\mu} D$$

를 얻는다. 이 행렬식의 부호는 중요하지 않고 그 크기만 의미를 가지므로, 방정식 (47), (49), (51)을 따르면 원하는 관계

$$(52)\qquad \begin{cases} dp_1 dp_2 \cdots dp_{\mu} dq_1 dq_2 \cdots dq_{\mu} = \\ dP_1 dP_2 \cdots dP_{\mu} dQ_1 dQ_2 \cdots dQ_{\mu} \end{cases}$$

를 얻는다. 방정식 (47)에서 (49)로 갈 때, 미분들의 순서의 변화로부터 발생하는 부호의 변화를 고려하면 일반적으로 정확한 부호를 얻는다.

어떤 미분식에서 임의의 2μ개의 변수들 $x_1, x_2, \cdots x_{2\mu}$ 대신에, 이것들과 아래의 관계를 가지는 2μ개의 다른 변수들 $\xi_1, \xi_2, \cdots \xi_{2\mu}$를 도입한다고 하자.

$$\xi_1 = x_{\mu+1}, \xi_2 = x_{\mu+2}, \quad \xi_{\mu} = x_{2\mu}, \xi_{\mu+1} = x_1, \cdots, \xi_{2\mu} = x_{\mu}.$$

함수 행렬식에 대한 정리로부터:

$$dx_1 dx_2 \cdots dx_{2\mu} = \varTheta d\xi_1 d\xi_2 \cdots d\xi_{2\mu}$$

를 얻으며, 여기에서

$$\varTheta = \begin{vmatrix} \dfrac{\partial \xi_1}{\partial x_1}, \dfrac{\partial \xi_2}{\partial x_1} \cdots \\ \dfrac{\partial \xi_1}{\partial x_2}, \dfrac{\partial \xi_2}{\partial x_2} \cdots \\ \cdots \quad \cdots \quad \cdots \end{vmatrix} = \begin{vmatrix} 000 \cdots & 100 & \cdots \\ 000 \cdots & 010 & \cdots \\ \cdots \ \cdots & \cdots & \cdots \\ 100 \cdots & 000 & \cdots \\ 010 \cdots & 000 & \cdots \\ \cdots \ \cdots & \cdots & \cdots \end{vmatrix}$$

이다. 행렬식의 두 행을 교환하면 그 부호가 바뀌므로,

$$\Theta = (-1)^{\mu} \begin{bmatrix} 100 \cdots \cdots \\ 010 \cdots \cdots \\ \cdots \ \cdots \cdots \end{bmatrix} = (-1)^{\mu}.$$

$$x_1 = p_1, x_2 = p_2, \ \cdots, x_{\mu+1} = P_1, \cdots, x_{\mu+2} = P_2, \cdots$$

로 놓는다면,

$$\xi_1 = P_1, \xi_2 = P_2, \ \cdots, \xi_{\mu+1} = p_1, \cdots, \xi_{\mu+2} = p_2, \cdots$$

이므로,

$$\begin{cases} dp_1 dp_2 \cdots dp_{\mu} dP_1 dP_2 \cdots dP_{\mu} = \\ (-1)^{\mu} dP_1 dP_2 \cdots dP_{\mu} dp_1 dp_2 \cdots dp_{\mu} \end{cases}$$

이며, 방정식 (47)로부터

$$\begin{cases} dp_1 dp_2 \cdots dp_{\mu} dq_1 dq_2 \cdots dq_{\mu} = \\ (-1)^{\mu} D dP_1 dP_2 \cdots dP_{\mu} dp_1 dp_2 \cdots dp_{\mu} \end{cases}$$

이므로, 방정식 (51)에 따르면

$$\begin{cases} dp_1 dp_2 \cdots dp_{\mu} dq_1 dq_2 \cdots dq_{\mu} = \\ \Delta dP_1 dP_2 \cdots dP_{\mu} dp_1 dp_2 \cdots dp_{\mu} \end{cases}$$

이며, 방정식 (47)을 함께 사용하면 올바른 부호를 갖는 방정식 (52)를 얻게 된다.

§27. 미분 곱에 새로운 변수를 도입

방정식 (52)는 이하의 논의를 위한 기본 방정식이다. 이것을 적용하기 전에, 정적분이론에서 자주 등장하지만 항상 잘 이해되지는 않는 난점을 언급하고자 한다.

가장 일반적인 경우를 보자. n개의 독립변수들 $x_1, x_2, \cdots x_n$을 가지는 n개의 임의의 함수들 $\xi_1, \xi_2, \cdots \xi_n$이 주어져 있다고 하자. 이 함수들은 단일의 값을 가지며 지정된 영역에서 연속적이다. 역으로, x가 단일의 값을 가지는 ξ의 함수라 하자.

$$D = \begin{vmatrix} \frac{\partial \xi_1}{\partial x_1}, & \frac{\partial \xi_2}{\partial x_1} & \cdots & \frac{\partial \xi_n}{\partial x_1} \\ \frac{\partial \xi_1}{\partial x_2}, & \frac{\partial \xi_2}{\partial x_2} & \cdots & \frac{\partial \xi_n}{\partial x_2} \\ \cdots & \cdots & \cdots & \cdots \\ \frac{\partial \xi_1}{\partial x_n} & \frac{\partial \xi_2}{\partial x_n} & \cdots & \frac{\partial \xi_n}{\partial x_n} \end{vmatrix}$$

로 놓으면, 미분들은

$$dx_1 dx_2 \cdots dx_n = \frac{1}{D} d\xi_1 d\xi_2 \cdots d\xi_n \tag{53}$$

의 관계를 가진다.

이 방정식의 의미는 ξ_1이 오직 x_1의 함수이고, ξ_2가 오직 x_2의 함수 $\cdots$ 등일 때에 명확하다. 오직 x_1만이 dx_1만큼 변하고, 다른 모든 x들은 일정하면, ξ_1만이 $d\xi_1$만큼 변하고, 다른 모든 ξ 들은 일정하게 된다. 마찬가지로, ξ_2의 증분 $d\xi_2$는 x_2의 증분 dx_2에 대응한다. 그렇다면 방정식 (53)은 x의 증분과 ξ의 증분 사이의 관계를 설정한다.

만약 x_1이 x_1과 x_1+dx_1 사이의 모든 가능한 값을 가지며 변하고, x_2가 x_2와 x_2+dx_2 사이의 일정한 값을 가지며, 다른 모든 x들도 마찬가지로 일정한 값을 가진다면, 일반적으로 ξ_1뿐 아니라 모든 다른 ξ들도 동시에 변할 것이다. 마찬가지로 x_2가 x_2와 x_2+dx_2 사이의 모든 값을 가지며 변하고, 다른 모든 x들이 일정하다면 일반적으로 모든 ξ 들이 변할 것이다; 이 두 번째 경우에 각 ξ는 완전히 다른 증분을 보일 것이다. 따라서 n개의 다른 증분 $9d\xi_1$을 생각해야 하는데, 어느 것도 방정식 (53)에서 $d\xi_1$으로 표기된 것과 같지 않다. 또한, x_1이 x_1과 x_1+dx_1 사이의 증분을 보이는 동시에 x_2가 x_2와 x_2+dx_2 사이의 증분을 보이는 등의 경우에 $d\xi_h$가 가장 큰 증분이라고 가정하여 방정식 (53)을 구할 수도 없다.

방정식 (53)의 의미를 명확히 하려면 좀 더 자세히 살펴보아야 한다. 이 방정식은 일반적으로 모든 x의 값의 집합에 대하여 행해지는 정적분이, x가 ξ로 치환되는 정적분으로 변환되는 과정을 말할 때에만 의미 있다. 이에, 다음과 같이 표기하도록 하자. 각 변수 x의 값이 주어져 있어서, 이에 따른 모든 ξ의 값이 결정된다고 할 때에, 이를 주어진 x에 해당하는 ξ의 값이라고 부르자. x의 값의 영역 G는 다음과 같이 규정된 값의 집합을 의미한다; 우선 두 개의 임의의 값 x_1^0과 x_1^1 사이의 모든 x_1의 값을 넣는다. 이 x_1의 값들에, x_2^0과 x_2^1 사이의 모든 x_2의 값을 대응시키는데, x_2^0과 x_2^1은 x_1의 연속함수일 수 있다. 마찬가지로, 위의 조건들을 만족하는 한 쌍의 x_1과 x_2의 값에 x_3^0과 x_3^1 사이의 모든 x_3의 값을 대응시키는데, x_3^0과 x_3^1은 x_1과 x_2의 연속함수일 수 있다, 등등.[19] 이렇게 하면 영역 G에 대한 정적분

19) 연속성에 대한 예외는 개개의 점으로만 제한되어야 한다.

$$\iint \cdots f(x_1, x_2, \cdots, x_n) dx_1 dx_2 \cdots dx_n$$

의 의미를 잘 알 수 있다. $x_1^1 - x_1^0$이 무한소이고, 모든 x_1의 값에 대하여 $x_2^1 - x_2^0$이 무한소, 모든 x_1, x_2의 값에 대하여 $x_3^1 - x_3^0 \cdots$이 무한소일 때, 이 값들의 치역은 모든 n차원에 대하여 무한소 —혹은 더 간단히, n차 무한소— 라고 한다. $n=2$일 때에 x_1, x_2는 평면 위의 점들로 표시된다; 각 치역은 평면 위 표면의 닫힌 부분에 해당한다. $n=3$일 때에 각 치역은 공간상의 닫힌 부피로 표시된다.

영역 G 내의 x의 값들의 각각의 집합은 ξ의 값들의 집합에 대응한다. x의 영역 G에 대응하는 ξ의 영역 g는 G 내의 모든 x의 값들에 대응하는 모든 ξ 값들의 집합을 의미한다.

이러한 정의들을 세운 우리의 방식에 의하면 함수 행렬식에 대한 야코비의 정리는 다음과 같이 명확하게 표현될 수 있다.

독립변수 $x_1, x_2, \cdots, x_n$의, 단일한 값을 가지는 임의의 연속함수 $f(x_1, x_2, \cdots, x_n)$이 주어져 있다고 하자. $x_1, x_2, \cdots, x_n$을 $\xi_1, \xi_2, \cdots, \xi_n$으로 나타내면 함수 $f(x_1, x_2, \cdots, x_n)$은 $F(\xi_1, \xi_2, \cdots, \xi_n)$으로 변환되어

$$f(x_1, x_2, \cdots, x_n) = F(\xi_1, \xi_2, \cdots, \xi_n)$$

이 된다. 그러나 $f(x_1, x_2, \cdots, x_n)$이 임의의 영역 G에 대하여 적분되고 $F(\xi_1, \xi_2, \cdots, \xi_n)$이 G에 대응하는 영역 g에 대하여 적분될 때에, 등식

$$\iint \cdots f(x_1, x_2, \cdots, x_n) dx_1 dx_2 \cdots dx_n = \iint \cdots F(\xi_1, \xi_2, \cdots, \xi_n) d\xi_1 d\xi_2 \cdots d\xi_n$$

은 절대로 성립하지 않는다. 함수 행렬식

$$\begin{vmatrix} \frac{\partial \xi_1}{\partial x_1} & \frac{\partial \xi_2}{\partial x_1} & \cdots \\ \frac{\partial \xi_1}{\partial x_2} & \frac{\partial \xi_2}{\partial x_2} & \cdots \\ \cdots & \cdots & \cdots \end{vmatrix}$$

를 D로 표기하면 영역 G에 대하여 적분되는 정적분

$$\iint \cdots f(x_1, x_2, \cdots, x_n) dx_1 dx_2 \cdots dx_n$$

은 영역 g에 대하여 적분되는 정적분[20]

$$\iint \cdots F(\xi_1, \xi_2, \cdots, \xi_n) \frac{1}{D} d\xi_1 d\xi_2 \cdots d\xi_n$$

과 항상 같다. 영역 G가 무한소이고 ξ의 값이 x의 연속함수라 하면, 영역 g 역시 무한소이고 함수 f와 F의 값은 이 영역 내에서 일정하다고 할 수 있다. 이 함수들의 값이 동일하므로 이 값들로 나누면:[21]

20) 마찬가지로

$$\iint \cdots F(\xi_1, \xi_2, \cdots, \xi_n) d\xi_1 d\xi_2 \cdots d\xi_n = \iint \cdots f(x_1, x_2, \cdots, x_n) dx_1 dx_2 \cdots dx_n$$

$$\iint \cdots f(x_1, x_2, \cdots, x_n) dx_1 dx_2 \cdots dx_n = \iint \cdots F(\xi_1, \xi_2, \cdots, \xi_n) \Delta\, d\xi_1 d\xi_2 \cdots d\xi_n$$

$$\iint \cdots f(x_1, x_2, \cdots, x_n) \frac{1}{\Delta} dx_1 dx_2 \cdots dx_n = \iint \cdots F(\xi_1, \xi_2, \cdots, \xi_n) d\xi_1 d\xi_2 \cdots d\xi_n,$$

$$\Delta = \begin{vmatrix} \frac{\partial x_1}{\partial \xi_1} & \frac{\partial x_2}{\partial \xi_1} & \cdots \\ \frac{\partial x_1}{\partial \xi_2} & \frac{\partial x_2}{\partial x \xi_2} & \cdots \\ \cdots & \cdots & \cdots \end{vmatrix}.$$

x에 대한 모든 적분은 임의의 영역 G에 대하여 이루어지며, ξ에 대한 모든 적분은 이에 대응하는 영역 g에 대하여 이루어진다.

21) 또는, $\Delta \iint \cdots d\xi_1 d\xi_2 \cdots d\xi_n = \iint \cdots dx_1 dx_2 \cdots dx_n$.

$$(54)\qquad \frac{1}{D}\iint\cdots d\xi_1 d\xi_2\cdots d\xi_n = \iint\cdots dx_1 dx_2\cdots dx_n.$$

실상 키르히호프도 이 형태로 방정식을 기술하였다.[22] (이전에 앞에서 했던 것처럼) 단순히

$$\frac{1}{D}d\xi_1 d\xi_2\cdots d\xi_n = dx_1 dx_2\cdots dx_n$$

으로 기술하는 것이 관례적이다. 여기에서 $dx_1 dx_2 \cdots dx_n$은 임의의 n-차 무한소 영역 G에 대한 적분을, $d\xi_1 d\xi_2 \cdots d\xi_n$은 G에 대응하는 영역 g에 대한 적분을 의미한다. 이 정리는 유한한 영역에 대한 정적분의 계산에만 적용되고, 유한한 영역은 언제나 무한소 영역들로 분할될 수 있으므로, 다음과 같이 방정식을 나타내면 옳을 것이다:

$$\frac{1}{D}d\xi_1 d\xi_2\cdots d\xi_n = dx_1 dx_2\cdots dx_n$$

$$F(\xi_1,\xi_2,\cdots,\xi_n) = f(x_1,x_2,\cdots,x_n)$$

이므로,

$$F(\xi_1,\xi_2,\cdots,\xi_n)\frac{1}{D}d\xi_1 d\xi_2\cdots d\xi_n = f(x_1,x_2,\cdots,x_n)dx_1 dx_2\cdots dx_n$$

이며, 따라서 최종적으로

$$\iint\cdots F(\xi_1,\xi_2,\cdots,\xi_n)\frac{1}{D}d\xi_1 d\xi_2\cdots d\xi_n$$
$$= \iint\cdots f(x_1,x_2,\cdots,x_n)dx_1 dx_2\cdots dx_n.$$

22) Kirchhoff, *Vorlesung. üb. Theorie d. Wärme*(Teubner, 1894), p, 143.

첫 번째 방정식의 의미는 다음과 같다: 모든 x에 대한 n-차의 정적분이 n-차 무한소 영역들로 분할된다고 하자. ξ를 새로운 적분변수로 도입하기 위해서는 각각의 n-차 무한소 영역에 대하여, 또한 적분영역 전체에 대하여 $dx_1 dx_2 \cdots dx_n$을

$$\frac{1}{D} d\xi_1 d\xi_2 \cdots d\xi_n$$

으로 치환해야 할 것이다.

§28. §26의 식을 적용

§26에 제시된 좀 더 정확한 수식을 사용하려면 "어떤 계에 있어서 좌표와 운동량의 초기값들이

$$(P_1, P_1 + dP_1), \cdots, (Q_\mu, Q_\mu + dQ_\mu)$$

사이에 놓여 있다."라고 말하는 대신에 "각 초기값이 2μ-차 무한소 영역

$$G = \int dP_1 dP_2 \cdots dP_\mu dQ_1 dQ_2 \cdots dQ_\mu$$

내에 있다."라고 말해야 한다. "시간 t에서 값들이 $(p_1, p_1 + dp_1)$, $\cdots$, $(q_\mu, q_\mu + dq_\mu)$ 사이에 놓여 있다."라고 말하는 대신에 "값들이 G에 대응하는 영역

$$g = \int dp_1 dp_2 \cdots dp_\mu dq_1 dq_2 \cdots dq_\mu$$

내에 있다."라고 말해야 한다. 여기에서 해당되는 모든 영역에 대한 적분은

편의상 한 개의 적분기호로 표기했다. G에 대응하는 영역 g는 (일정한), 초기에 변수들이 영역 내의 값의 집합을 가지는 경우, 시간 t 이후에 변수들이 가질 수 있는 모든 값의 조합을 포함한다. 이렇게 하면 §27의 모든 결론들이 여기에서도 성립하는데, 예외는 단순한 미분들의 곱 대신에 모든 경우에 무한소인 영역에서 미분들의 곱의 적분이 나타난다는 점이다. 이러한 좀 더 정확한 경우에서 방정식 (52)는

$$\begin{cases} \int dp_1 dp_2 \cdots dp_\mu dq_1 dq_2 \cdots dq_\mu = \\ \int dP_1 dP_2 \cdots dP_\mu dQ_1 dQ_2 \cdots dQ_\mu \end{cases} \tag{55}$$

이다. 결론은 전혀 변한 바 없지만, 미분들의 곱 앞에 적분기호가 있어야 하는데, 이는 무한소인 영역에 대한 미분들의 곱의 적분을 나타낸다.

하나의 예가 필요하다면, x를 공간 내 한 점의 극좌표 r, θ, ϕ로, ξ를 직교좌표 x, y, z로 보면 될 것이다. x, y, z가

$$(x, x+dx), (y, y+dy), (z, z+dz)$$

사이에 있게 되는 값의 영역은 평행육면체로 나타난다. 이 평행육면체 내의 모든 값들에 대응하는 변수 θ, ϕ에 서로 다른 값의 쌍을 주기로 하자. r이 평행육면체 내에서 가질 수 있는 값들의 한계 $(r, r+dr)$은 이 θ, ϕ의 값들에 대해서 결코 동일하지 않을 것이다. 방정식

$$dxdydz = \begin{vmatrix} \frac{\partial x}{\partial r} & \frac{\partial y}{\partial r} & \frac{\partial z}{\partial r} \\ \frac{\partial x}{\partial \theta} & \frac{\partial y}{\partial \theta} & \frac{\partial z}{\partial \theta} \\ \frac{\partial x}{\partial \phi} & \frac{\partial y}{\partial \phi} & \frac{\partial z}{\partial \phi} \end{vmatrix} drd\theta d\phi = r^2 \sin\theta \, drd\theta d\phi$$

은, 만약 dr이 평행육면체 내의 r의 차이의 최대치라면 성립하지 않을 것인

데, 그렇다면 dr은 어떤 값일까? 이 방정식은 다음과 같은 의미를 가진다: 3차-무한소인 영역에 대한 정적분

$$\iiint dxdydz$$

는 대응되는 영역에 대한 정적분

$$\iiint r^2 \sin\theta \, drd\theta d\phi$$

와 동일한 값을 갖는다; 특히, 이 두 적분들은 영역 내의 모든 점들에 의하여 채워진 부피와 같으며, 각각의 영역에 대한 두 적분들에 대하여

$$\iiint dxdydz = \iiint drd\theta d\phi$$

의 관계는 절대로 성립하지 않을 것이다.

방정식 (52)와 (55)의 의미를 명확히 하기 위하여 제시된 이 특수한 예는 여기에서는 간략히 논의될 것이다.[23] 질량 1의 질점이 수평축 방향의 일정한 힘의 영향하에 수평축 방향으로 움직여 가속도 γ를 증가시킨다고 하자. 이 절의 초입에서 x로 불리는 변수들은 초기의 수평축 X와 초기속도 U가 되고, ξ는 시간 t가 흐른 후에 수평축 x와 속도 u가 된다. 따라서

$$x = X + Ut + \frac{\gamma t^2}{2}, u = U + \gamma t \tag{56}$$

이다. 두 개의 변수들이 존재하므로, 그 초기값들과 시간 t에서의 값들을 평면으로 나타낼 수 있다; 이 평면의 수평축은 두 변수들의 수평축이고, 수직

23) Boltzmann, Wien. Ber. **74**, 508(1876); Bryan, Phil. Mag. [5] **39**, 531(1895).

축은 질점의 속도이다. 두 변이 dX, dU인 사각형 내의 모든 점들은 x의 2차 무한소 영역을 나타내는데, 즉 이 점들은 좌표와 속도가 초기에 각각

$$(X, X+dX), (U, U+dU)$$

사이에 놓이는 모든 질점들을 나타낸다. 이 영역 G에 대응하는 ξ의 영역 g는 시간 t가 흐른 후에 이 모든 질점들이 가지는 좌표와 속도를 포함한다. 방정식 (56)을 따르면, u는 상수 γt만큼 U보다 클 뿐이다. 그러나 차이 $x-X$는 U가 커지면 따라서 증가한다. 이로부터, 영역 g는 비스듬한 평행사변형임을 알 수 있는데, 그 밑변은 dX, 높이는 dU이다; 이 평행사변형은 따라서 직사각형 $G=dXdU$와 동일한 면적을 가지는데, 이는 방정식 (52)와 일치한다.

§29. 루이빌 정리의 두 번째 증명

이제 시간 0으로부터 시간 t로 직접 이동하는 대신에, 시간 t로부터 $t+dt$에 무한히 가까운 시간으로 이동함에 의하여 방정식 (52) 또는 (55)를 두 번째로 증명하고자 한다. 하지만 동시에, 그 정리를 다소 일반화하고자 하는 바, (s로 표기된) 독립변수가 반드시 시간이라 가정하지 않을 것이다; 우리의 목적으로는 시간을 독립변수로 할 수 있지만, 이를 명시하지는 않을 것이다. 임의의 종속변수들 $s_1, s_2, \cdots, s_n$은 다음의 미분방정식에 의하여 독립변수 s의 함수로 결정될 것이다.

$$\frac{\delta s_1}{\delta s}=\frac{\sigma_1}{\sigma}, \frac{\delta s_2}{\delta s}=\frac{\sigma_2}{\sigma}, \cdots, \frac{\delta s_n}{\delta s}=\frac{\sigma_n}{\sigma}. \tag{57}$$

σ는 $s, s_1, s_2, \cdots, s_n$의 함수로 명확히 주어질 것이다. d는 다른 종류의 증분

으로 사용할 것이므로 독립변수의 증분을 δs로 표기하고, 이에 대응하는 독립변수들의 증분은 $\delta s_1, \delta s_2, \cdots, \delta s_n$으로 표기한다.

질점으로 구성된 계에 있어서, δs는 시간의 증분 δt와 같다. 증분 $\delta s_1, \delta s_2, \cdots, \delta s_n$은 좌표의 증분 $\delta x_1, \delta y_1 \cdots$ 및 δt 동안의 속도성분들의 증분 $\delta u_1, \delta v_1 \cdots$을 의미한다. 예를 들면 $\delta x_1 = u_1 \delta t$.

종속변수들 $s_1, s_2, \cdots, s_n$의 값은 명확한 s, 예를 들면 $s=0$에서의 초기값

(58) $$S_1, S_2, \cdots, S_n$$

과, 미분방정식 (57)에 의하여 독립변수 s의 단일치 함수로서 결정된다.

여기에서 우리는, 종속변수들의 모든 값은 주어진 초기값에 대한 독립변수에 대응하는 값들을 염두에 둘 것이다. 이 모든 값들의 집합을 일련의 값들이라 부르고자 한다. 이는 지정된 초기상태를 가진 역학적 계가 취하는 전체의 운동에 해당한다.

초기값 (58)로부터 시작하는 특정한 값들에 있어서 종속변수들은 지정된 s의 값에 대하여

(59) $$s_1, s_2, \cdots, s_n$$

의 값을 가지며, 이와 무한소만큼 다른 값 $s+\delta s$에 있어서는

(60) $$s_1{}' = s_1 + \delta s_1, s_2{}' = s_2 + \delta s_2, \cdots, s_n{}' = s_n + \delta s_n$$

의 값을 가진다. (59)로 주어진 종속변수들의 값들을 "s 이후에 초기값 (58)에 대응하"는 것으로 부른다. 마찬가지로, (60)으로 주어진 종속변수들의 값들을 "$s+\delta s$ 이후에 초기값 (58)에 대응하"는 것으로 부른다. 미분방정식 (57)에 의하면 (59)와 (60)으로 주어지는 값들은

(61) $$s_1' = s_1 + \frac{\sigma_1}{\sigma}\delta s,\ s_2' = s_2 + \frac{\sigma_2}{\sigma}\delta s, \cdots, s_n' = s_n + \frac{\sigma_n}{\sigma}\delta s$$

에 의하여 관련되는데, (59)에 주어진 종속변수들의 값과 이에 대응하는 독립변수의 값이 주어진 함수들 $\sigma_1, \sigma_2, \cdots, \sigma_n$에 치환되는 것이다.

이제, 더 나아가서 모든 가능한 초기상태로부터 발생하는 모든 가능한 값들을 생각해보자. 이 값들 중에서 그러나 초기값들이 각각

$$S_1, S_1 + dS_1, S_2, S_2 + dS_2, \cdots, S_n, S_n + dS_n$$

사이에 있거나, 또는 모든 종속변수들의 값이 n-차원의 무한소 영역 G[24]로 규정되어 (58)의 값들이 이 내부에 있는 경우만을 생각해보자. G 내의 초기값들에 대응하는 종속변수들의 값들은 다시 n-차원의 무한소 영역 g를 형성한다.

한편, $s + \delta s$ 이후에 g 내의 모든 초기값들에 대응하는 종속변수들의 값을 포함하는 영역을 g' 으로 표기하면, g의 전 영역에 대한 모든 종속변수들의 미분들의 곱 $ds_1 ds_2 \cdots ds_n$의 적분은 간단히

$$\int ds_1 ds_2 \cdots ds_n$$

으로 표기하고, g' 의 전 영역에 대한 적분은

$$\int ds_1' ds_2' \cdots ds_n'$$

으로 표기한다. 이 적분기호들은 그러므로 무한소 영역 G로부터 발생하는 모든 값들에 대한 적분을 의미한다. 그러면 방정식 (54)에 의하여:

24) 이 표현의 의미는 §27에서 논의되었다.

(62) $$\int ds_1'ds_2' \cdots ds_n' = D\int ds_1 ds_2 \cdots ds_n$$

이며, 여기에서 D는 행렬식 함수

$$\begin{vmatrix} \frac{\partial s_1'}{\partial s_1} & \frac{\partial s_2'}{\partial s_1} & \cdots \\ \frac{\partial s_1'}{\partial s_2} & \frac{\partial s_2'}{\partial s_2} & \cdots \\ \cdots & \cdots & \cdots \end{vmatrix}$$

이다. 이 행렬식 함수 내의 편도함수들에서, s, δs는 적분되는 값들에 대하여 모두 동일하므로 s, $s+\delta s$ 및 δs는 모두 상수로 취급해야 한다. 방정식 (61)로부터

$$\frac{\partial s_1'}{\partial s} = 1 + \frac{\delta s}{\sigma}\left(\frac{\partial \sigma_1}{\partial s_1} - \frac{\sigma_1}{\sigma}\frac{\partial \sigma}{\partial s_1}\right), \frac{\partial s_1'}{\partial s_2} = \frac{\delta s}{\sigma}\left(\frac{\partial \sigma_1}{\partial s_2} - \frac{\sigma_1}{\sigma}\frac{\partial \sigma}{\partial s_1}\right), \cdots$$

무한소의 양 δs의 높은 차수로 곱해지는 항들을 무시하면

$$D = 1 + \frac{\delta s}{\sigma}\left(\frac{\partial \sigma}{\partial s} + \frac{\partial \sigma_1}{\partial s_1} + \cdots \frac{\partial \sigma_n}{\partial s_n}\right) - \frac{\delta s}{\sigma}\left(\frac{\partial \sigma}{\partial s} + \frac{\sigma_1}{\sigma}\frac{\partial \sigma}{\partial s_1} + \cdots \frac{\sigma_n}{\sigma}\frac{\partial \sigma}{\partial s_n}\right)$$

$$= 1 + \frac{\delta \tau}{\tau} - \frac{\delta \sigma}{\sigma} = \frac{\tau'}{\sigma'}\frac{\sigma}{\tau}$$

이며, 여기에서

(63) $$\tau = e\left[\int \frac{\delta s}{\sigma}\left(\frac{\partial \sigma}{\partial s} + \frac{\partial \sigma_1}{\partial s_1} + \cdots \frac{\partial \sigma_n}{\partial s_n}\right)\right]$$

이다. 기호 ′은 언제나 그 값이 $s+\delta s$에 해당한다는 것을 의미하며, 초기값은 방정식 (58)로 주어진다. 따라서 방정식 (62)를

(64) $$\frac{\sigma'}{\tau'}\int ds_1'ds_2' \cdots ds_n' = \frac{\sigma}{\tau}\int ds_1 ds_2 \cdots ds_n$$

로 쓸 수 있다.

마찬가지로, s로부터 $s+\delta s$로 이동하듯이, $s+\delta s$로부터 $s+2\delta s$까지 $\cdots$, 또한 $s-\delta s$로부터 s까지 이동할 수 있다. (58)의 초기값에서 시작한 $s+2\delta s$에서의 모든 값들을 $''$ 으로 표기한다.

G의 초기값에 대응하는 $s+2\delta s$ 이후의 종속변수들의 모든 값을 포함하는 영역을 g'' 이라 하고,

$$ds_1''ds_2''\cdots ds_n''$$

이 영역 g'' 에 대한 모든 종속변수들의 미분의 곱의 적분이라 하면 방정식 (64)를 얻은 것과 마찬가지 방식에 의하여

$$\frac{\sigma''}{\tau''}\int ds_1''ds_2''\cdots ds_n''=\frac{\sigma'}{\tau'}\int ds_1'ds_2'\cdots ds_n'=\frac{\sigma}{\tau}\int ds_1 ds_2\cdots ds_n$$

을 얻는다. 마찬가지의 방정식이 s 이전과 이후에도 성립하므로 일반적으로:

$$\frac{\sigma}{\tau}\int ds_1 ds_2\cdots ds_n=\frac{\sigma_0}{\tau_0}\int dS_1 dS_2\cdots dS_n \tag{65}$$

이며, 여기에서 σ_0와 τ_0는 $s=0$에서의 σ와 τ의 값이며, $\int dS_1 dS_2\cdots dS_n$은 영역 G에 대한 모든 종속변수들의 미분의 곱의 적분이다.

이로부터 방정식 (55)는 (65)의 특수한 경우인데, s가 시간이고 $s_1, s_2, \cdots, s_n$이 임의의 역학적 계의 일반좌표 $p_1, p_2, \cdots, p_n$과 운동량 $q_1, q_2, \cdots, q_n$일 때에 얻어짐을 알 수 있다. 특히, §25에서처럼 L과 V가 역학적 계의 운동에너지와 위치에너지이고, $L+V=E$로 놓으면 이 역학적 계의 라그랑주 방정식은 다음과 같다:[25)]

25) Jacobi, *Vorlesung. üb. Dynamik* 제9번째 강의, 방정식 (8), p. 71. Thompson and Tait, *Treatise on*

$$\frac{dp_i}{dt}=\frac{\partial E}{\partial q_i},\ \frac{dq_i}{dt}=-\frac{\partial E}{\partial p_i}. \tag{66}$$

d는 이전의 δ와 같은 의미를 가진다. 이전의 수식을 $n=2\mu, \sigma=1, s=t$인 경우로 특화하면,

$$s_i=p_i, \sigma_i=\frac{\partial E}{\partial q_i}\ (1\le i\le \mu),$$

$$s_i=q_i, \sigma_i=-\frac{\partial E}{\partial p_i}\ (\mu+1\le i\le 2\mu).$$

따라서

$$\frac{\partial\sigma}{\partial s}+\frac{\partial\sigma_1}{\partial s_1}+\cdots\ \frac{\partial\sigma_n}{\partial s_n}=0, \tau=\text{const}$$

이며, 방정식 (65)를 (55)로부터 직접 구할 수 있다.

여기에서 제시된 것과 똑같은 논의가 루이빌[26]에 의하여 처음으로, 그리고 (마지막 배수의 정리를 유도하기 위한 목적으로) 야코비[27]에 의하여 다루어졌다. 이는 본 저자에 의하여 계의 시간적 경로에 대한 통계적 이론에 대하여 처음으로, 그리고 또한 맥스웰[28]에 의하여 적용되었다.

Natural Philosophie, Vol. I, Part I, p. 307, Art 319. Rausenberger, *Mechanik*(Leibzig, 1888), Vol. I, p. 200.

26) Liouville, J. de. Math, **3**, 348(1838).

27) Jacobi, *Vorlesung. üb. Dynamik*, p. 93.

28) Boltzmann, Bien. Ber. **63**, 397(1871); **58**, 517(1868). Maxwell, "On Boltzmann's Theorem", Trans. Camb. Phil. Soc. **12**, 547(1879), Scientific papers **2**, 713.

§30. 야코비의 마지막 배수 정리

이제 필요로 하는 수식들을 얻었으므로, 본 주제와 별 관련은 없지만, 마지막 배수 정리를 유도하고자 한다. 미분방정식 (57)의 n개의 적분을

$$\phi_i(s, s_1, s_2, \cdots, s_n) = \text{const.}, i = 1, 2, \cdots, n$$

으로 나타내자. 초기값 (58)은 적분상수 $a_1, a_2, \cdots, a_n$에 대응하므로,

$$\phi_i(0, S_1, S_2, \cdots, S_n) = a_i, i = 1, 2, \cdots, n \tag{67}$$

이다. G 내의 종속변수들의 초기값들은 적분상수의 어떤 값 a에 해당하며, 이는 또한 n차원의 영역 A를 형성한다.

$$\int da_1 da_2 \cdots da_n$$

을 전 영역에 대한 적분상수의 미분의 곱의 적분이라 하자. 반면, 위에서와 같이 "독립변수가 s 값을 가진 후에" 초기값 (58)에 대응하는 종속변수들의 값을 $s_1, s_2, \cdots, s_n$으로 표기하자. 이에 따라

$$\phi_i(s, s_1, s_2, \cdots, s_n) = a_i, i = 1, 2, \cdots, n \tag{68}$$

이며, a는 방정식 (67)에서와 같은 값을 가진다. 위에서와 마찬가지로 독립변수가 s 값을 가진 후에 G의 초기값에 대응하는 종속변수들의 값에 의하여 형성되는 영역을 g라 하고

$$\int ds_1 ds_2 \cdots ds_n$$

을 g 영역에 대한 종속변수들의 값들의 미분의 곱의 적분이라 하며,

$$\int dS_1 dS_2 \cdots dS_n$$

을 G 영역에 대한 적분이라 하자. a는 방정식 (67)에 의하여 S와, 방정식 (68)에 의하여 $s_1, s_2, \cdots, s_n$과 관련되고, 방정식 (68)에서 s는 상수로 취급되므로:

$$\int da_1 da_2 \cdots da_n = \Delta_0 \int dS_1 dS_2 \cdots dS_n = \Delta \int ds_1 ds_2 \cdots ds_n$$

이고,

$$\Delta = \begin{vmatrix} \frac{\partial \phi_1}{\partial s_1} & \frac{\partial \phi_2}{\partial s_1} & \cdots \\ \frac{\partial \phi_1}{\partial s_2} & \frac{\partial \phi_2}{\partial s_2} & \cdots \\ \cdots & \cdots & \cdots \end{vmatrix}$$

이며, Δ_0는 $s=0$일 때의 Δ의 값이다. 이에 따라 방정식 (65)에 의하면

$$\frac{\Delta \tau}{\sigma} = \frac{\Delta_0 \tau_0}{\sigma_0} = C$$

는 초기 종속변수들의 값에—또는 선택에 따라서는 a에— 의존하지만 s의 값에는 의존하지 않는 양들이므로, 마찬가지로 C는 오직 이 양들에만 의존한다.

이제 $\phi_1 = a_1$까지의 모든 적분들을 알고 있다고 가정하자. 방정식

$$\int da_1 da_2 \cdots da_n = \Delta \int ds_1 ds_2 \cdots ds_n \tag{69}$$

은 각 s의 값에 대하여 성립한다. s가 임의의 상수값이라 가정하고, (s가 주어진 상수이므로) $a_1, a_2, \cdots, a_n$과 $s_1, s_2, \cdots, s_n$의 단일치 함수인 변수들 $s_1, a_2, \cdots, a_n$을 위 방정식의 우변과 좌변에 도입하면:

$$\int ds_1 ds_2 \cdots ds_n = \frac{1}{\Delta_1} \int ds_1 da_2 \cdots da_n$$

이고,

$$\Delta_1 = \begin{vmatrix} \frac{\partial \phi_2}{\partial s_2} & \frac{\partial \phi_3}{\partial s_2} & \cdots \\ \frac{\partial \phi_2}{\partial s_3} & \frac{\partial \phi_3}{\partial s_3} & \cdots \\ \cdots & \cdots & \cdots \end{vmatrix}$$

이며, s와 s_1은 편미분 동안에 항상 일정한 것으로 간주된다. 방정식 (69)의 좌변의 적분에서

$$da_1 = ds_1 \cdot \frac{\partial \phi_1 (s, s_1, a_2, a_3, \cdots a_n)}{\partial s_1}$$

으로 놓아야 한다. 적분의 영역이 n차원 무한소이므로, 마지막 인자는 적분 부호 밖으로 나올 수 있으므로 $\int ds_1 da_2 da_3 \cdots da_n$으로 나누면

(70) $$\frac{\partial \phi_1 (s, s_1, a_2, a_3, \cdots a_n)}{\partial s_1} = \frac{\Delta}{\Delta_1} = C \frac{\sigma}{\Delta_1 \tau}.$$

그러나 ϕ_1까지의 모든 적분들을 알고 있고, 미분방정식

(71) $$\delta s_1 = \delta s \frac{\sigma_1}{\sigma}$$

을 적분할 시에 $s_2, s_3, \cdots, s_n$을 s, s_1과 $a_2, a_3, \cdots, a_n$으로 나타내기 위하여 사용할 수 있다면, 식 (70)은 이 미분방정식의 적분인자이다. 이것을 곱하면 좌변은

$$\frac{\partial \phi_1 (s, s_1, a_2, a_3, \cdots a_n)}{\partial s_1} \delta s_1$$

으로 변환되므로, 우변은

$$-\frac{\partial \phi_1(s, s_1, a_2, a_3, \cdots a_n)}{\partial s}\delta s$$

로 변환되는데, 이것이 야코비의 마지막 배수 정리이다. C는 오직 적분상수에만 의존하므로 마찬가지로 $\sigma/\Delta_1\tau$는 미분방정식 (71)의 적분인자이다.

σ는 주어져 있다. Δ_1은 ϕ_1까지의 모든 적분들을 알고 있다면 계산될 수 있다. τ는 물론 일반적으로 알 수 없다; 하지만 우연히 알 수 있는 경우도 있는데, 예를 들면 어떤 역학적 문제에서는 상수로 되는 경우이다.

역학적 계의 운동방정식 (66)이 시간을 명시적으로 포함하지 않는다면, 시간 변수의 미분을 제거한 후에는 방정식 (57)의 형태를 가질 것이다; s는 이제 한 가지 변수, 예를 들면 p_1의 함수가 된다. 그러면

$$\sigma = \frac{\partial E}{\partial q_1}, \sigma_1 = \frac{\partial E}{\partial q_2}, \cdots, \sigma_n = -\frac{\partial E}{\partial p_\mu}$$

이며, 방정식

$$\frac{\partial \sigma}{\partial s} + \frac{\partial \sigma_1}{\partial s_1} + \cdots \frac{\partial \sigma_n}{\partial s_n} = 0$$

으로부터 $\tau = \text{const}$가 따르는데, 이 방정식은 항상 성립한다. 따라서 미분방정식의 적분인자를 직접 구할 수 있으며, 모든 다른 좌표들이 이미 적분상수와 이 두 개의 마지막 좌표들의 함수로 알려져 있다면, 이에 의하여 좌표 s는 모든 다른 좌표들과 운동량으로 나타난다. 야코비의 마지막 배수 정리가 적용될 때에는 대부분이 이러한 방식으로 사용된다.

§31. 에너지 미분의 도입

기체이론을 더 이상 특수한 경우에 적용하기 전에, 또 한 가지 일반정리를 다루어보자. 이미 §26에서 다루어진, 무한히 대등한 역학계의 집합으로 돌아가 보자. 각 계의 상태는 §25에서 도입된 변수들로 결정된다. 이전과 마찬가지로, L은 계의 운동에너지, V는 위치에너지이고, $E=L+V$는 계의 총에너지이다. 계가 소위 보존적(conservative) —즉, 각 계의 E가 운동 중에 일정하다— 이라고 가정하면, 점성, 내부저항 등의 소산력은 제외된다; 이에 따라서 각 계의 내부힘만이 포함되거나, 혹은 외부힘이 존재할 시에 이는 시간에 따라서 변하지 않는 고정된 질량에 의하여 발생해야 한다. 힘은 일반적으로 좌표에만 의존하여, V는 좌표 $p_1, p_2, \cdots, p_\mu$의 함수(단일치 함수)이다.

시간 t에서 좌표와 운동량이 취하는 값

$$(72) \qquad p_1, p_2, \cdots, p_\mu, q_1, q_2, \cdots, q_\mu$$

는 초기값

$$(73) \qquad P_1, P_2, \cdots, P_\mu, Q_1, Q_2, \cdots, Q_\mu$$

를 가지는데, $p_1, p_2, \cdots, p_\mu, q_1, q_2, \cdots, q_\mu$를 이 초기값에 대응하는 값이라 부르자. 계의 에너지 E 또한 초기값 (73)으로 결정되며, 이를 또한 초기값에 대응하는 값이라 부른다. 계가 보존적이므로 각 임의의 시간 t, 특정한 계에 대하여 초기값과 동일한 값을 가진다.

다음으로, (73)의 값을 포함하는 2μ차원의 무한소 영역을 채우는 초기값으로부터 출발하는 모든 계를 생각해보자. 일정한 시간 t가 지난 후에 이 모든 계들의 좌표와 운동량으로 채워지는 영역을 영역 g라 하자. 영역 G의 좌표와 운동량들의 미분들의 곱의 적분을

(74) $$\int dP_1 \cdots dQ_\mu$$

로, 영역 G에 대한 적분을

(75) $$\int dp_1 \cdots dq_\mu$$

로 표기하면 방정식 (55)에 따르면

(76) $$\int dP_1 \cdots dQ_\mu = \int dp_1 \cdots dq_\mu.$$

각 적분에서 미분 중의 하나, 예를 들면 첫 번째 운동량 q_1의 미분을 에너지의 미분으로 치환할 수 있다. 모든 좌표와 운동량이 일정하다고 하면

$$dE = \frac{\partial E}{\partial q_1} dq_1$$

이며, 이 편미분에서 위에 말한 양들은 (물론, 시간도) 일정한 것으로 취급된다. 그러면:

$$\frac{\partial E}{\partial q_1} = \frac{\partial V}{\partial q_1} + \frac{\partial L}{\partial q_1}.$$

V는 좌표만의 함수이므로, 첫째 항은 0이 된다: 또한 시간에 대한 도함수를 ′으로 표기하면

$$\frac{\partial L}{\partial q_1} = p_1'$$

임이 잘 알려져 있다.[29] 따라서

$$\frac{\partial E}{\partial q_1} = p_1{}'$$

이며

$$dE = p_1{}' dq_1$$

이다. 마찬가지로,

$$dE = P_1{}' dQ_1$$

이며, $P_1{}'$은 초기에서의 p_1의 도함수이다. 이 값을 (76)에 치환하면:

$$(77) \quad \frac{1}{p_1{}'} \int dp_1 \cdots dp_\mu dq_2 \cdots dq_\mu dE = \frac{1}{P_1{}'} \int dP_1 \cdots dP_\mu dQ_2 \cdots dQ_\mu dE$$

이다.

이 방정식은 적분영역이 2μ차원 무한소이고, g가 G에 대응하는 영역이기만 하면 모든 영역에서 성립한다. 이에 따라서 모든 다른 값들에 대하여 그 에너지가 E와 $E+dE$ 사이의 동일한 구간에 있게 하는 영역 G를 선택할 수 있고, 다른 변수들, 즉

$$(78) \quad \begin{cases} \text{좌표 } p_1, \cdots, p_\mu, \\ \text{운동량 } q_2, \cdots, q_\mu \end{cases}$$

이 초기값

$$(79) \quad P_1, P_2, \cdots, P_\mu, Q_1, \cdots, Q_\mu$$

29) Jacobi, *Vorlesung. üb. Dynamik*, p. 70, 방정식 (4).

를 포함하는 임의의 $2\mu-1$차원의 무한소 영역 G 내에 있게 할 수 있다. 운동량 중의 하나인 Q_1은 빠져 있는데, 이는 변수들 (78)과 에너지에 의하여 이미 결정되어 있기 때문이다.

이러한 초기조건들을 만족하는 모든 계에 있어서 에너지는 시간 t 후에는 동일한 범위 내에 있을 것이다; 모든 계에 있어서 변수들 (78)이 취하는 값들로 채워지는 $2\mu-1$차원의 무한소 영역을 g라 하자. g는 물론, 시간 t 후에는 초기값들 (79)에 대응하는 좌표와 운동량들을 포함할 것이다. 영역 g를 이러한 식으로 선정하면 방정식 (77)의 좌변과 우변에서 dE가 적분기호 밖으로 나올 수 있는데, 이 방정식을 dE로 나누면:

$$\text{(80)} \qquad \frac{1}{p_1{}'}\int dp_1 \cdots dp_\mu dq_2 \cdots dq_\mu = \frac{1}{P_1{}'}\int dP_1 \cdots dP_\mu dQ_2 \cdots dQ_\mu.$$

여기에서 좌변의 적분은 영역 g_1에 대하여, 우변의 적분은 영역 G_1에 대하여 이루어지는데, E는 일정하다. 방정식 (80)의 의미는 따라서 다음과 같다: 에너지가 동일하고, 변수들 (78)이 처음에 $2\mu-1$ 차원의 무한소 영역 G_1에 있으며, 생략된 운동량 q_1이 E에 의하여 결정되는 수많은 계를 생각해보자. 이 모든 계에 있어서, 에너지는 시간 t 후에 동일한 값 E를 가지지만, 시간 t 후에 변수들 (78)의 값으로 채워지는 영역 g_1은 G_1에 대응하는 것이다. 방정식 (80)의 우변의 적분이 G_1에 대하여, 좌변의 적분이 g_1에 대하여 행해지면, 이 방정식은 언제나 성립한다.

§32. 에르고덴[30]

이제 동일한 성질을 가진 무한히 많은 역학적 계들을 다시 생각해보자. 이 계들의 에너지 E는 모두 같지만, 한편 좌표와 운동량의 초기값들은 계에 따라서 다르다. 시간 t에서 (78)의 변수들이

$$(p_1, p_1 + dp_1) \cdots (p_\mu, p_\mu + dp_\mu), (q_2, q_2 + dq_2) \cdots (q_\mu, q_\mu + dq_\mu)$$

사이의 값을 가지는 계의 개수를

$$f(p_1, p_2 \cdots p_\mu, q_2 \cdots q_\mu, t) dp_1 \cdots dp_\mu dq_2 \cdots dq_\mu$$

라 하자. q_1은 물론 에너지의 값에 의하여 결정된다. (78)의 변수들이

$$p_1 \cdots p_\mu, q_2 \cdots q_\mu \tag{81}$$

를 포함하는 $2\mu - 1$차원의 무한소 영역 g_1을 채우는 계들의 개수는 그러므로 시간 t에서

$$f(p_1, p_2 \cdots p_\mu, q_2 \cdots q_\mu, t) \int dp_1 \cdots dp_\mu dq_2 \cdots dq_\mu \tag{82}$$

이며, 적분은 영역 g_1에 대하여 행해진다.

어떤 계에 있어서 (78)의 변수들이 영역 g_1 내에 있다고 말하는 대신에, '이 계는 상 pq를 갖는다.'라고 표현하자. 이렇게 하면 또한, 식 (82)는 '시간 t에서 상 pq를 가지는 계들의 개수를 나타낸다.'라고 말할 수 있다.

30) (역자 주) 이 용어(Ergoden)의 현대적 의미인 "microcanonical ensemble(입자수, 부피, 에너지가 동일한 계들의 무한집합)"이 볼츠만 생시에는 사용되지 않았기 때문에 이를 다른 용어로 번역하지 않는다.

시간 t에서 상 pq를 가지는 계들에 있어서, (78)의 변수들의 값들이 놓이는 영역은 G_1일 것이다. g_1이 (81)의 값들을 포함하므로, (81)에 의하면 G_1은 물론 초기값

$$P_1 \cdots P_\mu, Q_2 \cdots Q_\mu \tag{83}$$

를 포함할 것이다. 계의 변수값들이 G_1 내에 있다고 말하는 대신에, 계는 상 PQ를 가진다라고 표현하자. 방정식 (82)에서 사용된 기호와 비슷하게, 영역 G_1에 대한 (78)의 변수들의 미분의 적분은

$$\int dP_1 \cdots dP_\mu dQ_2 \cdots dQ_\mu$$

로 표기한다. t는 임의의 값을 가질 수 있으므로,

$$f(P_1, \cdots P_n, Q_2 \cdots Q_n, 0) \int dP_1 \cdots dP_n dQ_2 \cdots dQ_n \tag{84}$$

은 초기에 상 PQ를 가지는 계들의 개수이다. 이는 시간 t에서 상 pq를 가지는 계들과 동일하므로, (82)와 (84)는 같을 것이다. 따라서 (80)에 의하여:

$$p_1' f(p_1 \cdots p_n, q_2 \cdots q_n, t) = P_1' f(P_1 \cdots P_n, Q_2 \cdots Q_n, 0). \tag{85}$$

만약 임의의 상 pq를 가지는 계의 개수가 시간에 따라 변하지 않는다면, 계의 상태분포가 정상적이라고 부를 것이다. 시간 t에서 상 pq를 가지는 계의 개수는 (82)로 주어지므로, 임의의 변수값과 임의의 영역 g_1에 있어서 (82)의 값과 g_1이 시간에 대하여 독립적일 때에 계의 상태분포가 정상적일 조건을 나타낼 수 있다. 따라서 초기의 (82)의 값을 시간 t에서의 값과 동일하게 한다면 g_1에 대한 적분으로 나눌 수 있으며, 상태분포가 정상적일 조건은

$$f(p_1 \cdots p_n, q_2 \cdots q_n, t) = f(p_1 \cdots p_n, q_2 \cdots q_n, 0) \tag{86}$$

의 형태를 갖게 된다. 여기에서 변수 p, q는 임의의 값을 가질 수 있지만, 양변에서 동일한 값을 가져야 한다. 이에 따라 변수들을 대문자로 표기할 수 있으며:

$$(87) \qquad f(P_1 \cdots P_n, Q_2 \cdots Q_n, t) = f(P_1 \cdots P_n, Q_2 \cdots Q_n, 0).$$

마지막 방정식을 이용하면 (85)는

$$P_1' f(P_1 \cdots P_n, Q_2 \cdots Q_n, t) = p_1' f(p_1 \cdots p_n, q_2 \cdots q_n, t)$$

가 된다.[31] 함수 f는 더 이상 시간을 포함하지 않으므로 함수 기호로부터 t를 생략하여:

$$(88) \qquad P_1' f(P_1 \cdots P_n, Q_2 \cdots Q_n) = p_1' f(p_1 \cdots p_n, q_2 \cdots q_n)$$

으로 표기하는 것이 더 좋다. 여기에서 $P_1, P_2 \cdots P_n, Q_2 \cdots Q_n$은 완전히 임의의 초기값이며, $p_1, p_2 \cdots p_\mu, q_2 \cdots q_\mu$는 이 초기값으로부터 시작하여 임의의 시간 후에 취하는 좌표와 운동량들의 값이다.

따라서 좌표와 운동량들의 초기값으로부터 시작하는 계 S를 생각해본다면, 계가 운동하는 동안에 좌표와 운동량들은 여러 다른 값을 가지게 될 것이다. 좌표와 운동량들은 따라서 초기값과 시간의 함수이다. 그러나 일반적으로 좌표와 운동량들의 어떤 함수[불변함수(invariant)라고 불리는]는 계가 운동하는 동안에 일정한 값을 가질 수 있다: 예를 들면 자유로운 계의 경우 중력중심의 속도성분 또는 총각운동량과 같은 것들이 이러하다. 식

31) 이는 [또는 방정식 (88)에 해당하는 식은] 분포가 정상적일 경우의 필요조건이다; 이것과 방정식 (85)로부터 모든 P, Q에 있어서, 또한 방정식 (86)으로부터 모든 p, q에 있어서 방정식 (87)을 유도할 수 있으므로, 이는 또한 충분조건이기도 하다; 그리고 이 두 방정식들이 바로 정상분포의 수학적 표현이다.

$p_1'f(p_1, p_2 \cdots p_\mu, q_2 \cdots q_\mu)$에 초기값들을 우선 치환하고, 나중의 좌표와 운동량들을 치환한다고 하자. 상태분포가 정상적이기 위해서는 $p_1'f$의 값이 변하지 않으면 된다—다시 말하자면, $p_1'f$에 이 계가 운동하는 동안에 초기값에는 의존하지만 지나간 시간에는 무관하며 일정하게 유지되는 좌표와 운동량들만의 함수만이 포함되어야 한다. 따라서 $p_1'f$는 불변함수만의 함수이어야 한다.

정상상태의 가장 간단한 경우는 $p_1'f(p_1, p_2 \cdots p_\mu, q_2 \cdots q_\mu)$를 일정하게 두는 것이다; 그러면

$$\frac{C}{p_1'}\int dp_1 dp_2 \cdots dp_\mu dq_2 \cdots dq_\mu \tag{89}$$

는 변수 (78)이 적분영역 g_1 내에 있는 계의 개수이다. 무한개의 계들 중에서 이런 성질을 가진 상태분포를 나는 이전에 에르고드적(ergodic)이라고 부른 바 있다.

§33. 모멘토이드(momentoid)의 개념

위에서 언급된 상태분포에 대하여 좀 더 살펴보기 위해 운동량 대신에 다른 변수들을 도입하고자 한다.

계의 운동에너지 L은 운동량의 동차 이차함수이다; 따라서

$$2L = a_{11}q_1^2 + a_{22}q_2^2 + \cdots 2a_{12}q_1q_2 + \cdots$$

이며, 일반적으로 계수들 a는 일반좌표 p의 함수이다. 잘 알려진 바와 같이,

$$
(90) \quad \begin{cases} q_1 = b_{11}r_1 + b_{12}r_2 + \cdots b_{1\mu}r_{1\mu} \\ q_2 = b_{21}r_1 + b_{22}r_2 + \cdots b_{2\mu}r_{1\mu} \\ \cdots \\ q_\mu = b_{\mu 1}r_1 + b_{\mu 2}r_2 + \cdots b_{\mu\mu}r_{1\mu} \end{cases}
$$

형태의 선형변환을 항상 구할 수 있으며, 이에 의하여

$$
2L = \alpha_1 r_1^2 + \alpha_2 r_2^2 + \cdots + \alpha_\mu r_\mu^2
$$

를 얻는다.

L이 이러한 형식으로 변환될 수 없는 경우는 역학적 계에서는 결코 일어날 수 없고, (일반적으로 좌표들의 함수인) 계수 α는 0 이하일 수가 없는데, 만약 그렇다면 계의 어떤 운동하에서 운동에너지가 0 이하이기 때문이다. (마찬가지로 좌표들의 함수인) 모든 r을 동일한 인자로 곱하면 b의 행렬식을 1로 만들 수 있다. 아래에서는 이렇게 만든 양을 r로 표기할 것이다. 물론 이 r을 역으로 q의 선형조합으로 나타낼 수도 있다. 이를 좌표 p에 대응하는 모멘토이드(momentoid)라 부르고자 한다.

q로 나타낸 μ-차원의 무한소 영역 H를 생각해보자. 방정식 (90)에 의한 이 영역에 대한 적분

$$
\int dq_1 dq_2 \cdots dq_\mu
$$

에서, q 대신에 r을 적분변수로 도입하고, p는 일정한 것으로 보자. b의 행렬식이 1이므로

$$
(91) \quad \int dq_1 dq_2 \cdots dq_\mu = \int dr_1 dr_2 \cdots dr_\mu
$$

인바, 우변의 적분은 H에 대응하는 영역 r에 대하여—즉, [방정식 (90)에 의하여] 영역 H에 포함되는 모든 q의 값들에 대응하는 모든 r값의 조합을 포함하

는 영역에 대하여 이루어진다. 방정식 (76)의 우변의 적분에서 q 대신에 r을 적분변수로 도입하자. 이 적분은 방정식 (91)에 의하면

$$\int dp_1 \cdots dp_\mu dq_1 \cdots dq_\mu = \int dp_1 \cdots dp_\mu dr_1 \cdots dr_\mu$$

로 된다. 우변의 적분은 (이전에 g로 표기되었던) 적분영역에 대응하는 영역에 대하여 이루어진다.

[(76)으로부터 (77)과 (80)을 유도할 때처럼] 이 방정식의 좌변에 q_1 대신에, 우변의 r_1 대신에 E를 적분변수로 도입하자.

$$\frac{\partial E}{\partial r_1} = \frac{\partial L}{\partial r_1} = \frac{1}{\alpha_1 r_1}$$

이므로

$$\frac{1}{p_1'} \int dp_1 \cdots dp_\mu dq_2 \cdots dq_\mu dE = \frac{1}{\alpha_1 r_1} \int dp_1 \cdots dp_\mu dr_2 \cdots dr_\mu dE.$$

(77)로부터 (80)을 유도할 때처럼, 다른 변수들의 모든 가능한 값에 대하여 E가 동일한 범위 E와 $E+dE$ 사이에 있도록 영역을 선택할 수 있다. 양변을 dE로 나누면 일정한 E에 있어서,

$$\frac{1}{p_1'} \int dp_1 \cdots dp_\mu dq_2 \cdots dq_\mu = \frac{1}{\alpha_1 r_1} \int dp_1 \cdots dp_\mu dr_2 \cdots dr_\mu.$$

이를 (89)에 치환하면 에르고드적 상태분포에서 변수들

(92) $$p_1 \cdots p_\mu, r_2 \cdots r_\mu$$

가 $2\mu-1$차원의 무한소 영역에서 이 값 주변에 있을 계의 개수는

(93) $$\frac{C}{\alpha_1 r_1} \int dp_1 \cdots dp_\mu dr_2 \cdots dr_\mu$$

이며, 적분은 이 영역에 대하여 수행된다.

이 영역의 경계를 정하는 것은 임의적이다. 아래에서 우리는 가능한 한 간단한 방식을 취하여 (92)의 변수들이 각각

$$(94) \qquad (p_1, p_1 + dp_1), (p_2, p_2 + dp_2) \cdots (p_\mu, p_\mu + dp_\mu)$$

$$(95) \qquad (r_2, r_2 + dr_2), (r_3, r_3 + dr_3) \cdots (r_\mu, r_\mu + dr_\mu)$$

의 범위에 있게 할 것이다. 방정식 (93)에 의하면 이 조건들을 만족하는 계들의 개수는

$$(96) \qquad dN = \frac{C}{\alpha_1 r_1} dp_1 dp_2 \cdots dp_\mu dr_2 \cdots dr_\mu .$$

미분들의 곱 $dp_1 dp_2 \cdots dp_\mu$를 $d\pi$로, 곱 $dr_{k+1} dr_{k+2} \cdots dr_\mu$를 $d\rho_k$로 표기하면

$$(97) \qquad dN_1 = \frac{C d\pi\, dr_\mu}{\alpha_1} \iint \cdots \frac{1}{r_1} dr_2 dr_3 \cdots dr_{\mu-1} = \frac{C d\pi\, dr\mu}{\alpha_1} \int \frac{1}{r_1} \frac{d\rho_1}{dr_\mu}$$

은 좌표들이 (94)의 범위에, r_μ가

$$(98) \qquad (r_\mu, r_\mu + dr_\mu)$$

사이에 있는 계들의 개수이며, 다른 r 변수들은 운동에너지 방정식에 부합하는 모든 가능한 값을 가진다. 좌표들이 (94)의 범위에 있고, 운동량들이 총에너지 보존 이외의 다른 조건하에 있지 않은 계들의 개수는

$$(99) \qquad dN_2 = \frac{C d\pi}{\alpha_1} \int \frac{1}{r_1} d\rho_1 .$$

모든 계들의 개수는

$$(100) \qquad N = C \iint \frac{d\pi d\rho_1}{\alpha_1 r_1}$$

이며, 몇 개의 미분들의 곱이 한 개의 미분 부호로 표기되는 모든 곳에서 이 미분들의 값에 대한 적분은 마찬가지로 한 개의 적분으로 표기된다.

§34. 확률의 표현. 평균값

dN_1/N, dN_2/N, dN_3/N는 각각 좌표들이 모멘토이드가 (94)와 (95)의 범위에 있을 확률, 좌표들이 (94)의 범위에, r_μ가 (98)의 범위에, 좌표들이 (94)의 범위에 있을 확률로 정의된다.

좌표들과 운동량들이 각각 (94)와 (95)의 범위에 있는 계에 있어서 첫 번째 모멘토이드에 대응하는 운동에너지 $\frac{1}{2}\alpha_1 r_1^2$은 동일하다.[그 개수는 (96)으로 주어진다.] 좌표들이 (94)의 조건을 만족하는 계들에 대하여 이 양의 평균값은 따라서

$$\overline{\frac{\alpha_1 r_1^2}{2}} = \frac{1}{dN_2}\int \frac{\alpha_1 r_1^2}{2} dN = \frac{\alpha_1 \int r_1 d\rho_1}{2\int \frac{1}{r_1} d\rho_1} \tag{101}$$

이며, 적분기호는 모든 가능한 모멘토이드 값에 대한 적분을 의미한다. 모든 계에 대한 $\frac{1}{2}\alpha_1 r_1^2$의 평균값은 일반적으로

$$\overline{\overline{\frac{\alpha_1 r_1^2}{2}}} = \frac{\int d\pi \int r_1 d\rho_1}{2\int \frac{d\pi}{\alpha_1}\int \frac{d\rho_1}{r_1}} \tag{102}$$

이다. 그러나 모든 계에 대한 위치에너지 함수 V의 평균값은

(103)
$$\overline{V}=\frac{\int\frac{V}{\alpha_1}d\pi\int\frac{d\rho_1}{r_1}}{\int\frac{d\pi}{\alpha_1}\int\frac{d\rho_1}{r_1}}$$

이다. 모멘토이드에 대한 적분은 다음과 같이 간단하게 얻어진다. A와 α가 상수라 하면

$$r=\sqrt{\frac{2A}{\alpha}}\cdot\sqrt{x}$$

를 치환하여 다음의 관계를 얻는다.

(104)
$$\begin{aligned}\int_{-\sqrt{2A/\alpha}}^{+\sqrt{2A/\alpha}}\sqrt{A-\frac{\alpha r^2}{2}}^{\lambda}dr&=\sqrt{\frac{2}{\alpha}}A^{\lambda/2+1/2}\int_0^1 x^{-1/2}(1-x)^{\lambda/2}dx\\&=\sqrt{\frac{2}{\alpha}}A^{\lambda/2+1/2}B\left(\frac{1}{2},\frac{\lambda}{2}+1\right)\\&=\sqrt{\frac{2}{\alpha}}\frac{\Gamma\left(\frac{1}{2}\right)\Gamma\left(\frac{\lambda}{2}+1\right)}{\Gamma\left(\frac{\lambda}{2}+\frac{3}{2}\right)}A^{\lambda/2+1/2}.\end{aligned}$$

B와 Γ는 잘 알려진 오일러(beta, gamma) 함수이다.

이제 이 관계를 이용하여 적분

$$J_\kappa=\int r_1^\kappa d\rho_1$$

을 계산하고자 한다.

$$E-V=\frac{\alpha_{k+1}r_{k+1}^2}{2}-\frac{\alpha_{k+2}r_{k+2}^2}{2}-\dots\frac{\alpha_\mu r_\mu^2}{2}$$

을 A_k로, $E-V$를 A_μ로 표기하면

$$r_1 = \sqrt{\frac{2A_1}{\alpha_1}} = \sqrt{\frac{2}{\alpha_1}} \sqrt{A_2 - \frac{\alpha_2 r_2^2}{2}}$$

이므로

$$J_\kappa = \sqrt{\frac{2^\kappa}{\alpha_1}} \int d\rho_2 \int \sqrt{A_2 - \frac{\alpha_2 r_2^2}{2}}^{\kappa} dr_2.$$

모멘토이드 r_2는 $r_1 = 0$일 때에 가장 극단적인 값 $r_2 = \pm\sqrt{2A_2/\mu_2}$를 가진다. r_2에 대한 적분은 따라서 이 두 값의 범위에서 이루어지며, 방정식 (104)를 이용하면:

$$J_\kappa = \left(\frac{2}{\alpha_1}\right)^{\kappa/2} \sqrt{\frac{2}{\alpha_2}} \frac{\Gamma\left(\frac{1}{2}\right)\Gamma\left(\frac{\kappa}{2}+1\right)}{\Gamma\left(\frac{\kappa}{2}+\frac{3}{2}\right)} \int A_2^{\kappa/2+1/2} d\rho_2$$

$$= \left(\frac{2}{\alpha_1}\right)^{\kappa/2} \sqrt{\frac{2}{\alpha_1}} \frac{\Gamma\left(\frac{1}{2}\right)\Gamma\left(\frac{\kappa}{2}+1\right)}{\Gamma\left(\frac{\kappa}{2}+\frac{3}{2}\right)} \int d\rho_3 \int_{-\sqrt{2A_3/\alpha_3}}^{+\sqrt{2A_3/\alpha_3}} \left(A_3 - \frac{\alpha_3 r_3^2}{2}\right)^{\kappa/2+1/2} dr_3.$$

방정식 (104)를 이용하여 r_3에 대한 적분을 하면:

$$J_\kappa = \left(\frac{2}{\alpha_1}\right)^{\kappa/2} \sqrt{\frac{2}{\alpha_2}\frac{2}{\alpha_3}} \frac{\left[\Gamma\left(\frac{1}{2}\right)\right]^2 \Gamma\left(\frac{\kappa}{2}+1\right)}{\Gamma\left(\frac{\kappa}{2}+\frac{4}{2}\right)} \times \int d\rho_4 \int_{-\sqrt{2A_4/\alpha_4}}^{+\sqrt{2A_4/\alpha_4}} \left(A_4 - \frac{\alpha_4 r_4^2}{2}\right)^{\kappa/2+1/2} dr_4. \qquad (105)$$

이 결과로부터, (97)의 적분에서 마지막 미분을 제외하고 J_κ를 구할 때처럼 다른 적분들을 정확히 시행하여 $\kappa = -1$로 놓으면

$$\iint \cdots \frac{1}{r_1} dr_2 dr_3 \cdots dr_{\mu-1}$$

$$= \sqrt{\frac{\alpha_1}{2}\frac{2}{\alpha_2}\frac{2}{\alpha_3}\cdots\frac{2}{\alpha_{\mu-1}}}\frac{\left[\Gamma\frac{1}{2}\right]^{\mu-1}}{\Gamma\left(\frac{\mu-1}{2}\right)}\left(A_\mu-\frac{\alpha_\mu r_\mu^2}{2}\right)^{(\mu-3)/2}$$

임을 알 수 있다.

마지막 식을 γ로 표기하면 좌표들이 (94)의 범위에 놓이는 모든 계에 대한 $\frac{1}{2}\alpha_\mu r_\mu^2$의 평균값은

$$\frac{\overline{\alpha_\mu r_\mu^2}}{2}=\frac{\int_{-\sqrt{2A_\mu/\alpha_\mu}}^{+\sqrt{2A_\mu/\alpha_\mu}}\frac{\alpha_\mu r_\mu^2}{2}\gamma dr_\mu}{\int_{-\sqrt{2A_\mu/\alpha_\mu}}^{+\sqrt{2A_\mu/\alpha_\mu}}\gamma dr_\mu}.$$

적분을 계산하면

$$\frac{\overline{\alpha_\mu r_\mu^2}}{2}=\frac{A_\mu}{\mu}=\frac{E-V}{\mu}. \tag{105a}$$

방정식 (105)에서 κ를 임의로 두고 모든 적분들을 구하면:

$$J_\kappa=\int r_1^k d\rho_1=\sqrt{\frac{2}{\alpha_1}}^{\kappa}\sqrt{\frac{2}{\alpha_2}\frac{2}{\alpha_3}\cdots\frac{2}{\alpha}}\frac{\left[\Gamma\left(\frac{1}{2}\right)\right]^{\mu-1}\Gamma\left(\frac{\kappa}{2}+1\right)}{\Gamma\left(\frac{\kappa+\mu+1}{2}\right)}A_\mu^{(\kappa+\mu-1)/2}.$$

마지막 두 식을 이용하여 모든 이전의 식에서 r에 대한 적분을 즉시 구할 수 있으며, dN_1/N, dN_2/N, $\frac{1}{2}\overline{\alpha_1 r_1^2}$을 닫힌 형식으로 계산할 수 있다. p에 대한 적분을 얻기 위해서는 위치에너지 V에 대한 정보가 필요하다. 예를 들면 조건 (94)를 만족하고 r_μ가 $(r_\mu, r_\mu+dr_\mu)$ 사이에 있는 계의 확률은

(106) $$\frac{dN_1}{dN_2}=\frac{\Gamma\left(\frac{\mu}{2}\right)}{\Gamma\left(\frac{1}{2}\right)\Gamma\left(\frac{\mu-1}{2}\right)}\sqrt{\frac{\alpha_\mu}{2}}\frac{\left(A_\mu-\frac{\alpha_\mu r_\mu^2}{2}\right)^{(\mu-3)/2}}{A_\mu^{(\mu-2)/2}}dr_\mu$$

이다. $\frac{1}{2}\alpha_\mu r_\mu^2=x$로 놓으면

$$dr_\mu=\frac{1}{2\sqrt{x}}\sqrt{\frac{2}{\alpha_\mu}}dx_\mu;$$

따라서 조건 (94)를 만족하는 계에서 r_μ가 양수이고 $\frac{1}{2}\alpha_\mu r_\mu^2$이 x와 $x+dx$ 사이에 있을 확률은

$$\frac{\Gamma\left(\frac{\mu}{2}\right)}{\Gamma\left(\frac{1}{2}\right)\Gamma\left(\frac{\mu-1}{2}\right)}\frac{(A_\mu-x)^{(\mu-2)/2}}{2A_\mu^{(\mu-2)/2}}\frac{dx}{\sqrt{x}}$$

이다. 음의 r_μ에 대하여 동일한 $\frac{1}{2}\alpha_\mu r_\mu^2$ 값이 가능하므로, $\frac{1}{2}\alpha_\mu r_\mu^2$이 양의 r_μ와 음의 r_μ에 대하여 x와 $x+dx$ 사이에 있을 확률은

(107) $$\frac{\Gamma\left(\frac{\mu}{2}\right)}{\Gamma\left(\frac{1}{2}\right)\Gamma\left(\frac{\mu-1}{2}\right)}\frac{(A_\mu-x)^{(\mu-3)/2}}{A_\mu^{(\mu-2)/2}}\frac{dx}{\sqrt{x}}$$

이다. r_μ는 임의의 모멘토이드이다. μ가 매우 크고 $A_\mu=\mu\xi$로 놓으면 위의 식은 극한

(108) $$e^{-x/2\xi}\frac{dx}{\sqrt{2\pi\xi x}}$$

에 접근한다.

또한, 일반적인 관계식으로부터:

$$(109) \qquad \frac{\overline{\alpha_1 r_1^2}}{2} = \frac{\alpha_1 J_1}{2J_{-1}} = \frac{A_\mu}{\mu} = \frac{E-V}{\mu}$$

를 얻는데, 이는 (105a)에 부합한다. 다른 모멘토이드에 해당하는 운동에너지의 부분에 대하여서도 동일한 관계가 성립하므로

$$(110) \qquad \frac{\overline{\alpha_1 r_1^2}}{2} = \frac{\overline{\alpha_2 r_2^2}}{2} = \cdots \frac{\overline{\alpha_\mu r_\mu^2}}{2}$$

이다. 따라서 극한 (94)를 어떻게 선택하더라도 에르고딕적인 상태분포에는 다음의 정리가 항상 성립한다: 모든 계들 중에서 좌표들이 (94)의 범위에 놓이는 것들을 선택한다. 어느 한 개의 모멘토이드에 해당하는 운동에너지를 $\frac{1}{2}\alpha_i r_i^2$으로 표기하고, 시간 t에서 지정된 계에서의 평균값을 계산한다. 이 평균값은 모든 i에 대하여 항상 동일하다. 이는 에너지 $E-V$의 μ번째 부분과 같은데, 이 경우에는 운동에너지의 형태를 가진다.

좌표에 대한 적분은 물론 형식적으로만 제시되는데, 모든 계, 모든 i에 대하여 $\frac{1}{2}\alpha_i r_i^2$의 평균값은

$$(111) \qquad \frac{\overline{\overline{\alpha_i r_i^2}}}{2} = \frac{\int \frac{\overline{\alpha_i r_i^2}}{2} dN_2}{N} = \frac{\int (E-V)\frac{d\pi}{\alpha_1}}{\mu \int \frac{d\pi}{\alpha_1}}$$

이다. 물론, 각 모멘토이드에 해당하는 운동에너지의 평균값에 대한 이 등식은 에르고딕적인 상태분포에 대해서만 증명되었다. 이 분포는 확실히 정상적이다. 일반적으로는 이 정리가 성립하지 않는 정상분포가 존재할 수 있다.

V와 L이 각각 좌표와 운동량의 동항 이차함수인 특수한 경우에 좌표에

대한 적분은 운동량에 대한 것과 마찬가지로 이루어질 수 있다. 모든 질점들이 정지해 있는 위치에 있을 때에 V가 0이 되도록 위치에너지의 상수를 선택하면, 방정식 (103)으로부터

$$\overline{V} = \overline{L} = \frac{E}{2} \tag{111a}$$

를 얻는다.

이 정리들을 다원자분자 기체의 이론에 적용하기 전에, 수학적 관점에서는 별 어려움이 없지만 실험적 증거를 필요로 하는 완전히 일반적인 논의를 제시하고자 한다; 아마도 이 이론들이 다원자분자 기체에만 제한적으로 성립하지 않는다는 점에서 그 중요성이 합리화될 수 있을 것이다.

§35. 온도평형과의 일반적 관계

이제 일정한 온도의 물체를 지금까지 구한 법칙들을 따르는 역학적 계로—다시 말하자면 위치가 일반좌표로 결정되는 원자, 분자 또는 성분들로 구성된 계로 보기로 하자.

경험에 의하자면 어떤 물체가 동일한 열에너지를 가지고 있고 동일한 외부 조건하에 놓인다면, 그 초기상태가 어떠했건 간에 동일한 상태에 이르게 된다. 자연의 역학적 관점으로 보자면, 물체의 유한한 부분에서의 분자의 평균 운동에너지, 분자가 유한한 시간 동안에 유한한 표면을 통하여 전달하는 운동량 등, 어떤 평균값들만이 관찰 가능하다. 하지만 이 평균값들은 가능한 무수한 상태들에 있어서 동일하게 된다. 우리는 이러한 평균값을 가진 상태를 "가능한" 상태라고 부른다.

따라서 만약 초기상태가 가능한 상태가 아닐 경우에, 외부 조건이 고정되어 있다면 물체는 곧 가능한 상태로 변하게 될 것이며, 이 상태가 더 이상 관찰하는 동안에 지속될 것이다. 물체의 상태는 (모든 관찰 가능한 시간을 지난 오랜 후에는) 지속적으로 이따금씩 변화하여 가능한 상태로부터 상당히 멀어지겠지만, 모든 관찰 가능한 평균값들이 고정되어 있을 것이므로 정상적인 최종상태를 가진 것으로 보일 것이다.

수학적으로 가장 완벽한 방식은, 일정한 온도의 물체를 특정한 최종상태에 이르러 거기에 오랫동안 머물게 하는 초기상태를 생각해보는 것이다. 그러나 초기상태에 무관하게 평균값들이 항상 동일하므로, 한 개의 물체 대신에 서로 완전히 독립적이고 동일한 열량과 외부 조건을 가지며, 동일한 초기상태로부터 출발한 무한히 많은 물체들이 존재한다고 하여도 우리는 동일한 평균값들을 얻게 될 것이다. 따라서 한 개의 역학적 계 대신에, 임의의 서로 다른 초기조건들로부터 시작한 무한히 많은 동등한 계들을 생각하여도 옳은 평균값들을 얻게 될 것이다. 모든 계들의 집합의 평균값들이 정상적인 경우에 이 평균값들은 언제나 동일할 것이 분명한데, 여기에서 개개의 상태가 아니라 모든 가능한 상태들이 포함되어야 할 것이다.

만약 초기에 우리가 §32에서 에르고드적이라 부른 상태분포를 가지는, 무한히 많은 역학적 계를 생각해본다면 이러한 조건들이 만족된다. 이 상태분포가 정상적이며, 주어진 운동에너지에 부합하는 가능한 상태들을 포함한다는 것은 §32에서 이미 보았다. 그러므로 §34에서 얻은 평균값들이 계들의 집합에서뿐 아니라 각 물체의 최종 정상상태에 대해서도 성립할 일정한 확률이 있게 되며, 특히 이 경우에 각 모멘토이드에 대응하는 평균 운동에너지가 동일하다는 것은 물체의 다른 부분들 사이에 온도평형이 이루어짐을 의미한다. 이러한 물체의 온도평형 조건이 초기상태에 무관한 간단한 역학적 의미를 가진다는 사실은, 물체의 각 부분의 압축, 팽창, 이동 등이 이 평형에 영향을 주지 못함을 뜻한다.

우리의 일반적인 계 대신에 열전도성 고체 분리벽(이는 확실히 이전에 다룬 일반적인 계의 특수한 예이다.)에 의하여 분리된 두 가지의 기체로 구성된 계를 생각해본다면, r 중의 하나를 분자의 속도성분과 질량의 곱으로 해석할 수 있을 것이다. 방정식 (110)에 의하면 분자의 중력중심의 평균 운동에너지는 두 기체에 있어서 동일하며, 이로부터 아보가드로의 법칙이 따른다.

이 평균 운동에너지는 기체와 열평형에 있는 어떠한 물체의 분자운동을 결정하는 임의의 모멘토이드에 대응하는 평균 운동에너지와 같다. 따라서 완전 기체를 측정의 기준으로 사용한다면 각 모멘토이드에 대응하는 운동에너지의 증분은, 모든 모멘토이드에 있어서 동일한 상수값을 온도의 증분에 곱한 것과 같아야 한다. 어떠한 물체 내의 분자운동의 운동에너지로 존재하는 열은 따라서 모든 물체와 온도에 있어서 동일한 상수와, 분자운동을 결정하는 모멘토이드의 개수에 절대온도를 곱한 것과 같아야 한다. 한 개의 역학적 계를 화합물 분자의 기체로 바꾼다면, 이는 특수한 경우가 될 것이며, 각 분자에 있어서 중력중심의 평균 운동에너지는 분자운동을 결정하는 모멘토이드에 대응하는 평균 운동에너지의 세 배가 될 것이다. 우리는 이 정리를 (기체에 대하여) 아래에서 다른 방식으로 증명할 것이다. 오직 내부힘만이 작용하는 계의 모멘토이드들 중 여섯 개를 우리는 특정한 좌표축에 대한 총운동량의 세 성분들 및 통 각운동량의 세 성분들로 할 수 있다. 에르고드적인 계에 있어서 이 각 성분의 평균 운동에너지는 다른 모멘토이드의 평균 운동에너지와 같으므로, 계가 수많은 분자들을 가지고 있다면 매우 작을 것이다. 우리는 따라서 내부힘만이 작용하는, 정지해 있으며, 회전하지 않는 경우만을 생각할 것이다.

§32에서 에너지가 동일한 계만을 국한하여 생각했던 것처럼, 우리는 여기에서 오직 내부힘만이 작용한다면 계가 운동하는 동안 다른 양들 —예를 들면 중력중심의 속도성분 또는 각운동량의 성분— 이 동일한 경우만을 생각해볼 수 있다. 이렇게 한다면 에너지 미분을 §31에서 도입했던 것과 마찬가지로, 운동량의 미분 대신에 이 양들의 미분을 도입할 수 있다. 따라서 이러한 경우에는 에르고디적이 아닌 정상상태분포를 얻을 것이다. 이에 대한 정리는 반드시 역학적인 관점에서 흥미롭지 않은 것은 아니지만, 아래의 논의에서 필요하지는 않으므로[32] 더 이상 다루지는 않겠다.

32) Boltzmann, Wien. Ber. **63**, 704(1871). Maxwell, Trans. Camb. Phil. Soc. **12**, 561(1878), Scientific papers **2**, 730.

4장

화합물 분자의 기체

§36. 화합물 분자의 특별한 취급

이제 §26에서 다룬 방정식으로 돌아가는바, 이 방정식들은 역학의 원리로부터 유도된 가정 이외의 다른 가정들에 기초하고 있지 않다는 점에서 일반적이다. 우리는 이를 특히, 탄성의 벽들로 둘러싸인 용기 내의 기체에 적용할 것이다. 분자들이 모두 동일할 필요는 없으므로 몇 가지 기체 혼합물을 배제하지는 않는다. 개개의 분자는 §25에서 정의했던 것처럼 역학적 계로 취급될 것이다. 기체이론에서는 두 분자들의 중심이 평균적으로 매우 멀어서 분자들이 상호작용하는 시간이 그렇지 않은 시간보다 훨씬 작다고 가정한다. 그러나 여기에서는 상호작용하는 분자들의 개수가 전체에 비하여 매우 작기만 하다면, 두 개 혹은 그 이상의 분자들이 (예를 들면 부분적으로 해리된 기체의 경우) 좀 더 긴 시간 동안 상호작용할 가능성을 배제하지는 않을 것이다. 상호작용하는 분자들은 소규모의 군을 이루며, 이 분자들은 다른 분자들로부터의 영향권으로부터 매우 큰 거리에 있다고 보아야 한다.

각 분자는 상호작용하는 사이에 매우 먼 거리를 이동하여, 다른 종류의 충돌횟수는 확률이론에 의하여 계산된다.

어떤 종류의 분자(첫 번째 종류라고 표기하는)의 위치와 그 성분들의 상대적 위치가 μ개의 일반좌표

$$p_1, p_2 \cdots p_\mu$$

에 의하여 결정된다고 하자. 이 좌표들과 그에 대응하는 운동량 $q_1, q_2 \cdots q_\mu$를

변수 (112)

라고 부르자.

이에 대응하는 모멘토이드는 $r_1, r_2 \cdots r_\mu$일 것이다.

이 중에서 세 개의 좌표(p_1, p_2, p_3)들은 분자 내 특정한 위치, 예를 들면 중력중심의 절대적 위치를 결정한다. 이를 명확히 표현하기 위하여 분자의 중력중심의 직교좌표를 사용하자. 분자의 중력중심에 대한 분자의 회전과, 그 구성요소들의 상대적 위치는 따라서 다른 좌표들에 의하여 결정된다.

외부힘이 없다면 용기 내의 각 위치는 동등하다. 따라서 세 개의 좌표 p_1, p_2, p_3의 모든 가능한 값의 확률은 같다.

그러나 문제를 가능한 한 일반적으로 만들기 위하여 외부힘을 배제하지는 않을 것인데, 분자 간에 작용하는 힘과 분자와 벽 사이에 작용하는 힘 이외에 세 종류의 힘이 가능할 것이다: 1. 분자의 내부힘, 즉 분자의 서로 다른 부분들 사이에 작용하는 분자 내의 힘; 2. 용기의 외부에서 물체 내 분자들에 작용하는 외부힘, 예를 들면 중력; 3. 분자들이 가까워질 때에, 둘 혹은 그 이상의 분자들 사이에 상호작용하는 힘. 이 중 처음 두 종류의 힘은 오직 분자들의 좌표에만 의존한다; 세 번째 힘은 모든 상호작용하는 분자들의 좌

표에 의존한다. 외부힘이 용기 내의 위치에 따라 매우 느리게 변하여, 이 내부 영역을 부피요소 $dp_1dp_2dp_3$ 등으로 분할할 때에, 각 부피요소에 많은 수의 분자들이 있지만 이 부피요소 내에서는 외부힘이 위치에 따라서 별로 변하지 않는다고 가정하자. 이 경우에는 외부힘이 작용하지 않는 경우처럼 각 부피요소 내의 위치들이 동등하게 된다.

§37. 화합물 분자기체에 대한 키르히호프 방법의 적용

초기에 (시간 0에서) 중력중심이 평행육면체 $dP_1dP_2dP_3$ 내에 있고, 변수들의 값

$$p_4 \cdots p_\mu, q_1 \cdots q_\mu \tag{113}$$

가

$$(P_4, P_4 + dP_4) \cdots (Q_\mu, Q_\mu + dQ_\mu)$$

의 범위에 있고, 다른 분자들과 상호작용하지 않는 첫 번째 분자들의 개수가

$$A_1 e^{-2hE_1} dP_1, \cdots dQ_\mu$$

라 하자. A_1은 분자 종류마다 다른 상수이며 h는 모든 종류의 분자에 동일한 상수이다. E_1이 분자의 초기 운동에너지, 분자 내 위치에너지 및 분자에 작용하는 외부힘의 합이라 하자. 좌표에 대한 위치에너지 함수의 편도함수의 (−)는 힘의 성분인데, E_1은 분자의 총에너지이고, 그 값은 분자가 다른 분자와 상호작용하지 않는 한 일정하게 유지된다.

다른 분자들과 상호작용하지 않으며, (위에서 정의된) 변수들 (112)가 초기에

(114) $$P_1, P_2 \cdots P_\mu, Q_1, Q_2 \cdots Q_\mu$$

를 포함하는 2μ-차원의 무한소 영역 G 내에 존재하는, 첫 번째 종류의 분자의 개수는 따라서

(115) $$dN_1 = A_1 e^{-2hE_1} \int dP_1 \cdots dQ_\mu$$

이며, 여기에서 적분은 영역 G에 대하여 이루어진다. 분자의 중력중심은 영역 G 내에서 움직일 수 있는 충분한 공간을 가져서, 모든 변수들은 매우 좁은 범위에 있지만 (115)는 여전히 큰 숫자여야 한다. 첫 번째 종류의 분자가 다른 분자들과 상호작용하지 않은 채로 내부힘 및 외부힘의 영향하에서 움직이고, 변수들 (112)가 (114)로부터 시작할 때에, 시간 t 후에는

(116) $$p_1, p_2 \cdots p_\mu$$

의 값들을 가지게 된다. 이것은 변수들의 실제값인 반면, (112)는 변수들의 명칭만을 준다. ϵ_1이 총에너지의 시간 t에서의 값이면 에너지 보존법칙에 의하여

(117) $$\epsilon_1 = E_1.$$

또한, 만약 변수들 (112)의 값이 초기에 영역 G를 채운 모든 분자들이 분자가 다른 분자들과 상호작용하지 않는다면, 시간 t 후에 이 값들은 영역 g를 채울 것이다. 이는 물론 (116)의 값들을 포함할 것이다.

분자들 사이의 상호작용이 전혀 없다면, 시간 0에서 그 변수들이 영역 G에 있는 분자들은 시간 t에서 영역 g에 있는 분자들과 동일할 것이다. 이 분자들의 개수를 dn이라 하면 dn은 (115)와 같을 것이며,

$$dn_1 = A_1 e^{-2hE_1} \int dP_1 \cdots dQ_\mu.$$

그러나 (55)에 의하면

$$dP_1 \cdots dQ_\mu = \int dp_1 \cdots dq_\mu$$

에서, 우변의 적분은 시간 t 후에 g에 대응하는 영역 G에 대하여 이루어진다. 이 사실과 방정식 (117)을 이용하면:

$$dn_1 = A_1 e^{-2hE_1} \int dp_1 \cdots dq_\mu \tag{118}$$

를 얻는다. 이 식은 (114)의 값 대신에 (116)의 변수들이, E_1 대신에 ϵ_1이, G 대신에 g가 나타난다는 점에서 (115)와 다르다. 그러나 방정식 (115)가 모든 변수값과 모든 영역에 대하여 성립해야 하므로 (118)은 변수들 (112)의 값이 초기에 영역 g를 채운 첫 번째 종류의 분자들의 개수를 나타낸다. 따라서 변수들 (112)의 값이 초기에 영역 g에 있는 첫 번째 종류의 분자들의 개수는 이 시간 동안에 변하지 않았다. 마지막으로, 영역 G와 g는 완전히 임의로 선택되므로 이는 임의의 영역에 대해서 성립한다. 즉, 변수들 (112)의 값이 임의의 영역 내에 있는 첫 번째 종류의 분자들의 개수는 임의의 시간 t 동안에 변하지 않는다. 분자 내 운동만을 고려한다면 상태분포는 이 시간 동안 정상적이다.

§38. 매우 많은 분자들의 상태가 좁은 범위 안에 존재할 가능성에 대하여

지금까지 우리는 영역 G와 g의 범위가 좁지만, 동시에 매우 많은 개수의 분자들의 변수가 이 범위 내에 있음을 가정해왔다. 외부힘이 없는 경우에는 기체 내의 모든 지점, 예를 들면 분자의 중력중심들은 동등하기 때문에, 이에는 별 어려운 점이 없다. 분자의 중력중심들이 놓이는 영역

$$\Gamma = \iiint dP_1 dP_2 dP_3$$

은 무한소일 필요가 없는데, 그 영역이 임의로 클 수 있고, 심지어는 용기 자체일 수도 있다. 다른 변수들 $p_4, \cdots q_\mu$를 포함하는—상징적으로 G/Γ로 표기할— 영역만이 $(2\mu-3)$차원의 무한소이기만 하면 된다.

따라서 이 두 양들 중에서 하나(영역 Γ)는 임의로 클 수 있고 다른 하나(G/Γ)는 매우 작게 할 수 있다; 이 두 영역들의 크기 사이에는 아무런 관계가 없다. 사실, 미분 $dp_4 \cdots dq_\mu$는 우리가 G/Γ를 원하는 만큼 작게 선택할 수 있음을 보여준다. 그러나 어떠한 선택에 있어서도 Γ를 매우 크게 잡아서 많은 개수의 분자들이 항상 G 안에 있게 할 수 있다.

외부힘이 존재할 시에는 영역 Γ의 크기에 상한이 있게 된다. 특히 이 영역은 매우 작게 선택되어야 하는데, 그 안에서 외부힘이 일정한 것으로 간주될 수 있어야 한다. 그러면 G와 g는 2μ-차원으로 매우 작게 된다; 변수들의 값이 이 범위 내에 있을 분자들의 개수가 매우 많을 조건은 수학적 의미로 보자면 단위부피 내에 무한개의 분자들이 존재하는 경우에만 만족될 수 있다. 따라서 이 조건을 만족한다는 것은 단순히 이상일 뿐이다; 그러나 우리는 이것이 경험과 일치할 것으로 기대하는바, 그 이유는 다음과 같다.

분자론은 자연에서 관찰되는 현상의 법칙이 무한히 작은 분자들이 무한히 많은 경우의 극한으로부터 별로 벗어나지 않는다고 가정한다. 이러한 가정을 우리는 이미 §6에서 제시된 이유로 제1부에서 받아들였다. 무한소 미적분을 분자론에 적용하기 위하여 이 가정은 필수적인데, 사실 이 가정이 없다면 항상 많은 개수만을 다루는 우리의 모형은 연속적인 양에는 적용될 수 없을 것이다. 이 가정은 물질의 구성에 대한 직접적인 증명을 위하여 면밀한 실험을 수행한 사람들에게 가장 잘 정당화될 듯하다. 기체 내에 존재하는 가장 작은 입자들 주위에도 분자들의 개수는 매우 많은 것이어서, 아주 짧은 시간 동안이라도 관찰되는 양이 무한개의 분자들의 경우에 접근하는 현상의 극한으로부터 벗어나기를 기대하는 것은 헛될 듯싶다.

이 가정을 받아들인다면, 크기가 무한히 작아지는 무한개로 증가하는 분자들의 경우에 접근하는 현상을 계산함으로써, 관찰이 경험과 일치할 수 있음을 알게 될 것이다. 이 현상의 극한을 계산함에 있어서 부피요소의 크기와 분자의 크기를 임의로 작게 할 수 있다. 주어진 부피요소의 크기에서, 우리는 분자의 크기를 임의로 작게 각 부피요소가 매우 많은 (그 성질들이 주어진 좁은 영역 내에서 정의될 수 있는) 분자들을 포함할 수 있도록 선택할 수 있다. 만약 키르히호프처럼 (115)와 (118)을 단순히 확률로 해석한다면 이를 분수 또는 매우 작은 양으로 할 수 있지만, 그렇게 되면 이 양들의 명료성을 잃을 것이다. 우리는 이 책의 말미(§92)에서 이 점을 다시 논의할 것이다.

§39. 두 분자 간의 충돌

지금까지 우리는 두 분자들 사이의 상호작용을 다루지 않은바, 초기상태 분포가 충돌에 의하여 바뀌지 않는 조건을 찾아야 할 것이다. 이러한 목적으로 우리는 몇 개 분자들의 군(群)이 발생할 확률을 구해야 한다. 우선 두 분자 이상의 충돌이 극히 드물게 일어나서 완전히 무시할 수 있는 경우에 국한하여 보자. 이 경우에는 분자 쌍만을 생각하면 될 것이다.

(112) 변수들의 값이 초기에 (114)의 값들을 포함하는 영역 G 내에 있으며, 분자 사이에 상호작용이 작용하지 않는 첫 번째 종류의 분자들의 개수는 방정식 (115)로 주어진다.

마찬가지로 두 번째 분자의 위치와 상태를 결정하는 좌표와 운동량은

(119) $$p_{\mu+1}, p_{\mu+2} \cdots p_{\mu+\nu}, q_1, \cdots q_{\mu+\nu}$$

로 표기될 것이다. 일단 다른 종류의 분자들을 무시하겠지만, 본 결과를 몇 가지 종류의 분자들의 경우로 일반화하는 것에는, 단지 수식이 복잡해질 뿐 아무런 문제가 없다.

(119)의 변수들이 초기에 (114)의 값

(120) $$P_{\mu+1} \cdots Q_{\mu+\nu}$$

들을 포함하는 영역 H 내에 존재하고, 다른 분자들과 상호작용하지 않는 두 번째 종류의 분자들의 개수는

(121) $$dN_2 = A_2 e^{-2hE_2} \int dP_{\mu+1} \cdots dQ_{\mu+\nu}$$

이며, 적분은 영역 H에 대하여 수행된다. A_2는 상수이며, E_2는 두 번째 종류의 분자의 총에너지이다. 이 두 종류 분자들의 중력중심은 외부힘이 일정한

것으로 생각되는 공간 내에 있고 완전히 무작위하게 분포되어 있을 것이므로, 확률 계산에 있어서 첫 번째 종류의 분자가 영역 G에, 두 번째 종류의 분자가 영역 H에 있게 되는 두 사상들이 완전히 독립적인 것으로 볼 수 있다. 따라서 분자가 첫 번째 종류의 분자이고 영역 G에, 다른 분자가 두 번째 종류의 분자이고 영역 GH에 있게 되는 분자쌍의 개수는 (115)와 (121)의 곱으로 나타난다:

$$dN_{12} = A_1 A_2 e^{-2h(E_1+E_2)} \int dP_1 \cdots dQ_\mu dP_{\mu+1} \cdots dQ_{\mu+\nu}. \tag{122}$$

이 적분을 한 개의 적분기호로 나타낼 것인데, 적분영역은 G와 H로 구성된 전체 영역 J이다.

두 분자들이 동일한 종류일 때에도 (122)와 마찬가지의 관계가 성립한다.

여러 영역들의 대략적인 크기는 매우 다르게 선택되어야 한다. 외부힘이 존재하지 않으면 첫 번째 종류의 분자들의 중력중심이 있는 영역

$$\Gamma = \iiint dP_1 dP_2 dP_3$$

는 기체가 담겨 있는 용기 전체의 내부로—즉 임의로 크기를 선택할 수 있다. 그러면 $P_{\mu+1}$은 두 분자들의 중력중심의 x-좌표의 차이를, $P_{\mu+2}, P_{\mu+3}$는 y-, z-좌표의 차이를 의미한다. 방정식 (121)에서 $P_{\mu+1}, P_{\mu+2}, P_{\mu+3}$는 두 번째 종류의 분자들의 중력중심의 좌표들이며, 공간 내의 모든 위치가 동등하므로, (121)이 성립하는 데에는 문제가 없다. 영역 Γ를 이런 식으로 확장하면 방정식 (115), 즉

$$dN_1 = A_1 e^{-2hE_1} \int dP_1 \cdots dQ_\mu$$

는 변수 (113)이 $(2\mu - 3)$ 차원의 무한소 영역 $dP_4 \cdots dQ_\mu$ 내에 있는 용기 전체

내의 첫 번째 종류의 분자들의 개수를 나타낸다. 각각의 분자에는 그 중력중심에서 마찬가지로 위치한 부피요소

$$\int dP_{\mu+1}P_{\mu+2}dP_{\mu+3}$$

가 대응된다; 이 부피요소들의 개수는 따라서 (115)로 주어지는 dN_1과 같으며, 총부피는 $dN_1 \iiint dP_{\mu+1}P_{\mu+2}dP_{\mu+3}$이다. 다른 변수들이 영역

$$\int dP_{\mu+4} \cdots dQ_{\mu+\nu}$$

내에 있고 이 부피요소들 내에 존재하는 두 번째 종류의 분자들의 총개수는 따라서 방정식 (121)에 의하면

$$dN_1 A_2 e^{-2hE_2} \int dP_{\mu+1} \cdots dQ_{\mu+\nu}$$

이다. 이는 변수들이 영역 J 내에 있는 분자쌍의 개수 dN_{12}와 같고, (122)와 일치한다. 이 관계식은 이미 위에서 몇 개 사상들이 함께 일어날 확률의 법칙으로부터 유도된바, 간단한 계산에 의하여 얻어진다.

만약 외부힘이 작용한다면 영역

$$\Gamma = \iiint dP_1 dP_2 dP_3$$

는 외부힘이 영역 내에서 거의 변하지 않도록 작게, 그러나 한편으로는 두 개의 상호작용하는 분자들의 영향권이 포함되도록 크게 잡아서, 변수들이 J 내에 있는 수많은 분자쌍들을 포함하도록 하여야 한다.

두 분자의 중력중심의 영역은, 그러나 Γ와 비교하면 무한소가 되어야 한다.

만약 모든 영역들이 무한소이고 단위부피당 유한개의 분자들이 존재한

다면, 물론 많은 분자들의 변수값이 수학적으로 무한소의 범위로 정의된 영역 내에 있는 것은 불가능하다. 따라서 우리는 외부힘이 작용할 때 단위 부피당 무한개의 분자들이 존재하는 경우의 극한적인 현상을 먼저 구하고, 실제의 현상이 이 극한으로부터 크게 벗어나지 않는다고 가정할 것이다.

$p_{\mu+1}$, $p_{\mu+2}$, $p_{\mu+3}$가 두 번째 종류의 분자들의 중력중심의 좌표 대신에, 두 분자들의 중력중심의 좌표들의 차이라고 하자. 위에서 언급한 대로, 이렇게 바꾸어도 방정식 (121)은 성립한다. 그러면 외부힘이 작용하지 않을 때와 마찬가지로 dN_{12}를 구해야 하는데, 이는 (122)의 결과로 얻어진다.

여기에서는 두 개 이상의 분자들이 상호작용하는 경우를 무시하기 때문에, 초기에 상호작용하는 분자쌍들만을 생각하면 될 것이다. 우선 한 분자가 첫 번째 종류이고 다른 분자가 두 번째 종류인 경우를 보자. 위치와 운동량이 $2(\mu+\nu)$-차원의 무한소 영역 J 내에 있는, 초기에 상호작용하는 분자쌍들의 개수는

$$(123) \qquad dN_{12}{}' = A_1 A_2 e^{-2h(E_1+E_2+\Psi)} \int dP_1 \cdots dQ_{\mu+\nu}$$

로 주어진다. 영역 J는 변수 (112)와 (119)의 주어진 값들을 포함할 것인데, 이를 각각 $P_1 \cdots Q_\mu$ (114), $P_{\mu+1} \cdots Q_{\mu+\nu}$ (120)으로 표기하자. 물론 이 경우에는 분자 간 상호작용이 존재하니, 상호작용이 없었던 그전과는 달리 이전에 얻은 값들과 일치하지는 않는다. 방정식 (123)에서 적분은 영역 J에 대하여 이루어진다. Ψ는 상호작용 힘 —즉, 두 분자들의 구성요소들 사이에 일어나는 상호작용— 의 위치에너지 함수이다. Ψ 안의 상수는 상호작용이 없는 모든 거리에서 0이 되도록 취해져야 한다. 두 분자들의 중력중심의 좌표들의 차이를 $p_{\mu+1}$, $p_{\mu+2}$, $p_{\mu+3}$로 표기한다.

모든 분자쌍에 있어서 첫 번째 기체의 중력중심의 위치는, 용기 내의 부

분에서 외부힘이 일정한 것으로 생각될 수만 있다면 그 부분 내에서 각 위치의 확률이 동일할 것이다.

§40. §37에서 가정된 상태분포가 충돌에 의하여 변하지 않음을 증명

식 (123)은 (12)를 포함하는 가장 일반적인 것이라 할 수 있는데, 이는 두 분자들이 초기에 상호작용하지 않는다면 $\Psi = 0$이며, 영역 J는 G와 H로 나누어져서 (123)이 (122)로 간단해지기 때문이다.

(123)과 비슷한 관계가 동일한 종류의 두 상호작용하는 문자들에 대해서도 성립할 것이다.

임의의 시간 t가 지나가도록 해보자. t는 매우 짧아서 분자가 이 시간 동안에 다른 분자와 한 번 이상 상호작용할 가능성이 없도록 해야 한다.

만약 서로 다른 분자쌍에서 첫 번째 종류의 분자가 초기에 (114)의 위치에, 두 번째 종류의 분자가 (120)의 위치에 있었다면 시간 t가 지나간 후에 그 좌표들은

$$p_1 \cdots q_\mu, p_{\mu+1} \cdots q_{\mu+\nu} \tag{124}$$

의 값을 가질 것이다. (상호작용 에너지를 제외한) 첫 번째 종류의 분자와 두 번째 종류의 분자의 총에너지를 각각 ϵ_1, ϵ_2로 표기하자. 상호작용 에너지 함수의 값은 Ψ이다. (124)의 값은 물론 (116), (119)의 값들과는 다르지만, 동일한 문자로 표기하자.

초기에는 영역 J를 채웠던, 시간 t에서 두 분자들을 특징짓는 변수값들

에 의하여 채워지는 영역을 i라 표기하자.

두 분자들의 집합을 하나의 역학적 계로 보면, 방정식 (55)에 해당하는 관계가 성립하여

$$\int dp_1 \cdots dq_{\mu+\nu} = \int dP_1 \cdots dQ_{\mu+\nu} \tag{125}$$

를 얻는데, 두 번째 적분은 영역 J에 대하여, 첫 번째 적분은 영역 i에 대하여 수행된다. 이 방정식은 분자들이 초기에 또는 시간 t에 상호작용하는지 여부에 상관없이 성립한다. 이는 또한 시간 t 동안에 분자들이 상호작용하지 않아도 성립하는데, 이 경우에 영역 J와 i는 각각 G와 H, g와 h로 나누어진다. 또한, 에너지 보존법칙에 의하면 일반적으로

$$E_1 + E_2 + \Psi = \epsilon_1 + \epsilon_2 + \psi \tag{126}$$

이다. 상호작용이 없다면 위치에너지 함수가 0이 되는데, 이 방정식도 상호작용이 일어나는지 여부에 상관없이 성립한다.

초기에 위치와 운동량을 결정하는 변수들의 값이 영역 J를 채우는 분자쌍들의 개수는 일반적으로 (123)으로 주어진다. 방정식 (125)와 (126)을 이용하면 이는

$$dn_{12}' = A_1 A_2 e^{-2h(\epsilon_1+\epsilon_2+\psi)} \int dp_1 \cdots dq_{\mu+\nu} \tag{127}$$

로 간단해지는데, 적분은 영역 J에 대응하는 영역 i에 대하여 수행된다.

하지만 시간 t에서 변수들의 값이 영역 J를 채우는 분자쌍들은 시간 t에서 변수들의 값이 영역 i를 채우는 분자쌍들과 동일하다. 따라서 방정식 (127)도 또한 후자의 분자쌍들의 개수를 나타낸다. 초기에 변수들의 값이 영역 i를 채우는 분자쌍들의 개수는 일반적 관계 (123)을 사용하여 계산할

수 있는데, E_1, E_2, Ψ, J를 각각 ϵ_1, ϵ_2, ψ, i로 치환하면 된다. 따라서 초기, 시간 t 또는 그 사이에서 상호작용이 존재하는지 여부에 상관없이 (127)을 얻게 된다. 하지만 영역 J와 그에 대응하는 영역 i는 완전히 임의적으로 선택되므로, 수들의 값이 이 영역 내에 있게 되는 분자쌍들의 개수는 초기에서나 시간 t에서나 동일하다. 그러므로 충돌을 고려하더라도 상태분포는 정상적이다.

이러한 논리를 두 분자들이 동일한 종류일 때에도 적용할 수 있음을 알 수 있는데, 이는 두 종류 이상의 기체들이 존재할 때에도 마찬가지이다.

지금까지 우리는 분자들이 상호작용을 두 번 이상 일으킬 가능성을 무시할 수 있도록 시간 t를 짧게 잡았지만, 시간 0에서도 동일한 상태분포가 성립되므로 이 논리를 다른 시간 구간에도 반복하여 적응할 수 있다. 이에 따라서 상태분포는 줄곧 정상적임을 알 수 있다. 또한, 특정한 분자쌍의 충돌 확률을 계산함에 있어서 두 분자들이 어떤 상태에 있게 되는 사상이 독립적인 것으로 간주된다는 가정은 그 이후에도 성립된다. 이는, 우리의 가정에 따르면 각 분자는 충돌 사이에 매우 많은 분자들을 지나쳐 운동하므로, 분자가 한 번의 상호작용을 겪는 지점에서의 기체 상태는 이전의 충돌에는 완전히 독립적이며, 오직 확률법칙에 의해서만 결정되기 때문이다. 당연히 확률법칙은 바로 이러한 것임을 기억해야 할 것이다. 변동의 가능성은 생각하지 않을 것이나, 분자들의 개수가 유한한 경우에 그 확률은 0이 아닐 것이다; 이 확률을 확률법칙에 대하여 특정한 경우에 계산하는 것은 가능하며, 오직 분자 개수가 무한대일 때에만 0이다.

§41. 일반화

세 분자 이상 사이의 상호작용이 없다는 사실에 국한된 가정은 증명을 간단히 하기 위한 것인데, 사실 이는 그러한 가정과 무관하다. 분자쌍이 발생할 확률을 논했던 것과 마찬가지로, 세 분자 이상의 집단이 발생할 확률을 계산할 수 있는데, 세 분자 이상 사이의 상호작용이 발생하더라도 (123)과 같은 관계식으로 나타나는 상태분포가 정상적이라는 법칙은 변하지 않음을 보일 수 있다. 또한 (이전에는 논의되지 않았던) 벽의 효과도, 분자들이 마치 다른 동일한 기체에서처럼 벽으로부터 직접 튕겨져 나온다면 이 정상적 상태분포에 아무런 영향을 미치지 않는다. 벽의 다른 성질들은 물론 새로운 계산을 필요로 하지만 이 경우에도 용기가 충분히 크다면 이 효과는 내부에까지 확장되지는 않는다.

물론 (123)으로 나타낸 상태분포가 모든 경우에 가능한 유일한 정상상태임을 우리는 아직 증명하지 않았다. 사실 마찬가지로 정상적일 수 있는 다른 특수한 상태분포가 존재할 수 있으므로, 그러한 증명은 구할 수 없다. 예를 들면 모든 기체분자들이 평면 또는 직선상에서 운동하는 질점들로 구성되어 있고, 벽이 모든 지점에서 이 평면 또는 직선에 수직한 경우가 그러하다. 그러나 이러한 경우는 모든 변수들이 상대적으로 소수의 가능한 값들만을 취하는 특수한 경우인 반면, 방정식 (123)은 모든 변수들이 모든 가능한 값들만을 취하는 분포를 나타낸다.

모든 변수들이 모든 가능한 값들을 취하는 정상적 분포를 상상하기는 매우 어려울 듯하다. 더구나 방정식 (123)으로 나타낸 상태분포와 단원자분자의 기체는 완전히 유사한데 이에는 명확한 근거가 있는 것이다.

로또와 마찬가지로, 어느 숫자 다섯 개의 조합도 12345의 확률과 정확히 일치한다; 특정한 조합은 특정한 숫자 다섯 개로 구성되어 있다는 점에서만 다른 조합과 구별되는 것이다. 마찬가지로 가장 확률이 큰 상태분포는 등확률의 가장 많은 상태분포들과 동일한 평균값을 가지는 이유만으로 이러한 성질을 가지게 되는 것이다.[33] 따라서 이 상태분포는 평균값을 바꾸지 않으면서 개개의 분자 사이에서 가장 큰 수의 순열을 허용하기 때문에 확률이 가장 큰 것이다. 제1부 §6에서 이러한 성질의 수학적 조건이 단원자 기체분자들의 경우에 맥스웰 분포에 도달함을 이미 우리는 보았다. 이에 대하여 더 이상 언급하지는 않겠지만, 거기에서 전개된 논의가 단원자 기체분자에만 국한되지는 않음을 언급하고자 한다; 화합물 분자들의 경우에도 마찬가지의 논리가 적용될 수 있는 것이다. 이 경우에 일반좌표에 대응하는 모멘토이드의 역할은, 단원자 기체분자에 있어서의 중력중심의 속도 성분들의 역할과 동일하다; 분자 간 힘과 외부힘의 위치에너지 함수의 역할은 이전에 외부힘만이 작용할 때의 위치에너지 함수의 역할과 동일하여, 제1부에서 얻은 관계식을 직접 일반화하여 방정식 (123)을 얻는다.

아마도 (123)이 열평형에 해당하는 유일한 식이라는 것을 제7장에서 몇 가지 근거로 입증하고자 하는데, 가장 간단한 특수한 경우에 대하여 직접적인 증명을 또한 제시하고자 한다. 그러나 현 시점에서 추상적인 문제에 너무 긴 논의를 할애하지 않기 위하여 다만 (123)을 유도하기 위한 논의로만 만족하여, 그로부터 가장 중요한 결과를 끌어내고자 한다.

33) 동일 확률의 기준은 루이빌의 정리에 근거한다.

§42. 모멘토이드에 대응하는 운동에너지의 평균

다음으로는, 부분적으로 해리되는 몇 종류의 기체들의 혼합물을 고찰하고자 한다. 어떤 시간에도 상호작용하는 분자들의 개수는 전체에 비하여 매우 작으므로, 평균값을 계산함에 있어서 상호작용하지 않는 분자들만 처리하면 된다.

운동량 $q_1, q_2 \cdots q_\mu$ 대신에 모멘토이드 $r_1, r_2 \cdots r_\mu$를 도입하면 좌표와 모멘토이드가

$$p_1, p_2 \cdots p_\mu, r_1, r_2 \cdots r_\mu \tag{128}$$

의 값들을 포함하는 영역 내에 있는 분자들의 개수는

$$dn = Ae^{-2h\epsilon} \int dp_1 \cdots dp_\mu dr_1 \cdots dr_\mu \tag{129}$$

로 주어진다. 변수 q로부터 변수 r로의 변환의 행렬식은 1이므로, 이는 용기 내 어떤 종류의 기체에 대해서도 적용된다. 상수 h는 용기 내 모든 종류의 기체에 있어서 동일한 값을 가진다. 상수 A는 그러나 각 기체마다 다르다. ϵ은 분자의 운동에너지, 위치에너지, 분자 내 힘 및 외부힘의 합이다; 위치에너지 함수는 V로 표기한다.

분자의 운동에너지

$$L = \frac{1}{2}(\alpha_1 r_1^2 + \alpha_2 r_2^2 + \cdots \alpha_\mu r_\mu^2) = \frac{1}{2}\sum \alpha r^2$$

에서 첫 번째 항은 첫 번째 모멘토이드에 해당하는 운동에너지를 의미한다.

영역 K를 가장 간단히—즉

$$(p_1, p_1 + dp_1) \cdots (p_\mu, p_\mu + dp_\mu) \tag{130}$$

의 범위에 있는 좌표들의 값의 모든 조합을 포함하며

모멘토이드는

$$(r_1, r_1 + dr_1) \cdots (r_\mu, r_\mu + dr_\mu) \tag{131}$$

의 범위에 있도록 선택한다면

$$dn = Ae^{-h(2V + \sum \alpha r^2)} dp_1 dp_2 \cdots dp_\mu dr_\mu \tag{132}$$

를 얻는데. 이는 변수들의 값이 (130)과 (131)의 범위에 있는 특정한 분자들의 개수이다.

모멘토이드 r_i에 대응하는 $\frac{1}{2}\alpha_i r_i^2$의 평균값은 임의의 i에 대하여

$$\frac{1}{2}\overline{\alpha_i r_i^2} = \frac{\int \alpha_i r_i^2 dn}{2\int dn} = \frac{\int \alpha_i r_i^2 e^{-h(2V + \sum \alpha r^2)} dp_1 \cdots dr_\mu}{2\int e^{-h(2V + \sum \alpha r^2)} dp_1 \cdots dr_\mu} \tag{133}$$

의 값을 가지며, 여기에서 적분은 미분들의 모든 가능한 값에 대하여 이루어진다.

분자와 분모에서 r_i에 대한 적분을 행하면 두 경우에 모두 r_i에 의존하지 않는 인자를 적분 밖으로 꺼낼 수 있는데, 이 인자는 분자와 분모에서 상쇄된다. 분자에서의 r_i에 대한 적분은

$$\int \alpha_i r_i^2 e^{-h\alpha_i r_i^2} dr_i$$

이며, 분모에서 적분은

$$2\int e^{-h\alpha_i r_i^2} dr_i$$

이다. 적분 구간을 알기 위해서는 속도 p'에 있어서 각 좌표가 $-\infty$부터

$+\infty$ 사이의 모든 값들을 취할 수 있음을 기억하면 된다. r은 p'의 선형함수이므로 마찬가지로 $-\infty$부터 $+\infty$ 사이의 모든 값들을 가질 수 있다. $[-\infty, +\infty]$이 따라서 적분 구간이므로 첫 번째 적분에서 부분적분을 시행하든지 또는 방정식 제1부 §7의 방정식 (39)를 이용하면

$$\int \alpha_i r_i^2 e^{-h\alpha_i r_i^2} dr_i = \frac{1}{2h}\int e^{-h\alpha_i r_i^2} dr_i$$

를 얻는다. 이제 인자 $\frac{1}{2h}$을 분자의 적분부호 앞에, 분모의 2 앞에 놓을 수 있다. 이 인자는 분자와 분모에 공통되므로 상쇄되어

$$\frac{1}{2}\overline{\alpha_i r_i^2} = \frac{1}{4h},\ \overline{L} = \frac{\mu}{4h} \tag{134}$$

를 얻는다. $\overline{L}$은 분자의 운동에너지의 평균이다. 따라서 각 모멘토이드에 대응하는 운동에너지의 평균값은 평균적으로 동일하며, h가 모든 종류의 기체에 대하여 동일하므로 사실 이 값은 모든 종류의 기체에 대하여 동일하다. 제1부 §19에서와 마찬가지로 이 정리는 열을 통하는 칸막이에 의하여 열평형상태에 있는 기체들에도 적용된다.

여기에서 각 p와 r에 대하여 독립적으로 적분하였고, 일반적으로 p를 항상 독립변수로 취급하였으므로, 우리는 일반좌표들 $p_1, p_2 \cdots p_\mu$ 사이에 아무런 관계가 없음을 늘 가정해온 것이다. μ는 따라서 공간 내 분자의 구성요소들의 절대위치와, 상대위치를 결정하기 위하여 소요되는 독립변수들의 개수이다. μ를 역학적 계로 본 분자의 자유도의 개수라고 부르자.

계의 총운동에너지는 중력중심의 운동의 운동에너지와 중력중심에 대한 상대운동의 운동에너지의 합이므로, r 중에서 세 개를 분자의 중력중심의 세 가지 방향의 세 가지 속도성분으로 언제나 선택할 수 있다.[34] 분자의

총질량의 1/2과 중력중심의 세 가지 속도성분 중 하나의 제곱평균을 곱하면 이는 이 모멘토이드에 대응하는 운동에너지의 평균값이 된다; 방정식 (134)에 의하면 이는 각 좌표 방향에 대하여 $\frac{1}{4h}$의 값을 가진다. 세 가지 좌표방향의 세 개의 평균 운동에너지 합은, 그러나 총질량의 1/2과 중력중심의 평균제곱속도의 곱이다. 이것을 중력중심의 운동의 평균 운동에너지 또는 분자의 병진운동의 평균 운동에너지라 하고, $\bar{S}$으로 표기하자. 따라서

$$\bar{S} = \frac{3}{4h}, \bar{S}: \bar{L} = 3 : \mu \tag{135}$$

이다. 분자의 중력중심의 운동의 평균 운동에너지는, 그러므로 열평형상태에 있는 모든 기체에 대하여 동일하게 적용된다. 제1부 §7에서 본 것처럼, 이로부터 보일-샤를-아보가드로 법칙이 얻어지는데, 이는 화합물 기체의 속도론적 기초를 이루는 듯하다.[35]

34) Boltzmann, *Vorlesung. üb. die Principe der Mechanik*, Part I, §64, p. 208.

35) 특정한 고체 혹은 액체를 n개의 질점들의 집합으로 볼 것인데, 이는 따라서 $3n$개의 직교좌표들로 나타낼 수 있는 $3n$의 자유도를 가진다. 만약 이 고체나 액체가 더 큰 기체로 둘러싸여 있다면 어떤 의미에서 이는 한 개의 기체분자로 생각될 수 있는데, 본문에서 얻어진 법칙이 적용될 수 있겠다. 따라서 총운동에너지는 $3n/4h$ 이다. 온도가 상승하여 $1/4h$ 이 $d(1/4h)$ 만큼 증가한다면, 평균 운동에너지를 올리기 위하여 공급되어야 할 총열량은 역학적 단위로 $dQ_i = 3nd(1/4h)$이다. 단위질량당, 단위 온도 상승에 대한 이 열량을 클라우시우스는 진(眞)비열이라고 불렀다. 이는 모든 상태, 모든 형태의 질점들의 집합에 있어서 동일하다. 물체가 원자들로 해리된 기체라면 이는 총비열이다. 모든 물체들에 있어서 이는 물체 내의 원자 개수에 비례한다. 내부 일을 하기 위하여 소요되는 열증가량 dQ_i 가 운동에너지를 올리기 위하여 필요한 열량 dQ_l 과 일정한 비를 이룬다면, 총비열 역시 이 개수[화학원소에 대한 뒬롱-프티(Dulong-Petit)의 법칙, 또는 화합물에 대한 노이만(Neumann)의 법칙]에 비례한다. 각 원자에 작용하는 내부힘이 정지 위치로부터의 거리에 비례한다면, 혹은 좀 더 일반적으로 내부힘이 좌표 변화들의 선형함수인 경우에 이는 항상 옳다. 그러면 힘 함수 V는 운동에너지 L이 운동향의 이차함수인 것과 마찬가지로 좌표들의 이차함수이다. $\bar{V}$에 대한 관계식에 등장하는 적분들은 방정식 (134)를 구하는 것과 같은 방식으로 수행할 수 있으며, 이에 의하

§43. 비열의 비율 κ

이제 잠시 용기 내에 한 가지 종류의 기체만이 존재하여, 외부힘이 무시될 수 있고, 분자 내 힘, 분자 간 힘, 그리고 기체에 대한 용기 벽의 반발력만을 논의하도록 하자. 제1부 §8에서처럼, 기체의 온도만큼 상승할 때에 분자들의 중력중심의 운동에너지를 증가시키는 데 소요되는 열을 dQ_2, 분자 내 운동에너지를 증가시키는 데 사용되는 열을 dQ_3라 하고, 비율 dQ_3/dQ_2를 β로 표기하자. 열량은 언제나 역학적 단위로 측정될 것이다.

dQ_3는 당연히 분자 내 운동에너지를 증가시키는 데 사용되는 부분 dQ_5와, 분자 내 구성요소들 사이에 작용하는 힘의 위치에너지를 증가시키는 데 사용되는 부분 dQ_6의 두 부분으로 나누어질 수 있다.

분자의 중력중심의 평균 운동에너지를 $\overline{S}$으로 표기한바, 기체 내 분자들의 총개수를 n이라 하면 분자들의 병진운동의 총운동에너지는 $n\overline{S}$이다; 따라서 $dQ_3 = nd\overline{S}$이다. 분자의 총평균 운동에너지를 $\overline{L}$으로 표기했으므로 $\overline{L}-\overline{S}$은 분자 내 운동의 총평균 운동에너지이다. 기체 내 모든 분자들의 분자 내 운동의 운동에너지는 따라서 $n(\overline{L}-\overline{S})$, 또는 방정식 (135)를 따르면 $n\overline{S}(\mu/3-1)$ 이며, 이로부터

면 $dQ_i = dQ_l$ 이다.[§45 마지막 부분의 방정식 (111a) 참조] 총열용량은 정확한 단원자 기체 값의 두 배이다. 내부 분자력에 대하여 가정된 작용법칙은 대부분의 고체에 있어서 근사적으로만 성립한다. 열용량이 뒬롱-프티의 법칙에 의하여 예측된 값의 절반 이하인 물체(예를 들면 다이아몬드)에 있어서, 어떤 매개변수에 관련된 운동들은 다른 운동들과 매우 느리게 평형을 이루는데, 실험에 의하여 결정되는 비열에는 기여하지 않는다고 가정해야 한다.(§35 참조. 분자가 근사적으로 추와 같은 운동을 하는 경우에는 다음 문헌을 참고할 것; Boltzmann, Wien, Ber. 53, 219[1866]; 56, 686[1867]; 63, 731[1871]; Richarz, Ann. Phys. [3] **48**, 708[1893], Staigmüller, Ann. Phys. [3] **65**, 670[1898]).

$$dQ_5 = n\left(\frac{\mu}{3} - 1\right) d\bar{S} = \left(\frac{\mu}{3} - 1\right) dQ_3 \tag{136}$$

가 얻어진다. 분자의 위치에너지의 평균을 $\overline{V}$으로 표기하면

$$dQ_6 = n d\overline{V}. \tag{137}$$

이 양은 V에 대한 특정한 가정을 세우지 않는다면 계산될 수 없다. 따라서 일반적인 사항에 제한을 주지 않기 위하여 단순히

$$dQ_6 = \epsilon dQ_3$$

라 하면:

$$\beta = \frac{dQ_5 + dQ_6}{dQ_3} = \frac{\mu}{3} - 1 + \epsilon$$

을 얻는다. 기체의 비열의 비율 κ는, 따라서 방정식 (56)에 의하면

$$\kappa = 1 + \frac{2}{\mu + 3\epsilon} \tag{138}$$

이다.

§44. 특수한 경우의 κ값

분자가 간단한 질점이라면 중력중심의 운동 이외의 다른 운동은 없을 것이므로 $\epsilon = 0$이다. 공간 내의 분자들의 위치를 결정하기 위해서는 세 개의 직교좌표들로 충분하므로 $\mu = 3, \kappa = 1\frac{2}{3}$이다.

이제 분자들이 매끄럽고 변형되지 않는 탄성체라고 하면, 분자 간 위치 에너지의 변화는 허용되지 않으므로 $\epsilon = 0$이다.

만약 각 분자가 중력중심에 대하여 절대적으로 대칭이라면—또는 좀 더 일반적으로 말하자면, 중력중심이 중심점과 일치하는 형태를 가졌다면—각 분자는 중심점을 통과하는 임의의 축에 대하여 임의의 회전운동을 할 수 있다; 그렇지만 이 회전의 속도는 분자 간 충돌에 의하여 바뀌지 않을 것이다. 모든 분자들이 초기에 회전하지 않고 있었다면, 늘 그러할 것이다. 다른 한편, 모든 분자들이 초기에 회전하고 있었다면 각 분자는 다른 분자들과 상관없이 회전운동을 유지할 것이며, 이 회전은 관찰 가능한 운동을 일으키지는 않을 것이다.

분자들의 위치를 결정하는 변수들 중에서 오직 세 개의 직교좌표들만이 충돌에 관여하는데, 따라서

$$\mu = 3, \kappa = 1\frac{2}{3}$$

이다.[36)]

분자들이 구면 형태에서 벗어나는 고체 회전의 형태를 가진 매끄럽고 변형 불가능한 탄성체일 때, 또는 중력중심이 중심점과 일치하지 않는 형태일 경우에는 결과가 달라진다. 전자의 경우에는, 분자의 질량이 회전축에 대하여 완전히 대칭이거나, 즉 이 축이 적어도 관성의 주축이거나, 혹은 중력중심이 이 축상에 있거나, 중력중심을 통과하면서 중력중심과 중심점을 연결하는 어떠한 선에도 수직한 선에 대한 분자의 관성모멘트가 동일하다

36) 일반적으로 이 두 경우에 있어서, 단분자에 대하여 제1부에서 논의된 모든 식들은, 외부힘이 존재하든(§7) 존재하지 않든(§19), 방정식 (118)로부터 직접 유도될 수 있다. 이 식들은 따라서 (118)의 특수한 경우일 뿐이다.

고 가정할 것이다. 만약 물체가 기이한 중력중심을 가진 구형이라면, 중력중심을 통과하면서 중력중심과 중심점을 연결하는 어떠한 선에도 수직한 선에 대한 분자의 관성모멘트는 동일하다. 이 경우에는 회전축에 대한 회전만이 충돌의 영향을 받지 않을 것이다. 다른 모든 회전들은 충돌의 영향을 받을 것이며, 그 운동에너지는 병진운동의 운동에너지와 열평형을 이룰 것이다.

이제 공간에서의 분자의 위치를 결정하기 위해서는 다섯 개의 변수들이 필요하게 된다: 이는 중력중심의 세 가지의 좌표들과 공간에서의 회전축의 위치를 결정하는 두 각도이다. 따라서 $\mu = 5$이며, $\epsilon = 0$이므로 $\kappa = 1.4$이다. 분자들이 완전히 납작한 변형 불가능한 물체여서, 위에 제시된 방법에 의하여 구축될 수 없다면 모든 가능한 축에 대한 회전이 충돌의 영향을 받을 것이다. 이때 분자의 위치를 결정하기 위해서는 중력중심의 세 가지의 좌표들은 물론, 중력중심에 대한 총회전을 결정하기 위한 세 가지의 각도가 필요하여,

$$\mu = 6, \kappa = 1\frac{2}{3}$$

이다.

§45. 실험과의 비교

쿤트와 바르부르크에 의하면, 화학적인 근거로 하여 오랫동안 단원자분자일 것으로 알려져 있었던 수은 증기의 κ 값은 간단한 분자들의 값인 $1\frac{2}{3}$와 거의 같다. 또한 헬륨, 네온, 아르곤, 메타아르곤(제논) 및 크립톤의 경우에 램지는 거의 동일한 κ 값을 알아내었다. 이 기체들의 제한적인 화학적

활동성은 마찬가지로 단원자분자라는 사실과 부합한다.

간단한 화합물분자들에 대한 (아마도 온도에 대한 κ의 의존성이 아직 검증되지 않은 모든 분자들에 대한) 관찰에 의하면 κ는 우리가 구한 두 개의 값인 1.4, $1\frac{2}{3}$에 매우 가깝다.

물론 이 문제는 아직 해결되지 않았다. 많은 기체의 경우 κ는 더 작은 값들을 보인다. 뷜러는 이 작은 κ 값을 보이는 기체의 경우에, 온도에 대한 κ의 의존성이 매우 크다는 사실을 발견했다. 우리의 이론에 의하면 분자 내 힘의 위치에너지 V가 중요해지는 즉시 κ는 온도에 따라 변할 것이다; 그러나 비열이론에 대해서는 아직 많은 부분이 해결되어야 함을 쉽게 알 수 있다.

분자들이 중심점에 대하여 대칭적인 질량분포를 가지는 구형이라면, 물론 충돌에 의하여 회전운동이 발생하는 것은 불가능하고, 초기의 회전이 사라질 가능성도 없다. 그러나 그러한 분자들이 영원히 회전하지 않거나, 또는 항상 동일한 양의 회전을 유지할 가능성은 크지 않다. 오히려 분자들이 이러한 회전 성질을 근사적으로만 보이는데, 비열이 측정되는 동안에만 회전상태가 뚜렷하게 변하지 않지만, 장기적으로 보자면 회전이 다른 분자운동들과 평형을 이루어, 단지 너무 느리게 이러한 현상이 일어나므로 우리가 관찰할 수 없을 가능성이 더 클 것으로 보인다.

마찬가지로 $\kappa = 1.4$인 기체에 있어서 분자의 구성요소들이 절대적으로 변형 불가능한 물체로서 연결되어 있기보다는 이 연결이 매우 밀접하여 관찰되는 동안에 이 구성요소들이 상호 간 거의 움직이지 않는 것으로 보이는 것으로 가정할 수 있다. 다만, 훨씬 나중에 이 운동이 병진운동과 평형을 이루게 되는데, 그 과정이 너무 느려서 관찰 불가능한 것이다. 어떠한 경우에도, 열이 빛으로 방출되기 시작하는 온도의 공기에 있어서 분자의 상태를 결정하는 다섯 개의 변수들과 함께, 다른 한 개의 변수가 관찰 시간 동안에 열평형에 참여하여, κ가 온도에 따라서 변하여 1.4보다 작게 되는 것으로 밝혀졌다; 이는 모든 다른 기체들에 대해서도 마찬가지이다.

모든 분자과정의 본질이 모호하기 때문에 이에 대한 모든 가설들은 당연히 매우 조심스럽게 제기되어야 한다. κ가 온도에 따라서 변하는 기체들에 대하여 장기간의 관찰로 측정되는 κ의 값이 단기간의 값보다 더 작다는 사실을 실험적으로 보인다면, 여기에서 제기된 가설은 검증될 것이다.

분자 내 힘의 위치에너지가 나타나는 경우라 할지라도, 분자의 구성요소들이 고정된 정지위치에 있는 경우, 또는 구성요소들이 정지위치로부터 이동할 때 작용하는 힘이 거리의 일차함수일 경우에는 κ는 온도에 무관하다. λ가 분자의 구성요소들의 상대적 위치에 의존하는 변수들의 개수라면, 좌표들은 위치에너지 함수가

$$\frac{1}{2}(\beta_1 p_1^2 + \beta_2 p_2^2 + \cdots \beta_\lambda p_\lambda^2)$$

의 형태를 가지도록 선택될 수 있다. $\beta_i p_i^2$은 좌표 p_i에 해당하는 분자 내 위치에너지이며, 그 평균값은 위에서 $\frac{1}{2}\alpha_i r_i^2$의 평균값을 계산한 바와 마찬가지로 각 i에 대하여 $\frac{1}{4h}$로 얻어진다. 따라서

$$\overline{V} = \nu/4h, \overline{S}\colon \overline{V} = 3 : \lambda.$$

이 식은 방정식 (135)와 완전하게 유사하므로

$$dQ_6 = \frac{1}{3}\lambda dQ_3, \epsilon = \frac{1}{3}\lambda,$$

$$\kappa = 1 + \frac{2}{\mu + \lambda}$$

이다.[37] 한 가지 예로서, 분자가 두 개의 간단한 질점으로 구성되어 있든지, 또는 중심점에 대하여 대칭적인 질량분포를 가지는 두 개의 매끄러운 구로 구성되어 있는 경우를 보자. 어떤 거리에서는, 두 질점들이나 두 개의 구가 상호 간에 힘을 작용하지 않겠지만, 그보다 큰 거리에서는 인력을, 작은 거리에서는 척력을 작용할 것이며, 그 힘은 두 경우 모두 거리에 비례할 것이다. 그렇다면 이 거리가 상대위치를 결정하는 유일한 좌표이므로 $\lambda = 1$이다.

공간 내의 절대위치를 결정하기 위해서는 다섯 개의 다른 좌표들이 필요하다. p 좌표들의 개수, 즉 자유도의 개수 μ는 6이며, 따라서 $\kappa = 1\frac{2}{7} = = 1.2857$이다.

더 이상의 특수한 경우를 다루는 것은 어렵지 않겠지만, 더 종합적인 실험 자료가 없는 이상, 이에 대하여 더 논의하는 것은 피상적일 것으로 보인다.

§46. 기타의 평균값들

위에서 우리는 용기 내 어떤 종류의 분자들의 모든 값들의 평균을 취하여 모멘토이드의 평균 운동에너지를 계산하였다. 한 개 또는 그 이상의 좌표에 제약을 가한다 하여도, 예를 들면 중력중심이 임의의 작은 영역 $\iiint dP_1 dP_2 dP_3$ 내에 있는 종류의 모든 분자들의 값만을 취한다 하여도, 이 평균값은 변하지 않는다; 기체 내 모든 위치에서 온도는 동일하다. 외부힘이 없을 시에 자명한 이 정리는 어떤 종류의 외부힘이 작용할 시에도 적용된다.

37) Staimüller, Ann. Phys. [3], **65**, 655(1898)의 각주 2 §42 참조.

또한 평균값을 구하는 과정에서 다른 좌표들이 임의의 범위 내로 제한되어 있는 분자들만을 포함하더라도 이 평균값은 변하지 않는다. 분자와 분모에서 공통적으로 적분이 좌표들의 모든 값이 아닌, 제한된 영역에 대해서 시행된다는 점을 제외하면, 이는 다시 방정식 (133)으로 주어진다. §42에서처럼 dr_i에 대한 적분에 무관한 인자가 적분기호 밖으로 나올 수 있으며, 분자와 분모에서 dr_i에 대하여 적분한 후에는 이 인자로 나눌 수 있는데, $\frac{1}{4h}$의 적분값을 다시 얻게 된다.

만약 α가 일정하다면 방정식 (133)에서 볼 수 있는 것처럼 어느 모멘토이드의 값이 어떤 범위에 있건 이는 공간 내 분자의 위치 및 그 구성요소들의 상대적 위치에 완전히 무관하다. 우리는 나중에 이를 사용할 것인데, S-정리라고 부르자. 이 정리는 이 질점의 속도성분들 또는 관성 주축에 대한 강체의 각속도에 비례하는 양인 경우에 대한 정리이다.

방정식 (129)가 관여하는 종류의 기체에 있어서, 운동량들의 값에 대한 어떤 제약조건도 없을 경우에는 방정식 (129)를 $-\infty$, $+\infty$ 사이의 r에 대하여 적분함으로써, 좌표들의 값이 (130)의 범위에 있는 분자들의 개수 dn'을 구할 수 있다.

$$dn' = \frac{A\pi^{\mu/2}}{h^{\mu/2}\sqrt{\alpha_1\alpha_2\cdots\alpha_\mu}}e^{-2hV}dp_1dp_2\cdots dp_\mu. \qquad (139)$$

위치에너지 함수의 평균값 $\overline{V}$는 $\int Vdn'/\int dn'$ 이며, 적분들은 좌표들의 모든 가능한 값에 대하여 시행된다.

좌표들의 값이 어떤 μ-차원의 무한소 영역 내에 있는 분자들의 개수와, 운동량들의 값에 대한 어떤 제약조건도 없이 마찬가지로 μ-차원의 무한소 영역 F' 내에 있는 분자 개수의 비율은

$$(140)\quad \frac{e^{-2hV}}{\sqrt{\alpha_1\alpha_2\cdots\alpha_\mu}}dp_1dp_2\cdots dp_\mu : \frac{e^{-2hV'}}{\sqrt{\alpha_1{}'\alpha_2{}'\cdots\alpha_\mu{}'}}\int dp_1{}'dp_2{}'\cdots dp_\mu{}'$$

이며, ′이 없는 문자들은 영역 F에, ′을 가진 문자들은 영역 F' 내의 값을 의미한다; 첫 번째 적분과 두 번째 적분도 각각 영역 F와 F'에 대하여 이루어진다.

분자 내 힘과 외부힘이 없고, 분자들이 단순한 질점들로 이루어져 있을 시에, 이는 영역 F와 F' 내에서 질점들이 가질 수 있는 모든 부피요소들의 부피의 곱의 비율이다. 이 경우에 지수함수는 1이므로 이 비율

$$\frac{\int dp_1dp_2\cdots dp_\mu}{\sqrt{\alpha_1\alpha_2\cdots\alpha_\mu}} : \frac{\int dp_1{}'dp_2{}'\cdots dp_\mu{}'}{\sqrt{\alpha_1{}'\alpha_2{}'\cdots\alpha_\mu{}'}}$$

은 언제나 부피요소들의 곱의 비율과 같다.

§47. 직접 상호작용하는 분자들

위에서 우리는 항상 방정식 (129)로부터 출발했다. 즉, 평균값을 계산할 시에, 두 분자 사이의 상호작용이 너무 짧은 시간 동안에 일어나서 다른 분자들과 순간적으로 상호작용하는 것들을 무시할 수 있다고 가정하였다. 그러나 여기에서 제시된 정리들은 상호작용하는 분자들에 대해서도 적용된다. 예를 들면, 모멘토이드에 대한 어떤 제약도 없이, 두 분자들의 좌표들이 $(\mu+\nu)$-차원의 무한소 영역 내에 있는 다른 종류의 모든 분자쌍을 생각할 수도 있다. 만약 외부힘이 작용하지 않는다면, 두 분자들 중 하나의 중력중심이 움직일 수 있는 영역을 용기 내부 전체로 확대하면 된다. 방정식 (127)

에서 모든 r에 대하여 적분하면 이 분자쌍들의 개수는:

$$dN = AA_1 e^{-h(V+V_1+\psi)} \int dp_1 \cdots dp_{\mu+\nu} \int e^{-h\sum \alpha r^2} dr_1 \cdots dr_{\mu+\nu}$$

이다. 여기에서 V, V_1은 각각 첫 번째 분자, 두 번째 분자의 분자 내 힘과 외부힘의 위치에너지이며, ψ는 상호작용의 위치에너지이다. 합은 두 분자들의 모든 모멘토이드에 대한 것이다. p 적분은 분자들의 모든 좌표에 대하여 이루어지며, r 적분은 $-\infty$, $+\infty$ 사이의 r의 모든 값들에 대하여 시행된다. r에 대한 적분을 수행하면

$$dN = \frac{\pi^{(\mu+\nu)/2} AA_1 e^{-2h(V+V_1+\psi)}}{h^{(\mu+\nu)/2}\sqrt{\alpha_1 \cdots \alpha_{\mu+\nu}}} \int dp_1 \cdots dp_{\mu+\nu} \tag{141}$$

을 얻는다.

이제 총개수가 dN으로 표기되는 분자쌍들에서 첫 번째 종류의 분자들에 있어서, 모멘토이드들 중 하나인 $\frac{1}{2}\alpha_i r_i^2$ 운동에너지의 평균값을 구할 수 있는데, 이는 또한 $\frac{1}{4h}$ 이다. 이는 §42에서 전개된 수식과 완전히 동등하므로 이 유도 과정을 명시하지는 않겠다. 이 모든 분자쌍들에 있어서, 각 분자쌍의 중력중심의 평균 운동에너지는 $\frac{3}{4h}$ 이다.

한 가지의 정리를 더 유도하고자 하는데, 이는 기체의 해리이론에서 필요할 것이다. 영역 D 이외에, 두 분자들의 좌표에 대한 $(\mu+\nu)$-차원의 무한소 영역 D' 을 추가로 상정하자. $'$ 은 두 번째 영역에 관계되는 변수들을 나타내며, 이에 따라 p' 은 시간에 대한 도함수가 아니라 p의 다른 값들을 나타낸다.

모멘토이드에 대한 어떤 제약도 없고, 좌표들이 영역 D 내에 있는 다른 종류의 모든 분자들의 개수는 [방정식 (141)에 의하면]:

$$dN' = \frac{AA_1\pi^{(\mu+\nu)/2}}{h^{(\mu+\nu)/2}\sqrt{\alpha_2{}'\cdots\alpha'_{\mu+\nu}}}e^{-2h(V'+V_1{}'+\psi')}\int dp_1{}'\cdots dp'_{\mu+\nu}$$

이다. 따라서

$$\frac{dN'}{dN} = \frac{e^{-2h(V'+V_1{}'+\psi')}\sqrt{\alpha_1\cdots\alpha_{\mu+\nu}}}{e^{-2h(V+V_1+\psi)}\sqrt{\alpha_1{}'\cdots\alpha'_{\mu+\nu}}}\frac{\int dp_1{}'\cdots dp'_{\mu+\nu}}{\int dp_1\cdots dp_{\mu+\nu}}. \tag{142}$$

이 식과 (140)은 제1부의 방정식 (167)의 일반화에 불과한데, 그 형태의 간단함과 대칭성은 놀랄 만하다. 압력 측정에 의하여 높이를 결정하기 위한 이 사소한 관계식에 의하여 서로 다른 고도 z에서의 단위부피당 분자 개수는

$$e^{-2hmgz} = e^{-gz/rT}$$

로 주어진다. 이 식에 의하여 포화증기 압력과 해리법칙(§60, §§62–73)을 계산할 수 있으므로, 이는 기체이론에서 가장 기본적인 식으로 생각될 수 있겠다.

다른 조건들은 동일하지만 D 또는 D' 에서 분자쌍들이 상호작용을 일으키지 않는다면 비율 dN'/dN은 종전과 같지만 이 경우에는 $\psi = \psi' = 0$로 놓아야 한다. 이 경우의 dN'/dN을 계산할 수 있다면 상호작용이 있을 경우의 값은 $e^{-2h(\psi'-\psi)}$로 곱하여 얻을 수 있다. 마찬가지로 두 번의 시간에서 D에서는 상호작용이 없고, D' 에서는 어느 한쪽의 시간에서만 상호작용이 있다면 $e^{-2h\psi'}$ 을 곱해야 한다. 또한, dN'/dN의 의미는 두 가지 사상, 즉 한 개의 분자쌍에서 변수들의 값이 영역 D' 또는 D에 있을 상대 확률이라 할 수 있겠다.

두 개보다 많은 분자들 사이의 상호작용이 있는 경우도 비슷한 정리가 성립함을 보이는 것은 쉽다. 두 형상의 상대 확률은 상호작용이 없을 때의 값의 $e^{-2h(\psi'-\psi)}$배이며, ψ와 ψ' 은 두 형상의 상호작용의 위치에너지 값들이다.

5장

비리얼(virial) 개념을 이용한 판데르발스 방정식 유도

§48. 판데르발스 식의 추리를 개선해야 할 점

제1장에서 판데르발스 방정식을 유도할 시에 우리는 판데르발스 자신이 처음 사용했던, 매우 간단명료한 방법을 따른 바 있다. 이에는 아마도 전혀 반론이 있을 수 없음을 이미 (§7의 각주 1에서) 밝힌 바 있다.

의심해보아야 할 첫 번째 가정은 §3과 그 이후에서 세웠던 것이다: 즉 용기 전체 및 공간의 경계 근처에 가까운 원통 — γ라고 불렀던— 에서 각 부피요소의 확률이 다른 분자로부터의 거리에 무관하게 분자의 중심점의 위치의 확률과 같다는 것이다.

충돌의 힘 이외의 다른 힘이 존재하지 않는다면 이 가정이 정확하다는 사실은 방정식 (140)으로부터 직접 알 수 있는데, 이 경우에는 V가 일정하여 분자의 평균 개수가 각각의 동일한 부피요소 내에서 같음을 예측하기 때문이다.

반면에 판데르발스 응집력 때문에 용기 벽 근처에서보다 유체의 내부에서는 분자들의 밀도가 더 클 것이다. 벽에서의 충돌을 유도할 때나 기체 밀도에 대한 a/v^2의 의존도를 계산할 때에나 판데르발스는 이 효과를 고려하지 않았다. 하지만 두 가지 경우에 모두 경계에서의 부피요소를 정확히 계산하는 것이 중요하다; 이는 표면에서의 입자들의 개수가 내부에 비하여 작게 된다면 계산되는 양들이 더 빨리 0으로 접근하기 때문이다. 따라서 여기에서 제시되는 수식들에서 볼 수 있듯이, 표면에 비하여 부피를 임의적으로 크게 하면 결과의 정확도를 개선할 수 없는 것이다.

제1장에서 설명한 바와 같이, 판데르발스는 마치 응집력이 존재하지 않는 것처럼 생각하여, 분자의 중심이 유한한 크기를 가지는 경우에 대하여 보일-샤를 법칙에 대한 보정을 계산한 바 있다. 그러고 나서 판데르발스는 분자의 크기가 0인 것처럼 생각하여 응집력에 의한 외부압력의 추가항들을 계산하였다. 이 방식이 의심스러울 수 있는데, 전혀 반론이 있을 수 없는 비리얼이론(판데르발스도 이미 이를 사용한 바 있다.)으로부터 판데르발스 방정식을 두 번째로 유도하고자 한다. 이 두 번째의 유도를 보면 판데르발스의 결론이 완전히 옳음을 알 수 있다. 하지만 판데르발스 자신이 부정확하다고 부른 $v-b$의 역수항을 정확한 방법에 의하여 얻을 수는 없을 것이며, 오히려 b/v에 대한 무한급수를 얻게 될 것이다.

§49. 좀 더 일반적인 비리얼 개념

비리얼의 개념은 클라우시우스에 의하여 기체이론에 처음 도입되었다. 임의의 개수의 질점들이 주어져 있다고 하자. m_h가 한 질점의 질량, $x_h, y_h, z_h, c_h, u_h, v_h, w_h$ 가 시간 t에서의 각 축에 대한 좌표, 속도 및 속도의 직교좌표들이라 하자. ξ_h, η_h, ζ_h가 이 시각에 이 질점에 작용하는 총힘의 성분들이라 하자. 이 힘에 의하여 모든 질점들이 그 영향하에서 움직이는데, 좌표나 속도성분들이 제한 없이 증가해서는 안 된다. 이는 초기조건에 의하여 만족되어야 한다. 운동 시간이 얼마나 길든지, 값 E와 값 ϵ을 가지는 좌표와 속도성분의 절대값은 고정된 유한한 양보다 작아야 한다. 이러한 운동은 모든 분자운동에 의하여 유한한 물체의 열적 현상을 일으키는 예이며, 우리는 이를 정상적이라 부른다.

특정한 시간 t에서 어떤 양의 값을 G라 하고,

$$\frac{1}{\tau}\int_0^\tau G dt = \overline{G}$$

을 운동시간 τ 동안의 G의 시간평균이라 하자.

운동방정식에 의하여

$$m_h \frac{du_h}{dt} = \xi_h$$

이다. 따라서

$$\frac{d}{dt}(m_h x_h u_h) = m_h u_h^2 + x_h \xi_h$$

이다. 이 방정식에 dt를 곱하고 임의의 시간(0부터 τ까지)에 대하여 적분하여 τ로 나누면:

$$m_h \overline{u_h^2} + \overline{x_h \xi_h} = \frac{m_h}{\tau}(x_h^\tau u_h^\tau - x_h^0 u_h^0)$$

을 얻는데, 시간 τ에서의 값과 시간 0에서의 값을 각각 위첨자 τ와 0으로 표기했다. 운동이 정상적이므로

$$m_h(x_h^\tau u_h^\tau - x_h^0 u_h^0)$$

은 $2m_h E\epsilon$ 보다 작아야 한다. 운동시간이 무한히 길도록 하면 $2m_h E\epsilon$ 은 유한하므로 $2m_h E\epsilon/\tau$ 은 0에 접근한다. 충분히 긴 시간 동안의 평균을 취하면:

$$m_h \overline{u_h^2} + \overline{x_h \xi_h} = 0$$

이 된다. 모든 좌표방향과 모든 질점들에 대하여 마찬가지 방정식들이 얻어지므로, 모두에 대하여 합하면:

$$\sum m_h \overline{c_h^2} + \sum \left(\overline{x_h \xi_h + y_h \eta_h + z_h \zeta_h}\right) = 0 \tag{143}$$

이다. $\frac{1}{2}\sum m_h \overline{c_h^2}$ 은 계의 운동에너지 L이다. $\sum x_h \xi_h + y_h \eta_h + z_h \zeta_h = 0$ 을 클라우시우스는 계에 작용하는 힘의 비리얼(virial)이라고 부른다. 따라서 위 방정식에 의하면 운동에너지의 시간평균의 두 배가 매우 긴 시간 동안의 계의 비리얼의 시간평균의 −와 같다.

이제 두 질점 m_h와 m_k 사이의 거리가 r_{hk}이고, 방향의 (내부) 힘 $f_{hk}(r_{hk})$가 작용한다고 가정하자. 이 힘이 반발력일 때에 그 부호는 양의 부호를, 인력일 때에는 음의 부호를 갖는다. 또한, 각 질점 m_h 에 외부힘이 작용하는바, 이는 계의 외부로부터 발생하며, 좌표축에 대한 성분을 X_h, Y_h, Z_h로 표기하자. 그러면:

$$\xi_1 = X_1 + \frac{x_1 - x_2}{r_{12}} f_{12}(r_{12}) + \frac{x_1 - x_3}{r_{13}} f_{13}(r_{13}) + \cdots$$

이다. 방정식 (143)이

$$2\overline{L} + \sum \left(\overline{x_h X_h + y_h Y_h + z_h Z_h}\right) + \sum\sum \overline{r_{hk} f_{hk}(r_{hk})} = 0 \tag{144}$$

로 되는 것을 쉽게 알 수 있을 것이다.[38] 첫 번째 항은 계의 운동에너지의 시간평균의 두 배이다. 두 번째 항은 외부힘의 비리얼이며, 세 번째 항은 내부힘의 비리얼이다. 두 비리얼을 W_a, W_i로 표기하면 방정식 (144)는

$$2\overline{L}+W_a+W_i=0 \tag{145}$$

로 간단해진다.

§50. 기체에 작용하는 압력의 비리얼

하나의 특수한 경우로, 제1장에서 설명한 바와 같이 분자들이 판데르발스의 가정에 따라서 움직이는 평형상태의 기체를 생각해보자. 기체가 부피 V의 용기 내에 있고 질량 m, 지름 σ의 유사한 n개의 분자들로 구성되어 있으며, 분자의 평균제곱속도는 $\overline{c^2}$이라 하면:

$$2L=\sum m_h\overline{c_h^2}=nm\overline{c^2}. \tag{146}$$

단위표면에 대한 세기가 p인, 용기에 대한 압력 이외의 외부힘은 없다. 용기는 변의 길이가 α,β,γ인 평행육면체이고, 인접한 변들을 x,y,z축으로 택한다. 면적이 $\beta\gamma$로 동일한 두 측면들은 0과 α의 x 값을 가진다. 압력에 의한 힘 $p\beta\gamma$, $-p\beta\gamma$가 각각 양의 x축 방향으로 이 표면들에 작용한다. 이 두 측면들에 대한 합 $\sum x_hX_h$는 $-p\alpha\beta\gamma=-pV$의 값을 가진다. 다른 두 좌표 방향에 대해서도 이 등식이 성립하므로, 기체 전체에 있어서는:

38) 가장 간단한 방법은 두 질점들 사이에 작용하는 힘 및 외부힘의 비리얼을 계산, ξ_h,η_h,ζ_h가 비리얼의 식에서 일차함수로 포함되어 있으므로, 몇 가지 힘의 비리얼은 각 힘의 비리얼의 합임을 이용하는 것이다.

$$\sum(x_h X_h + y_h Y_h + z_h Z_h) = -3pV$$

이다. 압력은 시간에 따라서 변하지 않으므로, 이것 역시 평균값이다; 따라서 이는 외부 비리얼 W_a이다.

다른 어떠한 형태의 용기에 대해서도 동일한 방정식이 유도된다. 평면에 대한 용기 표면의 투사 ω의 표면요소를 $d\omega$라 하고, 그 위에 수직으로 세워져 두 면을 따라 무한대로 연장되는 원통을 K라 하자. 이 원통은 용기의 표면으로부터 x 값이 do_1, do_2, …이고 기체 내부를 향한 수직선들이 N_1, N_2 … 인 표면요소들을 잘라내어 만들어진다. do_1에 작용하는 압력에 의한 힘의 x 성분은:

$$p\,do_1 \cos(N_1 x) = p\,d\omega$$

이다. 표면요소 do_2에 있어서 x 성분은

$$p\,do_2 \cos(N_2 x) = -p\,d\omega$$

…의 값을 가진다. 합 $\sum x_h X_h$는 원통 K내의 모든 표면요소들에 대하여 이루어지므로:

$$-p\,d\omega(x_2 - x_1 + x_4 - x_3 + \cdots)$$

의 값을 가진다. $-p$의 인자는 용기 내부로부터 원통에 의하여 잘라낸 부피이다. 기체 전체에 대하여 시행되는 합 $\sum x_h X_h$는 이 식을 전체 투사 ω의 모든 표면요소들 $d\omega$에 대하여 이루어지며, 이에 의하여 기체의 총부피 V와 $-p$의 곱을 구할 수 있다. y, z에 대해서도 동일한 논의가 가능하므로:

$$\sum(x_h X_h + y_h Y_h + z_h Z_h) = -3pV = W_a \tag{147}$$

이다.

§51. 두 분자의 중심이 주어진 거리에 있을 확률

내부힘의 비리얼은 두 개의 부분으로 구성되는데, W_i' 은 두 분자들의 충돌 시에 발생하며 W_i'' 은 판데르발스에 의하여 가정된 인력에 의하여 발생한다.

W_i' 을 구하기 위해서 σ를 분자의 지름, 분자 주위에 형성한 반지름 σ의 구형을 영향권이라 하면, 영향권의 부피는 분자 부피의 여덟 배가 된다. 두 번째 분자의 중심점은 σ 이내의 거리로 첫 번째 분자에 접근할 수 없으므로, 우선 특정한 분자의 중심이 다른 분자로부터 σ와 $\sigma+\delta$ 사이의 거리에 있을 확률을 구하고자 한다.(δ는 σ에 비하여 무한소로 작다.) 명확한 이름을 부여하기 위하여 이 다른 분자를 "남아 있는" 분자라 부르자.

확률의 개념을 가능한 한 확실히 하기 위하여, 공간상에서 서로 다른 위치에 존재하는 무한히 많은 N개의 동일한 용기들에 기체가 존재한다고 가정하자. 우리의 지정된 분자는 일반적으로 이 N개의 기체들에서 각각 다른 위치에 있을 것이다. N개의 기체들 중에서 N_1 기체의 남아 있는 분자는 용기에 대하여 거의 동일한 장소에 있도록 하자. N_1은 N에 비하여 매우 작지만, 그래도 매우 큰 숫자이다. 용기를 크게 잡으면 내부에 대한 용기 벽의 영향은 어떠한 경우에도 작도록 할 수 있고, 용기 내부의 모든 방향에서 분자에 작용하는 판데르발스 응집력은 서로 상쇄될 것이다. 따라서 방정식 (140)에 의하면 N_1 기체의 지정된 분자의 중심은 용기 내 모든 위치에서 존재할 확률이 같다. 지정된 분자의 중심이 남아 있는 분자로부터 σ와 $\sigma+\delta$ 사이의 거리에 있을 기체의 개수를 N_2라 하자. N_1과 N_2의 비율은 N_1 기체들의 지정된 분자의 중심이 존재할 수 있는 총공간과, 그 중심이 남아 있는 분자로부터 σ와 $\sigma+\delta$ 사이의 거리에 있는 것으로 발견될 공간의 비율과 같다. 이 두 번째의 공간을 “우호적인(favorable)” 공간이라 부르자.

모든 N_1 기체들에서 남아 있는 분자 각각의 중심은 주어진 위치를 가지며, 지정된 분자의 중심이 σ 이내의 거리로 접근할 수 없으므로, 총부피 V로부터 모든 남아 있는 분자들의 영향권의 부피를 빼면, 지정된 분자의 중심에 가용한 공간, 즉

$$\Gamma = \frac{4\pi(n-1)\sigma^3}{3}$$

을 얻는다. n에 비하여 1을 무시할 수 있으므로, 이 값을

$$V - \frac{4\pi n\sigma^3}{3} \tag{148}$$

로 근사할 수 있다.

위의 방정식에서 −의 부호를 가진 항은 부피 V에 포함된 모든 영향권들의 총부피인데. V 내의 모든 분자들의 부피의 여덟 배이다. 이는 V에 비하여 작은바, 그 작은 정도를 “1차의 소형(smallness of the first order)”이라고 표기하자. 우호적인 공간을 구하기 위하여 각 남아 있는 분자의 중심에 구면각을 형성하는데, 이는 분자와 동일한 중심이 일치하는, 반지름 σ와 $\sigma+\delta$을 가지는 두 개의 구면 사이에 존재한다. 이 모든 구면각들의 총부피가 우호적인 공간이다. 이는 총부피에

$$\Delta = 4\pi(n-1)\sigma^2\delta$$

만큼 기여하며, 이를

$$\Delta = 4\pi n\sigma^2\delta$$

로 근사할 수도 있다.

일차적인 근사로 (148)의 음수 항을 무시할 수 있으며, 즉 총공간에 대한 우호적인 공간의 비율은

$$4\pi n\sigma^2\delta/V$$

이다. 따라서 N_1 기체들 중

$$4\pi n\sigma^2 N_1\delta/V$$

개에서 지정된 분자의 중심이 남아 있는 분자로부터 σ와 $\sigma+\delta$ 사이의 거리에 있게 된다. 하지만 N_1 기체들의 상태는 완전하게 임의적으로 선택될 수 있으므로 N 기체들에 대하여도 마찬가지가 성립하여, 이 중 $4\pi n\sigma^2 N\delta/V$에서 지정된 분자의 중심이 이러한 성질을 지니게 될 것이다. 모든 다른 분자들에 대해서도 이는 마찬가지이므로, 모든 N 기체들에 있어서 총

$$4\pi n\sigma^2 N\delta/V$$

개의 분자들의 중심이 다른 분자들로부터 σ와 $\sigma+\delta$ 사이의 거리에 있게 된다. 따라서 각 기체에서

$$4\pi n\sigma^2\delta/V$$

개의 분자들이 이 조건을 만족시키며, 기체 중에서 중심 사이의 거리가 σ와 $\sigma+\delta$ 사이인 분자쌍들의 개수는

$$2\pi n\sigma^2\delta/V \quad (149)$$

이다.

만약 2차 이상의 항들을 또한 생각해보고 싶다면 V 대신에 (148)을 치환할 뿐 아니라, 분자에서도 보정항을 넣어야 한다. Δ는 모든 남아 있는 분자

들의 중심에 구축한, 두께 δ의 모든 구면각들의 총부피이다. 이들 모두가 우호적인 부피로 생각할 수는 없다. 특히, 두 분자들의 영향권들은 부분적으로 중첩될 수 있다. 이러한 구면각의 한 부분은 다른 분자의 영향권 내에 있을 수 있는데, 이 부분은 지정된 분자의 중심의 위치로서 사용될 수 없으니 우호적인 부피 Δ로부터 제외되어야 한다. 엄밀히 말하자면 두 분자들의 영향권들이 서로 상호침투하는 경우는 사용 가능한 공간을 계산할 시에 V로부터 제외한 Γ의 계산에서 고려되어야 한다; 그러나 이 경우에 V에 비하여 2차 무한소인 항들을 얻게 됨을 쉽게 알 수 있다. 따라서 1차 무한소만을 생각한다면 이 항은 무시될 수 있다. δ/σ는 σ^3/V보다 고차항이므로, δ^2을 포함하는 모든 항들 —즉, 두 개 이상의 구면각들이 상호침투하는 경우— 은 무시될 수 있으며, 세 개의 구면각들이 동시에 침투하는 경우나 세 개의 분자들이 상호작용하는 경우는 포함될 필요가 없다.

이제 Δ에 대한 보정을 계산하고자 한다. 두 분자들의 영향권은 중심 사이의 거리가 σ와 2σ 사이에 있게 되면 중첩될 것이다. r이 이 범위 내의 길이라고 하면, 방정식 (149)에서와 마찬가지로 중심 간 거리가 r와 $r+dr$ 사이인 분자쌍들의 개수는:

$$\nu = 2\pi n^2 r^2 dr / V$$

이다.

영향권은 분자와 동일한 중심을 가지는 반지름 σ의 구면을 의미한다. $\sigma < r < 2\sigma$이므로, ν 개의 분자들의 영향권들이 중첩될 것이며, 실제로 간단한 계산에 의하면 각 분자쌍에 있어서 두 번째 분자의 영향권 내에 있는 영향권 표면의 부분은 $\pi\sigma(2\sigma - r)$과 같다. 또한 영향권 전체를 둘러싸는 두께 δ의 구면각도 존재하는데, 다른 분자의 영향권 내에 있게 되어 지정된 분

자의 중심의 위치로 사용 불가능한 부분은 따라서 $\pi\sigma(2\sigma - r)\delta$의 부피를 가진다. 다른 분자에 관련되는 구면각의 동일한 부분이 첫 번째 분자의 영향권 내에 있으니, 이는 마찬가지로 사용 불가능하다. 따라서 분자쌍의 두 구면각으로부터 $2\pi\sigma(2\sigma - r)\delta$를 제외해야 하는데, 이 부피는 지정된 분자의 중심의 위치로서 사용 불가능하기 때문이다. ν개의 분자쌍들에 대하여 공간

$$\frac{4\pi^2}{V} n^2 \sigma\delta(2\sigma - r) r^2 dr$$

이 제외되어야 한다. r은 σ와 2σ 사이의 모든 값들을 취할 수 있으므로, 모든 구면각들로부터 제외되어야 하는 총부피는:

$$\frac{4\pi^2}{V} n^2 \sigma\delta \int_{\sigma}^{2\sigma} (2\sigma - r) r^2 dr = \frac{11\pi^2 n^2 \sigma^5 \delta}{3V}$$

이다.

기체 내 모든 구면각들의 총부피 $\Delta = 4\pi n\sigma^2\delta$이므로, 남게 되는 우호적인 부피는

$$4\pi n\sigma^2\delta\left(1 - \frac{11}{12}\frac{\pi n\sigma^3}{V}\right)$$

이다. 2차 이상의 항들을 무시할 수 있으므로, 이를 사용 가능한 총부피로 나눈 비율

$$V\left(1 - \frac{4\pi n\sigma^3}{3V}\right)$$

은

$$\frac{4\pi n\sigma^2\delta}{V}\left(1 + \frac{5\pi n\sigma^3}{12V}\right)$$

으로 쓸 수 있고, 이는 지정된 분자의 중심이 다른 분자로부터 σ와 $\sigma+\delta$ 사이의 거리에 있게 될 확률을 나타낸다. 더 이상의 결론은 이전과 같다. 마지막 식에 $\frac{1}{2}n$을 곱하면, 임의의 순간에 두 분자들의 중심 간 거리가 σ와 $\sigma+\delta$ 사이인 분자쌍들의 개수를 얻을 수 있는데, 이는

$$\frac{2\pi n^2\sigma^2\delta}{V}\left(1+\frac{5\pi n\sigma^3}{12V}\right) \tag{150}$$

이다. 이 분자쌍들로부터 형성되는 분자들의 개수는 물론 이 양의 두 배이다.

§52. 분자의 유한한 크기에서 발생하는 비리얼의 부분

평균 비리얼을 몇 가지 방법으로 결정할 수 있다. 가장 간단한 방법은 §47의 방정식 (142)를 사용하는 것이다. 이를 위하여 분자의 탄성을 중심 간 거리 r의 함수인 반발력 $f(r)$로 치환하면, 이 힘은 $r \geq \sigma$에서는 0이 되며 r이 σ보다 작게 되면 무한정 증가한다. 이제부터 σ보다 약간 작은 거리를 r로 표기하자. r보다 약간 작은 거리에서 반발력이 작용하기 시작한다면, 중심 간 거리가 r과 $r+\delta$ 사이인 분자쌍들의 개수는 (150)에 의하면

$$\frac{2\pi n^2r^2\delta}{V}\left(1+\frac{5\pi nr^3}{12V}\right) \tag{151}$$

이며, 이는 r이 r과 무한소만큼만 다르기 때문에 (15)에서 σ를 r로 바꾼 결과이다. 분자쌍들의 개수가 반발력에 의하여 얼마나 감소할지를 계산해야 한다. 방정식 (142)에서 p를 분자중심들의 직교좌표로 바꾸면, 분자중심들이 부피 $do_1, do_2 \cdots$에 있는 계의 개수는 $e^{-2hV_0}do_1 do_2\cdots$에 비례, V_0는 좌표

에 대한 음의 도함수가 그 좌표에 작용하는 힘을 나타내는 위치에너지 함수이다. 우리의 분자쌍에 있어서 V_0는 r의 함수이며, $f(r)dr$의 음의 적분과 같다. 두 분자들의 중심 간 거리가 σ보다 더 커지는 순간, 반발력은 정지되며, 위치에너지는 무한대에서의 값 $F(\infty)$와 같다. r에서의 위치에너지 값을 $F(r)$로 표기한다.

반발력이 작용하지 않을 시에 두 분자들의 중심 간 거리가 r과 $r+\delta$ 사이일 확률과, 반발력이 작용하는 경우에 두 분자들의 중심 간 거리가 r과 $r+\delta$ 사이일 확률의 비율은

$$e^{-2hF(\infty)} : e^{-2hF(r)}$$

이며, 중심 간 거리가 r과 $r+\delta$ 사이인 분자쌍들의 개수는 (151) 대신에

$$\frac{2\pi n^2 r^2 \delta}{V}\left(1+\frac{5\pi n r^3}{12V}\right)e^{2h[F(\infty)-F(r)]} \tag{152}$$

이 된다.

$$V_0 = F(r) = -\int f(r)dr$$

이므로

$$F(\infty)-F(r) = -\int_r^{\infty} f(r)dr$$

이다. 또한 방정식 (152)에서 δ가 r로부터의 무한소 증가를 나타내므로, 일반적인 사용 예에서처럼 이를 dr로 바꾸면 방정식 (152)는

$$\frac{2\pi n^2 r^2 dr}{V}\left(1+\frac{5\pi n r^3}{12V}\right)e^{-2h\int_r^{\infty} f(r)dr} \tag{153}$$

로 된다.

이 식에 분자쌍의 비리얼 $rf(r)$을 곱하여 모든 충돌하는 분자들에 대하여 적분하면, 충돌에 의하여 발생하는 총비리얼 W_i'을 얻는다. 따라서 만약 $\sigma-\epsilon$이 두 분자들이 매우 큰 에너지로 충돌할 시의 접근거리의 최소값이라 하면,

$$W_i' = \frac{2\pi n^2}{V}\int_{\sigma-\epsilon}^{\sigma}\left(1+\frac{5\pi n r^3}{12V}\right)r^3 f(r)dr\, e^{-2h\int_r^{\infty}f(r)dr}$$

이다. r은 항상 σ와 무한소만큼 다르므로, 함수 f의 독립변수로 나타나지 않는 것처럼 σ로 치환될 수 있으므로 적분기호 밖으로 나올 수 있다:

$$W_i' = \frac{2\pi n^2\sigma^3}{V}\left(1+\frac{5\pi n\sigma^3}{12V}\right)\int_{\sigma-\epsilon}^{\sigma} f(r)dr\, e^{-2h\int_r^{\infty}f(r)dr}$$

이다.

마지막의 적분은, 적분상한에서는 0이고 적분하한에서는 무한대인 새로운 변수

$$x = \int_r^{\infty} f(r)dr$$

을 정의하면 쉽게 계산된다; 실제로 이는 분자중심 간 거리가 $\sigma-\epsilon$일 때에 한 개의 분자가 정지해 있는 다른 분자에 접근하는 운동에너지와 같다; 따라서 이 새로운 변수를 도입하면, §42에 의하여 이 모멘토이드에 대응하는 평균 운동에너지 $\frac{1}{2}m\overline{u^2}$는 $\frac{1}{4h}$이고, 총속도 c의 각 성분이 모멘토이드를 나타내므로[제1부, 방정식 (44) 참조],

$$\int_{\sigma-\epsilon}^{\sigma} f(r)dr\, e^{-2h\int_r^{\infty}f(r)dr} = \int_0^{\infty} e^{-2hx}dx = \frac{1}{2h} = \frac{\overline{mc^2}}{3}$$

이다. 방정식 (20)에서처럼

$$b = 2\pi\sigma^3/3m$$

의 치환을 사용하면

$$W_i' = nm\overline{c^2}\frac{b}{v}\left(1 + \frac{5b}{8v}\right) \tag{154}$$

이며, $v = V/nm$는 비부피이다.

§53. 판데르발스 응집력의 비리얼

인력에 의한 비리얼은 §2에서 제기한 상호작용의 성격에 대한 가정을 사용하면 쉽게 알 수 있다. ρ가 기체의 밀도라 하고, $do, d\omega$가 r의 거리로 떨어져 있는 두 부피요소들이며, 이 거리에서 분자들이 $F(x)$ 의 인력을, $-F(x)$ 의 척력을 작용한다면, $\rho do/m, \rho d\omega/m$는 각 부피요소 내의 분자 개수이며

$$-\frac{\rho^2 do\, d\omega}{m^2} rF(r)$$

은 두 부피요소들 내 분자들의 비리얼이다. 따라서

$$-\frac{\rho^2}{m^2} do \int d\omega\, rF(r)$$

은 다른 분자들과 상호작용하는 do 내 분자들의 총비리얼이다. 분자 크기의 거리에서만 $F(x)$ 의 기여가 가시적이므로

$$\frac{1}{m^2}\int d\omega\, rF(r)$$

은 기체 내부의 모든 부피요소에서 동일한 값을 갖는다. 이 값은 함수 F의 성격에만 의존하므로 물질에 고유한 상수이며, 이를 $3a$로 표기하자. 총비리얼 W_i'' 은 모든 부피요소 do에 대하여 적분하여 구할 수 있으며, 이에 의하여 총부피 V를 얻는다. 표면 근처의 분자들의 기여는 무한소로 작다. 따라서

$$W_i'' = 3\rho^2 a V \tag{155}$$

이다.

$W_i = W_i' + W_i''$ 의 치환을 사용하고 W_i', W_i'' 의 값으로 (154), (155)를, 방정식 (145)에 (146), (147)의 값들을 넣으면:

$$nm\overline{c^2}\left(1+\frac{b}{v}+\frac{5b^2}{8v^2}\right)-3aV\rho^2 = 3pV$$

를 얻는다. 또한 $V/nm = v = 1/\rho$ 이므로 위 방정식은

$$p+\frac{a}{v^2}=\frac{rT}{v}\left(1+\frac{b}{v}+\frac{5b^2}{8v^2}\right) \tag{156}$$

이 된다.

b^2/v^2 정도의 크기를 가지는 양들을 무시한다면 우변은 판데르발스에 의하여 얻어진 표현 $rT/(v-b)$와 같다. 그러나 b^2/v^2 정도의 크기를 가지는 항에는 이미 모순이 존재한다. 판데르발스는 자신의 방정식이 임의의 v에 대하여 성립하지 않음을 인식한바, $v=b$에서 압력이 무한대가 될 것으로 예측되기 때문이다. 그러나 실제로는 v가 b보다 훨씬 작을 때까지는 압력 무한대로 되지 않는다.

§54. 판데르발스 모델의 대안

본 논의에 의하면 판데르발스에 의하여 제시된 압력의 수식은 b^2/v^2 정도의 크기를 가지는 항들을 고려하는 즉시, 작은 값의 v에 있어서 이론적인 값과 일치하지 않는다. 더 고차의 항들을 이론적으로 결정하는 것은 매우 어려울 것이므로, b^2/v^2 정도의 크기를 가지는 항까지 이론과 부합하는 방정식을 판데르발스 방정식 대신에 사용하려 할 수도 있겠다; 또한, 압력이 무한대로 되는 최소한의 v의 값을 결정할 수도 있겠다; $v=\frac{1}{3}b$에서 분자들은 가장 조밀하게 모여 있으며, v가 더 이상 감소하면 분자들은 상호침투하게 되므로, 이것이 허용되는 최소한의 v 값이다.(§6 참조) 따라서 이 v 값에서 압력이 무한대로 되는 상태방정식을 구축할 수 있을 것이다.

판데르발스 방정식의 형태를 가능한 한 유지하기 위하여 상태방정식을 다음과 같이 기술하는바, 여기에서 x, y, z는 적당히 선택될 수치들이다:

$$\left(p+\frac{a}{v^2}\right)(v-xb)=rT\left(1+\frac{yb}{v}+\frac{zb^2}{v^2}\right). \tag{157}$$

이 식은 주어진 p, T에서 v에 대한 3차방정식을 얻게 되는 장점을 가진다. $y=1-x$, $z=\frac{5}{8}-x$로 놓으면 작은 b/v의 값에 대하여 b^2/v^2 정도의 크기를 가지는 항은 이론적으로 구한 값과 일치하게 된다.

$$x=\frac{1}{3},\ \text{따라서}\ y=\frac{2}{3},\ z=\frac{7}{24} \tag{158}$$

로 놓으면 $v=\frac{1}{3}b$에서 p가 무한대가 되는 조건 또한 만족된다.

이 모든 논의는 근사적이므로 이 x, y, z의 값들을 선택하기보다는 관찰과 가장 잘 일치하는 값들을 부여하는 것이 더 합리적일 듯하다.

(157)의 우측항의 분자 rT에 다른 인자들을 더하지 않기 위해서는

$$p+\frac{a}{v^2}=\frac{rT}{v}\left(1+\frac{xb}{v}+\frac{yb^2}{v^2}\right)^{-1}$$

과 같은, 분모로 b/v의 2차항을 선택하는 것은 바람직하지 않다; 왜냐하면 이 경우에 압력 p가 무한대로 되려면, 또한 b/v에 대하여 1차 근사 수준에서 정확하려면 v가 $\frac{1}{2}b$ 이상이어야 하기 때문이다.

압력 p는

$$p+\frac{a}{v^2}=\frac{rT}{v}\left(1-\frac{b}{2v}\right)^{-2}$$

으로 놓으면 무한대로 된다. 판데르발스와의 대화에서 언급된 식

$$p+\frac{a}{v^2}=\frac{rT}{v-\epsilon b} \tag{158a}$$

을 사용하는 것이 더 좋을 것이어서, 여기에서 ϵ을 v가 큰 값을 가질 때에 거의 1에 접근하고, $v=\frac{1}{3}b$에서 거의 $\frac{1}{3}$에 가까운 초월함수 또는 고차의 대소함수로 선택하면 실험값과 더 잘 일치하게 된다.(또한 §60의 첫 번째 각주에서 인용된 카멜링-오네스의 논의를 참조할 것) 판데르발스 방정식은 너무나 귀중한 수단이어서, 그의 영감에 의하여 얻어진 이 수식보다 더 유용한 것을 고안해내는 것은 대단히 어려운 일이다.

판데르발스 방정식을 경험과 더 잘 일치하게 하는 더 일반적인 방식은 a/v^2와 $v-b$를 상수로 하기보다는 부피와 온도의 함수로 선택하거나, a/v^2와 $v-b$ 대신 관측에 가장 잘 부합하는 함수들을 모색하는 것이다. 물론 이 함수들은 임계 양들 및 액화에 대한 정리가 질적으로 다르게 나타나지 않도

록 선택되어야 할 것이다. 클라우시우스와 사라우는 이러한 방식으로 판데르발스 방정식을 수정한 바 있다. 이들의 논의는 이론적인 아이디어에 근거하였지만(클라우시우스는 특히 분자들이 조합되어 복합체를 이루는 경우를 생각했다.), 이들의 방정식은 경험적인 근사에 더 가까운데, 이 방정식들의 실제적 효용을 폄하하고 싶지는 않지만, 더 이상 논의하지는 않겠다.

§55. 분자 간 임의의 척력에 대한 비리얼

방정식 (153)을 이용하면 분자들이 탄성구가 아닌, 충돌 시에 상호 간 임의의 중심 반발력 $f(x)$를 작용하는 질점들처럼 거동하는 경우의 양 W_i' 을 동일한 방식으로 계산할 수 있다. 이 경우, 두 개의 충돌하는 분자들이 상호작용하는 시간을 더 이상 무시할 수 없기 때문에, 방정식 (150)과 (149)를 유도할 시에 사용했던 방식이 정확하지 않다; 하지만 (149)는 일차적인 근사로서는 정확하다.

거리 r에서 힘이 작용하지 않을 시에 분자 간 거리가 r과 $r+dr$ 사이인 분자쌍들의 개수는 따라서 $2\pi n^2 r^2 dr/v$이다. 분자 사이에 반발력이 작용하는 경우에 이 개수는 일반식 (142)를 이용하여 수정될 수 있다. 이 수식이 여기에서도 적용될 수 있으므로, 거리 r에서 반발력이 작용할 시에 거리가 r과 $r+dr$ 사이인 [방정식 (153)에 대응하는] 분자쌍들의 개수는:

$$\frac{2\pi n^2 r^2 dr}{v} e^{-2h\int_r^\infty f(r)dr}$$

이다. 각 분자쌍은 비리얼 W_i' 에 $rf(r)$만큼 기여하며, 그 합은 따라서

$$W_i' = \frac{2\pi n^2}{v}\int_{\xi}^{\sigma} r^3 f(r) dr\, e^{-2h\int_r^{\infty} f(r)dr} \tag{159}$$

이며, 여기에서 ξ는 두 분자 간의 허용된 최소 접근거리이며, σ는 상호작용이 사라지는 거리이다. $r < \xi$에서 지수 인자는 0이며, $r > \sigma$에서는 $f(r) = 0$이므로 ξ부터 σ까지 적분하는 대신 0로부터 ∞까지 적분해도 무방하다.

제1부 3장에서 했던 것처럼 $f(r) = K/r^5$으로 놓으면, 모든 분자들이 연속적으로 반발하므로 현재의 이 가정은 물론 엄밀하게 만족되지 않는다; 그러나 반발력이 거리에 따라서 매우 빨리 감소하면 이러한 변동은 아마도 완전히 사소할 것이다. 따라서:

$$W_i' = \frac{2\pi n^2}{v} K \int_0^{\infty} \frac{dr}{r^2} e^{-hK/2r^4} = \frac{2\pi n^2}{v} \sqrt[4]{\frac{2}{h}K^3} \int_0^{\infty} e^{-x^4} dx$$

를 얻는다. 최소 접근거리를 도입하는 데 있어서, 한 분자는 고정되어 있고, 다른 분자는 그 속도의 제곱이 분자의 평균제곱속도(제1부 §24 참조)와 같은 속도로 접근하는 것으로 가정한다. 여기에서는 이 거리를 σ가 아닌 s로 표기하자. 그러면:

$$K/2m\overline{c^2} = \frac{1}{3}hK = \sigma^4$$

이 되므로,

$$W_i' = \frac{4\pi n^2 \sigma^3 m\overline{c^2}}{v} \sqrt[4]{\frac{2}{3}} \int_0^{\infty} e^{-x^4} dx$$

이다. 판데르발스 인력이 작용한다고 가정하여, 이전과 같이 이를 도입하여 (145)에 모든 값들을 치환하면 기체의 단위질량에 대한 방정식

$$rT\left(\frac{1}{v} + \frac{b}{v^2}\right) = p + \frac{a}{v^2}$$

이며, 여기에서

$$b = 4\pi n\sigma^3 \sqrt[4]{\frac{2}{3}} \int_0^\infty e^{-x^4} dx$$

이다. σ는 더 이상 상수가 아니며, 절대온도의 4승근의 역에 비례하며, 따라서 온도에 의존하게 된다. 특히, σ가 절대온도의 4승근의 역에 비례하므로, b는 절대온도의 $\frac{3}{4}$승의 역에 비례한다.

§56. 로렌츠 방법의 원리

우리는 기체분자들이 탄성구처럼 거동할 때의 내부 비리얼을 이전에 (142)를 사용하여 (154)로부터 유도한 바 있다. H. A. 로렌츠가 처음으로 보였듯이, 이를 다른 방식으로도 구현할 수 있다. 정의에 의하여

$$W_i' = \frac{1}{t} \int_0^t \sum r f(r) dt$$

이며, 이 식에서 합은 매우 긴 시간 동안 충돌하는 모든 분자쌍들에 대하여 이루어진다. 정상상태에서는 매우 긴 시간 대신에 단위시간 $t = 1$을 선택할 수 있다. 각 항을 적분하면:

$$W_i' = \sum \int_0^1 r f(r) dt \tag{160}$$

이며, 합은 단위시간 동안 충돌하는 모든 분자쌍들에 대하여 이루어진다. 분자들의 상대운동은 한 개의 분자가 정지해 있고, 다른 분자가 질량의 반을 가지는 방식으로 일어난다. 이 상대운동에서 첫 번째 분자가 (정지해 있는) 두 번째 분자를 향하여 상대속도 g로 접근한다면, 분자들의 중심선에 수직

한 g의 성분은 변하지 않으며, 중심선 방향의 속도성분 γ는 힘 $f(r)$에 의하여 반대방향을 가지게 된다. 따라서 각 충돌에 있어서

$$\int f(r)dt = \frac{m}{2}2\gamma = m\gamma$$

이다. r은 충돌 도중에 항상 근사적으로 σ와 같으므로

$$\int rf(r)dt = \sigma\int f(r)dt.$$

이를 (160)에 치환하면:

(161) $$W_i' = m\sigma\sum\gamma$$

이며, 이 합은 단위시간 동안 충돌하는 모든 분자쌍들에 대하여 이루어진다.

$\sum\gamma$를 계산하기 위하여, 우선 매우 짧은 시간 dt 동안에 특정한 방식으로 충돌하는 분자들이 몇 개 있는지를 물어야 한다. 분자들이 dt 동안에 충돌하려면 중심 간의 거리가 dt의 초기에 이미 σ보다 약간 커야 한다. 방정식 (150)에 따르면 임의 시각에서, 따라서 dt의 초기에서 그 중심 간 거리가 σ와 $\sigma+\delta$ 사이에 있는 분자쌍들의 개수가

$$2\pi n^2\sigma^2\beta\delta/V$$

이며, 여기에서

(162) $$\beta = 1 + \frac{5\pi n\sigma^2}{12V} = 1 + \frac{5b}{8v}$$

이며, v는 비부피이다. 이 분자쌍들은

(163) $$\frac{4\pi n^2\sigma^2\beta\delta}{V}$$

분자들로 구성되어 있다. 이 분자들 각각은 아른 분자에 매우 가까워서 그 중심 간 거리는 σ와 $\sigma+\delta$ 사이이다. 그 개수가 (163)으로 주어지는 분자들이 차지하는 공간에서 분자들의 분포와 상태분포는 전제 기체에서와 같으므로, 여기에서 우리는 방정식 (142)가 아닌 확률법칙을 사용해야 한다. 이는 §46의 "S-정리"를 직접 따른다. 개수가 방정식 (163)으로 주어지는 분자들 중에서

$$(164) \qquad 4\pi n^2\sigma^2\frac{\beta\delta}{V}\phi(c)dc$$

개의 분자들이 방정식 (8)과 같이 c와 $c+dc$ 사이의 속도를 가지며, $\phi(c)$는 분자의 속도가 이 범위 안에 있을 확률이다. 이에 따라서 n 개의 기체분자들 중에서 $n\phi(c)dc$개와 다른 분자들로부터의 거리가 σ와 $\sigma+\delta$ 사이에 있게 된다. 제1부에서 본 것처럼[제2부의 방정식 (8)도 참조]:

$$(165) \qquad \phi(c)=4\sqrt{\frac{m^3h^3}{\pi}}\,c^2e^{-hmc^2}$$

이다.

(164)는 따라서 dt의 초기에 속도가 c와 $c+dc$ 사이, 그리고 다른 분자들로부터의 거리가 σ와 $\sigma+\delta$ 사이에 있는 분자들의 개수이다. 이 분자들 중에서 다른 분자들의 속도가 c'과 $c'+dc'$ 사이이며, 그 속도의 방향이 첫 번째 분자의 속도와 ϵ과 $\epsilon+d\epsilon$ 사이인 것만을 취급할 것이다. 다른 분자들은 근처의 분자들의 상태분포와 무관하게 맥스웰 분포를 가지며, 공간상의 어떤 속도방향도 서로 동등하므로 —그 개수가 (164)로 주어지는 분자들 중에서 선택한 모든 분자들의 개수를 얻기 위하여— $\phi(c)$에

$$\frac{1}{2}\phi(c')dc'\sin\epsilon\, d\epsilon$$

을 곱해야 한다. 그 결과인

$$(166) \qquad d\mu = 2\pi n^2 \sigma^2 \frac{\beta\delta}{V} \phi(c)\phi(c') \sin\epsilon \, dc\, dc' d\epsilon$$

은 (c-분자라고 부를) 분자의 속도가 c와 $c+dc$ 사이이고, 다른 분자(c'-분자)의 속도가 c'과 $c'+dc'$ 사이, 두 속도 사이의 각이 ϵ과 $\epsilon+d\epsilon$ 사이, 분자들의 중심이 dt의 초기에 σ와 $\sigma+\delta$ 사이에 있는 분자쌍들의 개수이다.

각 c-분자의 중심에 반지름이 σ와 $\sigma+\delta$인 두 개의 동심 구면을 그린다면, (166)은 dt의 초기에 그 중심이 한 개의 구면 내에 있고, 속도가 c'과 $c'+dc'$ 사이이며 c-분자의 속도와 ϵ과 $\epsilon+d\epsilon$ 사이의 각을 이루는 분자들의 개수이다.

§57. 충돌수

각 c'-분자는 c-분자에 매우 가까이 있다. 실제로 몇 개의 분자들이 무한소의 시간 동안에 충돌하는지를 알기 위하여, 모든 c-분자들이 정지해 있고, 각 c'-분자는 c-분자에 대하여

$$(167) \qquad g = \sqrt{c^2 + c'^2 - 2cc' \cos\phi}$$

의 속도로 움직이므로, dt 동안에 상대속도 g의 방향으로 $g\,dt$의 거리만큼 이동한다고 상상해보자.

또한, 각 c-분자 주위에 반지름 σ의 구 K를 구축한다고 하자. 각 구의 중심으로부터 c-분자 근처의 c'-분자의 상대속도의 방향을 가지는 선 G를 긋고, G를 반대편으로 연장하여 이와 θ 및 $\theta+d\theta$ 사이의 각을 이루는 K의 모든 반지름들을 그리자. 이 반지름들의 끝점들은 그 면적이 $2\pi\sigma^2 \sin\theta\, d\theta$ 인

K 구들의 표면에 일정한 구역을 형성하게 된다. 이 구역의 각 점으로부터 길이가 gdt이고 방향은 c'-분자에 대한 상대속도와 반대인 선을 그린다. 이 구역의 각 점으로부터 그런 선들은 부피 $2\pi\sigma^2 g \sin\theta \cos\theta \, d\theta \, dt$ 의 고리와 같은 공간을 채우며, dt의 초기에 중심이 이 고리 형상의 공간 내에 있는 모든 c' 분자들(그 개수를 ν라 하자.)이 근처의 c-분자들과 충돌하게 되는데, 이때 c'의 중심으로부터 c의 중심까지 이은 선과 c에 대한 c'의 상대속도가 이루는 각은 θ 및 $\theta + d\theta$ 사이이다. 하지만 [방정식 (166)으로 주어진] $d\nu$와 $d\mu$의 비율은 고리 형상의 부피 $2\pi\sigma^2 g \sin\theta \cos\theta \, d\theta \, dt$ 와 $d\mu$ 분자들의 중심이 발견되는 구면각의 부피 $4\pi\sigma^2\delta$의 비율과 같다; 따라서

$$d\nu = \frac{2\pi\sigma^2}{V} n^2 \beta \sin\theta \cos\theta \, g \, \phi(c) \, \phi'(c) \frac{\sin\epsilon \, d\epsilon}{2} dc \, dc' \, d\theta \, dt$$

이다. dt로 나누면 단위시간당 충돌하는 분자쌍들의 개수에 대한 다음의 식을 얻는데, 이때 충돌 전의 속도는 각각 $(c, c+dc)$ 및 $(c', c'+dc')$의 범위에 있고, 상대속도의 중심들이 이루는 각은 θ와 $\theta + d\theta$ 사이에 있다:

$$(168) \qquad dN_{cc'\epsilon\theta} = \frac{2\pi\sigma^2}{V} n^2 \beta \sin\theta \cos\theta \, g \, \phi(c) \, \phi'(c) \frac{\sin\epsilon \, d\epsilon}{2} dc \, dc' \, d\theta .$$

식 (168)을 $n\phi(c)dc$로 나누면 이러한 조건에서 각 c-분자가 c'-분자들과 겪는 충돌수를 얻는다. θ에 대하여 0부터 $\frac{1}{2}\pi$까지, ϵ에 대하여 0부터 π까지, c'에 대하여 0부터 ∞까지 적분하면, 속도 c로 움직이는 분자의 단위시간당 충돌수 n_c를 얻는다. 얻어진 식

$$(169) \qquad \overline{g_c} = \int_0^\infty dc' \, \phi'(c) \int_0^\pi \frac{g \sin\epsilon \, d\epsilon}{2}$$

을, 다른 모든 가능한 속도들에 대하여 속도 c로 움직이는 분자의 모든 상대

속도들의 평균값이라 부르자. 이에 따르면

$$N_c = \frac{\pi\sigma^2 n\beta}{V}\overline{g}_c$$

이다. (169)에서 ϕ 대신에 (165)의 값을, g에 (167)의 값을 치환하면, 이미 제1부 §9에서 본 바와 같이,

$$\begin{aligned}\overline{g}_c &= 4\sqrt{\frac{m^3h^3}{\pi}}\int_0^\infty c'^2 dc' e^{-hmc'^2}\int_0^\pi \frac{\sin\epsilon\, d\epsilon}{2}\sqrt{c^2+c'^2-2cc'\cos\epsilon} \\ &= \frac{2}{\sqrt{\pi hm}}\left(e^{-hmc^2}+\frac{2hmc^2+1}{c\sqrt{hm}}\int_0^{c\sqrt{hm}} e^{-x^2}dx\right)\end{aligned}$$

이다. $\phi(c)dc$는 분자의 속도가 $(c, c+dc)$의 범위에 있을 확률이며, 따라서 오랜 시간 동안의 운동에서 그 속도가 이 범위에 있을 시간의 부분이므로, 임의의 분자가 단위시간 동안에 평균적으로 일으키는 충돌의 횟수는

$$N = \int_0^\infty N_c\phi(c)dc = \frac{\pi\sigma^2 n\beta}{V}\overline{g} \tag{170}$$

이며,

$$\begin{aligned}\overline{g} &= \int_0^\infty \overline{g}_c\phi(c)dc \\ &= \frac{8mh}{\pi}\int_0^\infty c^2 e^{-hmc^2}dc\left(e^{-hmc^2}+\frac{2hmc^2+1}{c\sqrt{hm}}\int_0^{c\sqrt{hm}} e^{-x^2}dx\right)\end{aligned}$$

는 기체 내 모든 가능한 분자쌍들의 상대속도의 평균값이다. 우리는 이 적분을 이미 제1부 §9에서 수행하였고, 마찬가지로 하면:

$$\overline{g} = \overline{c}\sqrt{2} = \frac{2\sqrt{2}}{\sqrt{\pi hm}}$$

를 얻는다. 평균 상대속도는 따라서 두 분자들이 평균속도로 수직으로 움직일 때와 같다. 이 정리는 두 분자들이 다른 종류일 때에 성립한다. 얻어진 g의 값을 치환하면:

$$N = \frac{2\sigma^2 n\beta}{v}\sqrt{\frac{2\pi}{hm}}$$

를 얻는다.

§58. 평균자유행로의 더 정확한 값. 로렌츠 방법에 따른 W_i'의 계산

평균자유행로 $\lambda = \bar{c}/N$이므로,

$$\lambda = \frac{V}{\sqrt{2}\,\pi\sigma^2 n\beta}$$

이며, 또는 β 대신에 이 값을 (162)에 치환하고 b/v의 급수로 전개하면

$$\lambda = \frac{V\left(1-\frac{5b}{8v}\right)}{\sqrt{2}\,\pi\sigma^2 n} = \frac{\sqrt{2}\,\sigma v}{3b}\left(1-\frac{5b}{8v}\right) \tag{171}$$

이다. 이는 따라서 제1부의 §10에서 얻은 것보다 (b/v에 대하여) 일차 정도 더 정확한 평균자유행로의 값이다.

방정식 (161), (168)로부터 이제 충돌에 작용하는 모든 힘들의 비리얼을 쉽게 구할 수 있다. 충돌수가 방정식 (168)로 주어지는 각 충돌에서 중심선의 방향을 가진 상대속도 g의 성분 γ는 $\gamma = g\cos\theta$의 값을 가진다; 각 충돌은 따라서 (161)의 합에 $m\sigma g\cos\theta$ 만큼 기여한다. 여기에 (168)을 곱하면 (161)의 합에 대한 모든 충돌의 기여분을 얻는다. 모든 가능한 값에 대하여 적분

하면 최종적으로 이 합에 대한 모든 기여분을 얻는데, 방정식 (161)을 따르면 W_i'을 얻는다. 그러나 이 값을 2로 나누어야 하는데, 이는 충돌을 두 번씩—한 번은 분자의 속도가 c와 $c+dc$ 사이일 때에, 두 번째는 다른 분자의 속도가 c와 $c+dc$ 사이일 때에— 센 것이기 때문이다. 따라서:

$$W_i' = \frac{\pi\sigma^3 n^2 m\beta}{2V}\int_0^{\pi/2}\sin\theta\cos^2\theta\,d\theta\int_0^{\infty}\phi(c)\,dc\int_0^{\infty}\phi(c')\,dc'\int_0^{\pi}g^2\sin\epsilon\,d\epsilon$$

이다. g 대신에 (167)의 값을 치환하고,

$$\int_0^{\infty}\phi(c)\,dc = \int_0^{\infty}\phi(c')\,dc' = 1$$

$$\int_0^{\infty}c^2\phi(c)\,dc = \int_0^{\infty}c'^2\,\phi(c')\,dc' = \overline{c^2}$$

임을 기억한다면, 이미 구한 값

$$W_i' = 2\pi\sigma^3 n^2 m\overline{c^2}\beta/3V$$

를 얻게 된다. 보정된 평균자유행로의 값 (171)은 클라우시우스에 의하여 처음으로 얻어졌다.[39] 보일-클라우시우스 법칙에서 b/v 크기 정도의 추가항은 전술한 방법에 의하여 H. A. 로렌츠에 의하여 처음으로 계산되었다;[40] b^2/v^2 정도의 크기를 가진 추가항은 예거[41]와 판데르발스[42]에 의하여 계산되었다; 예거에 의하여 얻어진 값은 여기에서 계산된 값과 일치하지만 판데르발스에 의하여 계산된 값은 본 결과와 일치하지 않는다.

39) Clausius, *Kinetische Gastheorie*, *Mechanische Wärmetheorie*, Vol. 3(Vieveg. 1889–1891), p. 65.
40) Lorentz, Ann. Phys. [3] **12** 127, 660(1881).
41) Jäger, Wien. Ber. **105**, 15(1896년 1월 16일).
42) Van der Waals, Serslagen Acad. Wet. Amsterdam [4] **5**. 150(1896년 10월 31일).

§59. 분자중심이 놓일 수 있는 공간의 더 정확한 계산

부피 V의 용기에 지름 σ의 구로 볼 수 있는, 같은 종류의 분자 n개가 있다고 하자. n개의 분자들의 위치가 주어질 때에, 용기에 도입된 분자 한 개의 중심에 가용한 공간은 총부피 V로부터 n개의 분자들이 차지한 공간을 빼면 구할 수 있다: $\Gamma = 4\pi n\sigma^3/3 = 2Gb$ [방정식 (148) 참조] 이전처럼 m은 분자의 질량, $mn = G$는 기체의 총질량이고

$$b = \frac{2\pi\sigma^3}{3m}$$

은 방정식 (20)에서와 마찬가지로 단위질량의 기체 내에 존재하는 모든 분자들의 영향권의 합의 절반이다. 여기에서 두 분자들의 영향권의 상호침투 효과에 해당하는 Γ^2/V^2 정도의 크기를 가지는 항은 생략되어 있다. Γ^3/V^3 정도의 크기를 가지는 항은 아직도 무시할 것이지만, 이제 이 항을 계산하고자 한다.

다른 분자들의 영향권 내에 있는 분자들의 영향권들의 부분의 합을 Z라 하면,

$$D = V - 2Gb + Z \tag{172}$$

로 놓아야 한다. 두 분자들의 영향권들이 중첩되는 경우는 그 중심들 간의 거리가 σ와 2σ 사이일 때이다. 그 거리를 x라 하자. 영향권은 반지름 σ의 구형이며, 그 중심은 분자의 중심과 일치한다. 두 분자들의 중심이 x의 거리로 떨어져 있다면 두 분자들의 영향권들에 공통된 공간은 높이 $\sigma - x/2$의 구형 단면의 형상을 가진다. 그러한 구형 단면의 부피는

$$K = \pi \int_{x/2}^{\sigma} (\sigma^2 - y^2) dy = \pi \left(\frac{2\sigma^3}{3} - \frac{\sigma^2 x}{2} + \frac{x^3}{24} \right)$$

이다. 이제 각 분자에 대하여 내부 반지름이 x이고 외부 반지름이 $x+dx$인 동심 구면각을 구축해보자. 이 두 구면각들의 부피의 합 $4\pi n x^2 dx$와 기체의 총부피 V 사이의 비율은, 다른 분자들로부터 그 중심이 x와 $x+dx$ 사이의 거리에 있는 분자들의 개수 dn_x와 분자의 총개수 n 사이의 비율과 같다. 따라서:

$$dn_x = \frac{4\pi n^2 x^2 dx}{V}$$

이다. 여기에서 $\Gamma dn_x / V$가량의 크기를 가지는 항들은 생략되었지만, 이 항들이 최종 결과에서 Γ^3 / V^3 정도의 크기를 가진 항들을 줄 것임을 쉽게 알 수 있다.

중심 간 거리가 x와 $x+dx$ 사이의 거리에 있는 분자쌍들의 개수는 $\frac{1}{2} dn_x$이다. 각 분자쌍에 있어서 부피가 K인 두 개의 구형 단면들이 영향권 내에 있게 되므로, 이 모든 분자쌍들은 Z에 $K dn_x$만큼 기여하는데, 이를 $x=\sigma$부터 $x=2\sigma$까지 적분하면 Z를 구할 수 있다:

$$Z = \frac{\pi^2 n^2}{V} \int_0^{2a} \left(\frac{8\sigma^3}{3} - 2\sigma^2 x + \frac{x^3}{6} \right) x^2 dx = \frac{17}{36} \frac{\pi^2 n^2 \sigma^6}{V} = \frac{17}{16} \frac{G^2 b^2}{V}$$

이므로

$$D = V - 2Gb + \frac{17}{16} \frac{G^2 b^2}{V} \tag{173}$$

이다.

§60. 포화증기의 압력을 확률로부터 계산[43]

이제, 물질의 액체상과 증기상이 특정 온도 T에서 서로 접촉하고 있다고 하자. 액체 부분의 총질량과 부피는 각각 G_f와 V_f; 증기 부분의 총질량과 부피는 각각 G_g와 V_g여서, $v_f = V_f/G_f$, $v_g = V_g/G_g$는 액체와 증기의 비부피, 또는 밀도 ρ_f, ρ_g의 역수들이다.

두 상들이 존재하는 공간에 분자 한 개를 도입한다면, 방정식 (173)을 따르면 액체 내에서 분자에 허용되는 공간은

$$V_f - 2G_f b + \frac{17}{16}\frac{G_f^2 b^2}{V_f}$$

이며, 증기 내에서 분자에 허용되는 공간은

$$V_g - 2G_g b + \frac{17}{16}\frac{G_g^2 b^2}{V_g}$$

이다. 판데르발스 응집력이 존재하지 않는다면 이 부피의 비율은 다른 분자들의 위치가 주어질 시에, 마지막 분자가 액체 또는 증기 속에 있을 확률의 비율과 동일하다. 이 비율에 (판데르발스 응집력의 작용 때문에) $e^{-2h\psi_f}$, $e^{-2h\psi_g}$를 곱해야 하는데, ψ_f, ψ_g는 각각 액체 또는 증기 속으로 들어가는 분자에 대한 판데르발스 응집력의 위치에너지 값들이다. 무한 거리에서 $\psi = 0$이 되도록 상수를 결정하면 $-\psi_f$는 판데르발스 응집력하에서 질량 m의 분자를 액체의 내부로부터 제거하여 먼 거리로 이동하는 데 소요되는 일이 된다. §24에서 이 일은 $2ma\rho_f$로 얻어졌으며, $a\rho_f$는 단위질량 내의 모든 분자들을 분리

43) 동일한 문제가 Kamerlingh-Onnes에 의하여 다루어진 바 있다.[Arch. Neerl, **30**, §7, p. 128 (1881)]

하는 데 소요되는 일이다. 마찬가지로,

$$-\psi_f = 2ma\rho_g = 2ma/v_g$$

이다. 판데르발스 응집력을 넣으면 이 마지막 분자가 액체 내에 있을 확률과 증기 내에 있을 확률 간의 비율

$$\left(V_f - 2G_f b + \frac{17}{16}\frac{G^2b^2}{V_f}\right)e^{4hma/v_f} : \left(V_g - 2G_g b + \frac{17}{16}\frac{G^2b^2}{V_g}\right)e^{4hma/v_g}$$

을 구할 수 있다. 평형상태에서 이 비율은 또한 n_f와 n_g의 비율과 같다; n_f와 n_g를 m으로 곱하면 이 비율은 G_f/G_g와 같다. 이 비율을 사용하면

$$v_g - 2b + \frac{17}{16}\frac{b^2}{v_g} = \left(v_f - 2b + \frac{17}{16}\frac{b^2}{v_f}\right)e^{4hma[(1/v_f)-(1/v_g)]}.$$

방정식 (21)과 (135)[44]에 의하면[제1부, 방정식 (44)도 참조], r이 고온 저밀도의 증기의 기체상수라 하면 $2h = 1/mrT$이다. 이의 로그를 취하여 b의 급수로 전개하고 b^2 차수의 항들을 취하면

$$(174) \qquad \frac{1}{v_f} - \frac{1}{v_g} = \frac{r}{2}\frac{T}{a}\left[\log\frac{v_g}{v_f} - 2b\left(\frac{1}{v_g} - \frac{1}{v_f}\right) - \frac{15}{16}b^2\left(\frac{1}{v_g^2} - \frac{1}{v_f^2}\right)\right]$$

을 얻는다. 이 식에 대하여는 오직 정성적인 정확도만을 기대할 뿐인데, 이는 b가 v에 비하여 작다는 가정이 액체에서는 부정확하기 때문이다.

섭씨 온도 t를 도입하고, ρ_f가 일정하고 ρ_g에 비하여 크다고 하며, 증기가 보일-샤를 법칙($p\rho_g = rT$)을 따른다고 가정하면 방정식 (174)로부터

44) 특히, $\bar{S} = \frac{1}{2}m\overline{c^2}$.

$$p = \frac{1}{A + Bt} e^{t/(c + Dt)} \tag{175}$$

의 형태를 가진 식을 얻는데, 이는 실제적으로 유용할 수 있지만 상수들 A, B, C, D의 의미가 다소 다르다.

포화증기의 압력을 §16에서 구한 조건, 즉 그림 2에서 두 개의 회색 영역의 면적이 같다는 조건으로부터 계산할 수도 있다. 그림 2에서 x값 OJ_1은 액체의 비부피이고, OG_1은 증기의 비부피, y값 $J_1J = G_1G$는 포화압력과 같다. 회색 영역의 면적이 같다는 것은 사각형 $JJ_1G_1GJ = p(v_g - v_f)$가, x축 아래의 곡선 $JCHDG$로, y축의 왼쪽, 오른쪽으로는 각각 J_1J, G_1G로 경계지어지는 표면적 $\int_{v_f}^{v_g} p\,dv$와 같음을 의미한다. 따라서:

$$p(v_g - v_f) = \int_{v_f}^{v_g} p\,dv \tag{176}$$

를 얻게 된다. 판데르발스 방정식

$$p = \frac{rT}{v - b} - \frac{a}{v^2} \tag{177}$$

로부터 출발한다면, 적분을 수행하여

$$p(v_g - v_f) = rT\log\frac{v_g - b}{v_f - b} + a\left(\frac{1}{v_g} - \frac{1}{v_f}\right) \tag{178}$$

을 얻게 된다. T와 상수 a, b, r은 주어진 것으로 간주한다. 세 개의 미지수 p, v_g, v_f는 방정식 (178)과, v_f, v_g가 각각 방정식 (177)의 최소값, 최대값이라는 두 조건들로부터 얻어진다. 증기에 대하여 보일-샤를 법칙 $pv_g = rT$를 적용하고, v_g에 비하여 b, v_f가, ρ_f에 비하여 ρ_g가 매우 작아서 무시한다면

(175)의 형태를 가진 포화압력의 식을 얻게 된다; 그러나 방정식 (178)이 (174)와 정확히 일치하지는 않는다. 이는 방정식 (177)의 편법인데, 문제의 조건들을 정확히 따른 결과가 아니기 때문이다.

반면, 방정식 (177) 대신에

(179) $$p = rT\left(\frac{1}{v} + \frac{b}{v^2} + \frac{5b^2}{8v^2}\right) - \frac{a}{v^2}.$$

사용하면 바로 (174)를 얻는데, 이는 b의 2차항 이상을 무시하면 문제의 조건들을 정확히 만족한다.

실제로 적분을 수행하면 (176)으로부터

(180) $$p(v_g - v_f) = rT\left[\log\frac{v_g}{v_f} - b\left(\frac{1}{v_g} - \frac{1}{v_f}\right) - \frac{5b^2}{16}\left(\frac{1}{v_g^2} - \frac{1}{v_f^2}\right)\right] + a\left(\frac{1}{v_g} - \frac{1}{v_f}\right)$$

이 얻어진다. v_g와 v_f가 방정식 (179)를 만족하므로, $v = v_g$, $v = v_f$를 치환하면 각각 pv_g, pv_f를 계산할 수 있다. 두 값들을 치환하면

$$p(v_g - v_f) = rT\left[b\left(\frac{1}{v_g} - \frac{1}{v_f}\right) + \frac{5b^2}{8}\left(\frac{1}{v_g^2} - \frac{1}{v_f^2}\right)\right] + a\left(\frac{1}{v_g} - \frac{1}{v_f}\right)$$

을 얻는데, 방정식 (180)과 함께 적용하면 (174)를 얻게 된다.

§61. 판데르발스 가정을 만족시키는 기체의 엔트로피를 확률미적분으로 계산

분자들로 채워진 공간이 기체 전체 부피에 비하여 작지 않고, 판데르발스 응집력이 작용하는 경우에, 제1부 §8과 §19에서 얻어진 원리에 따라서 기체의 엔트로피를 어떻게 계산할지를 간략히 제시하려 한다. 판데르발스 응집력은 분자들의 속도분포를 변화시키지는 않고, 분자들을 더 가깝게 한다. 중력과 마찬가지로 판데르발스 응집력은 엔트로피에 직접적인 영향을 미치지는 않는데, 온도에 대한 엔트로피의 의존성은 이상기체에서와 마찬가지로 얻어질 수 있다; 본 경우에는 분자들의 유한한 크기에 대한 보정만이 필요하다.

제1부 §8에서 구한 엔트로피(S)의 식은

$$S = RM\log\varpi = RM\log\left(v^n T^{3n/2}\right)$$

의 형식[45]으로 쉽게 나타낼 수 있다. M이 수소 원자의 질량이라면 R은 해리된 수소의 기체상수이므로 보통의 수소의 기체상수의 두 배이다. 분자의 내부운동이 일어나는 경우에 T의 지수는

$$\frac{3n}{2} \text{ 대신에 } \frac{3n}{2}(1+\beta)$$

이어야 하며, 평균 운동에너지와 위치에너지의 합은 평균 병진에너지와 일정 비율 $\beta:1$을 이루며 변화한다. β가 온도의 함수라면 $\log T^{3n/2}$ 대신에

45) 제1부 §8에서 n은 단위부피당의 분자 개수이다; 따라서 Ωn은 부피 Ω 내의 분자수이고, 여기에서는 이를 n으로 표기하였다.

$$\frac{3n}{2}\int(1+\beta)\frac{dT}{T}$$

로 치환해야 할 것이다.

S는 단위질량의 엔트로피, n은 단위질량당의 분자수이며, v는 단위질량당의 부피이다.

엔트로피를 확률적인 표현으로 본다면, v^n은 모든 n 분자들의 이 부피 v 내에 있을 확률과, 어떤 표준적인 배치 —예를 들면 첫 번째 분자가 부피 1에, 두 번째 분자가 다른 부피 2에… 등등— 의 확률의 비율을 나타낸다. 이 양은 분자의 유한한 크기가 고려될 때에 변하는 유일한 것이며, 실제로 이에는 첫 번째 분자가 부피 v에, 두 번째 등등의 분자들도 부피 v에 있을 확률이 발생한다.(§60에서 다룬, 한 개의 분자가 v에 추가되는 경우의 확률과는 달리)

첫 번째 분자의 중심은 전체 부피 v를 사용할 수 있다. 이 확률과 분자가 주어진 공간 부피 1에 있을 확률의 비율은 따라서 v이다. 두 번째 분자의 중심이 동시에 공간 v 내에 있을 확률을 계산할 시에, 첫 번째 분자의 영향권의 부피 $\frac{4}{3}\pi\sigma^3=2mb$를 v로부터 제외해야 한다. 공간 v 내에 이미 ν개의 분자들이 존재한다면, $(\nu+1)$ 번째의 분자의 중심이 사용할 수 있는 공간은 방정식 (173)에 의하면

$$v-2\nu mb+\frac{17\nu^2m^2b^2}{16v} \tag{181}$$

이다. 이 표현은 그러므로 $(\nu+1)$ 번째의 분자가 v 내에 있을 확률과, 이 분자가 전혀 다른 부피 v의 공간에 있을 확률 사이의 비율과도 같다. 따라서 곱

$$W=\prod_{\nu=0}^{\nu=n-1}\left(v-2\nu mb+\frac{17\nu^2m^2b^2}{16v}\right)$$

은 n개의 분자들이 동시에 모두 부피 v 내에 있을 확률과, 각각이 서로 다른 부피 1의 공간들에 배치되는 경우의 확률의 비율을 나타낸다.[46] 분자의 유한한 크기가 고려될 때에는 v^n 대신에 이 표현이 S의 식에 나타나야 하는데, 따라서 단위질량의 엔트로피는

$$S = rm\left[\frac{3n}{2}\int(1+\beta)\frac{dT}{T} + \sum_{\nu=0}^{\nu=n-1}\log\left(v - 2\nu mb + \frac{17\nu^2m^2b^2}{16v}\right)\right]$$

이다. 여기에서 r은 이상기체와 충분히 유사한 상태에 있는 물질의 기체상수이고, 따라서 $rm = RM$이다.

로그함수를 b의 급수로 전개하고 2차항 이상을 무시하면:

$$\log\left(v - 2\nu mb + \frac{17\nu^2m^2b^2}{16v}\right) = \log v - \frac{2\nu mb}{v} - \frac{15\nu^2m^2b^2}{16v^2}$$

이다. 또한 n이 1에 비하여 크다고 가정하므로:

$$\sum_{\nu=0}^{\nu=n-1}\nu = \frac{n^2}{2},\ \sum_{\nu=0}^{\nu=n-1}\nu^2 = \frac{n^3}{3}$$

으로 놓으면, $nm = 1$이므로

$$S = r\left[\frac{3n}{2}\int(1+\beta)\frac{dT}{T} + \log v - \frac{b}{v} - \frac{5b^2}{16v^2}\right]$$

을 얻는다. 일정 온도에서의 TS의 v에 대한 편도함수는 분자 간 충돌만에 의한 압력과 같으므로, 이전의 결과와 일치하는 이 압력의 값은

46) 당연히 b^3 정도의 크기를 가진 항들은 생략되며, 또한 매우 작은 항들을 제외하면 ν는 1에 비하여 크다는 것을 기억해야 한다.

$$rT\left(\frac{1}{v}+\frac{b}{v^2}+\frac{5b^2}{8v^3}\right)$$

이다. 이 식에서 b에 대한 고차항들을 계산하는 것은 이 항들을 S와 W에 대한 식에서 취급함에 의하여 이전과 동일한 방법으로 이루어진다.[47)]

분자들이 구형이 아닌 고체처럼 거동한다면, $(\nu+1)$ 번째의 분자가 부피 v 내에 있을 확률은 마찬가지로

$$v-c_1\nu m-c_2\frac{\nu^2m^2}{v}-\cdots-c_k\frac{\nu^km^k}{v^{k+1}}\cdots$$

의 형식으로 주어진다. 급수를 전개하여

$$\log\left(v-c_1\nu m\cdots-c_k\frac{\nu^km^k}{v^{k-1}}\cdots\right)= \tag{182}$$
$$\log v-\frac{2b_1\nu m}{v}-\frac{3b_2\nu^2m^2}{v^2}\cdots-\frac{(k+1)b_k\nu^km^k}{kv^k}-\cdots$$

로 놓으면

$$S=rm\left[\frac{3n}{2}\int(1+\beta)\frac{dT}{T}+\sum_{\nu=0}^{\nu=n-1}\left(\log v-\frac{2b_1\nu m}{v}\cdots-\frac{(k+1)}{k}\frac{b_k\nu^km^k}{v^k}\cdots\right)\right]$$
$$=r\left[\frac{3}{2}\int(1+\beta)\frac{dT}{T}+\log v-\frac{b_1}{v}-\frac{b_2}{2v^2}\cdots-\frac{b_k}{kv^k}\cdots\right]$$

47) 여기에서 얻어진 S의 표현은 §21에서 얻은, 판데르발스 방정식이 정확하다는 가정하에서 얻어진 엔트로피의 표현에 비교될 수는 없다. 그러나 방정식 (38)로부터

$$\int\frac{dQ}{T}=\int\left[\frac{3r}{2}(1+\beta)\frac{dT}{T}+\left(p+\frac{a}{v^2}\right)\frac{dv}{T}\right]$$

의 표현을 얻는데, 방정식 (22) 대신에 본 계산의 근거에 해당하는 상태방정식

$$p+\frac{a}{v^2}=rT\left(\frac{1}{v}+\frac{b}{v^2}+\frac{5b^2}{8v^2}\right)$$

을 치환하면 동일한 엔트로피의 표현을 얻을 수 있다.

이다. 따라서 충돌만에 의한 압력은

$$\frac{\partial (TS)}{\partial v} = rT\left[\frac{1}{v} + \frac{b_1}{v^2} \cdots + \frac{b_k}{v^{k+1}} \cdots\right]$$

이며, 기체에 작용하는 총외부압력은:

$$p = rT\left(\frac{1}{v} + \frac{b_1}{v^2} + \frac{b_2}{v^3} \cdots \frac{b_k}{v^{k+1}}\right) - \frac{a}{v^2} \tag{183}$$

이다. 이 식을 방정식

$$p(v_g - v_f) = \int_{v_f}^{v_g} p\,dv$$

에 치환하면 증기와 액체가 공존할 조건으로서:

$$p(v_g - v_f) = rT\left(\log\frac{v_g}{v_f} - b_1\left(\frac{1}{v_g} - \frac{1}{v_f}\right) - \cdots \frac{b_k}{k}\left(\frac{1}{v_g^k} - \frac{1}{v_f^k}\right) \cdots\right] + a\left(\frac{1}{v_g} - \frac{1}{v_f}\right)$$

를 얻는데, 방정식 (183)을 반복하여 적용하면:

$$2a\left(\frac{1}{v_f} - \frac{1}{v_g}\right) = rT\left(\log\frac{v_g}{v_f} - 2b_1\left(\frac{1}{v_g} - \frac{1}{v_f}\right)\right. \tag{184}$$
$$\left. - \frac{3b_2}{2}\left(\frac{1}{v_g^2} - \frac{1}{v_f^2}\right) \cdots - \frac{k+1}{k} b_k\left(\frac{1}{v_g^k} - \frac{1}{v_f^k}\right) \cdots\right.$$

로 쓸 수도 있다.

방정식 (174)를 구한 방식을 적용하면 이 결과와 일치하는, 액체와 증기가 공존할 조건은:

$$\frac{2a}{rT}\left(\frac{1}{v_f} - \frac{1}{v_g}\right) = \log\left(v_g - c_1 - \frac{c_2}{v_g} \cdots\right) - \log\left(v_f - c_1 - \frac{c_2}{v_f} \cdots\right)$$

이며, 방정식 (182)를 사용하면 (184)를 얻는다. 1장이 인쇄된 이후에 판데르발스가 나에게 구술한 다음의 부분을 1장에 추가하려 한다.

1. §2에서 설명한 바와 같이, 판데르발스는 분자 간 인력이 매우 느리게 감소하여 두 이웃한 분자들 사이의 평균거리에 비하여 큰 거리에서 인력이 일정하다는 가정을 명시적으로 세운 바가 없으며, 그러한 인력이 가능하다고 믿은 적도 없다. 그러나 나는 이 가정이 없이는 판데르발스 방정식에 대한 정확한 근거를 찾을 수가 없다.
2. 두 개의 상이 공존하는 영역 JKG가 점 K 바로 근처의 포물선이나 원호라고 한다면, N이 연속적으로 선 KK_1상에 있으려면 N이 K에 점점 더 가까워짐에 따라 JN이 NK와 거의 같아질 것임을 알 수 있다. 따라서 정확히 임계점의 부피를 가지는 물질이 일정 부피에서 가열되면 경계면이 생기는 순간에 액체의 부피는 정확히 증기의 부피와 같을 것이다. 반면에, 부피가 임계부피로부터 약간 다르다면 경계면은 사라지기 전에 항상 튜브의 가운데로부터 상당한 거리를 이동한다.

쿠에넨의 실험에 의하면 중력은 계가 이론적인 거동으로부터 벗어나는 경우에 있어서 매우 중요한 역할을 한다.

6장
해리(dissociation) 이론

§62. 단일원자가(monovalent) 유사 원자들의 화학적 친화도에 대한 역학적 관점

이전에 나는 가장 일반적인 가정(이는 뒤에서 자세히 지정하겠지만)[48]에 근거하여 기체의 해리 문제를 다룬 적이 있다. 여기에서는 일반성보다는 명료성을 선호하므로, 가능한 한 간단한 가정들을 설정하고자 한다. 독자들은 아래의 논의를 오해하여 화학적 인력이 여기에서 가정된 힘의 법칙에 따라서 작용한다고 믿지는 말아야 할 것이다. 이 법칙들은 가장 간단한 것이어서, 힘에 대한 가장 명료한 형상으로 볼 수 있겠는데, 실제로 화학적 힘과 얼마간의 유사성을 가지므로, 따라서 여기에서는 얼마간의 근사 수준에서 화학적 힘을 대체하는 것으로 보면 될 것이다.

우선 가장 간단한, 이를테면 아이오딘(I_2) 증기가 대표적인 예가 될 수 있

48) Sitzungsber. d. Wien. Akad. Bd. **88**, 18 1883년 10월 18일; Bd. **105**, S. 701. Wied. Ann. Bd. S. 39, 1884.

는 경우를 살펴보자. 그리 높지 않은 온도에서는 모든 분자들은 두 개의 아이오딘 원자로 구성되어 있다; 온도가 상승함에 따라 점점 더 많은 분자들이 두 개의 원자로 해리된다. 두 개의 원자들로 구성된 이원자분자를 화학적 인력이라고 부르는 힘으로 설명할 수 있다. 화학적 결합가(chemical valence)에 대한 사실로부터 보자면, 화학적 인력은 단순히 원자들의 중심 사이의 거리의 함수만은 아니다; 오히려 화학적 인력은 원자 표면의 상대적으로 작은 영역에 관련되어 있는데, 실제에 대응하는 기체 해리의 그림을 얻으려면 이 가정에 의해서일 것이다.

계산을 간단히 하기 위하여, 또한 아이오딘의 단일 결합가 때문에 화학적 인력이 원자의 크기에 비하여 작은 공간[이를 민감(sensitive)지역이라 하자.]에서만 작용한다고 가정하자. 이 영역은 원자의 외부표면 상에 있고, 원자에 공고히 연결되어 있다. 원자의 중심으로부터 민감지역의 특정한 점(예를 들면 중심점 또는 순전히 기하학적 의미로서의 중력중심)까지 그려진 선을 이 원자의 축이라 부르자. 민감지역들이 접촉하거나 또는 부분적으로 겹치도록 두 원자들이 위치할 때에만 원자들 사이에 화학적 인력이 작용할 것이다. 이 경우에 원자들이 화학적으로 결합되어 있다고 부른다. 원자들은 화학적 인력이 일어나지 않으면서 표면의 어떤 곳에서 접촉할 수 있다. 민감지역은 원자의 전체 표면 중에서 매우 작은 부분이므로, 세 원자들의 민감지역들이 접촉하거나 부분적으로 겹칠 가능성을 완전히 무시할 수 있도록 하자. 아래의 유도 과정에서 원자들이 구형임을 가정할 필요는 없으나, 이것이 가장 간단한 가정이므로 이를 취하자. 구형 원자의 지름을 σ라 하자.

특정한 원자를 그림 4의 원 M으로 나타내고, 그 중심을 A라 하자. 회색 영역 α가 민감지역이다. 민감지역이 부분적으로 원자의 내부에 있을 경우를 즉시 배제하지는 않겠지만, 원자가 완전히 침투 불가능하다고 생각한다면 원자의 외부에 있는 것으로 그리는 것이 좋을 것이다. 두 번째의 원자 M_1이 첫 번째의 원자와 화학적으로 결합되어 있다면 두 번째의 원자의 민감지역 β는 공간 α와 부분적으로 겹치거나 최소한 접촉할 것이다. 첫 번째 원자의 영향권(A를 중심으로 한 반지름 σ의 구)을 그림에서 원 D로 나타내자. 영향권 D의 표면에 임계공간(그림에서 회색 공간 ω)을 구축하는바, 이는 두 번째 원자의 중심 B가 ω의 내부 또는 경계면에 있지 않으면 민감지역 α와 β가 절대로 접촉하지 않는 성질을 가진다. 그 역은 성립하지 않는다. 두 번째 원자의 중심 B가 임계공간 ω 내부에 있다면, 원자는 민감지역 α와 β가 서로 멀리 떨어져 있도록 회전할 수 있다.

두 원자들이 원자와 화학적으로 결합되어 있을 경우에, 첫 번째 원자에 대한 두 번째 원자의 위치를 정확히 정의하기 위하여 임계공간 ω의 내부에 부피요소 $d\omega$의 임계공간을 구축하겠다. ω는 임계공간의 총부피이기도 하다.[49] 또한, 반지름 1의 동심구가 첫 번째 원자에 공고히 연결되어 있다고 하자; 이 구는 그림 4에서 원 E로 표시된다. 두 번째 원자가 첫 번째 원자와 화학적으로 결합되어 있다면, 두 번째 원자의 축은 선 BA와 그리 큰 각을 이룰 수 없는데, 그렇지 않다면 민감지역 α와 β가 서로 멀리 떨어지기 때문이다. 점 A로부터 두 번째 원자의 축에 평행하도록, 두 번째 원자의 축과 같은 방향으로 그린 선은 구면 E에서 우리가 항상 점 Λ로 부를 지점에서 만난다. 구면 E는 첫 번째 원자에 공고히 연결되어 있으므로, 첫 번째 원자에 대한 두 번째 원자의 축의 위치는 이 점 Λ에 의하여 완전히 결정되며, 임계공간 ω 내의 각 부피요소 $d\omega$에 대하여 구면 E에 표면부분 λ를 구축할 수 있는

49) 두 원자들이 화학결합을 하고 있을 경우에 첫 번째 원자의 임계공간 ω가 두 번째 원자의 영향권 내에 있다면 —즉, 임계공간의 어떤 점도 다른 점으로부터 σ보다 더 크거나 같은 거리에 있지 않다면— 세 개의 원자들 간의 화학결합은 전적으로 제외된다.

데, 이는 다음과 같은 성질을 가진다. Λ가 λ의 내부 또는 경계면에 있다면 두 번째 원자의 중심이 부피요소 $d\omega$의 내부 또는 경계면에 놓이는 즉시, 두 민감지역 α와 β는 상호 침투하거나 접촉한다. 그러나 Λ가 λ의 외부에 놓이는 즉시 두 민감지역 α와 β는 서로의 외부에 있게 된다. λ는 물론 임계공간 ω 내의 부피요소 $d\omega$에 따라서 다른 크기를 가질 것이며, 또한 구면 E 상에서도 다른 위치를 가질 것이다. 두 번째 원자의 중심이 임계공간 ω 내 부피요소 $d\omega$의 내부 또는 경계면에 놓이고, Λ가 부피요소 $d\omega$에 대응하는 λ 내의 표면요소 $d\lambda$의 내부 또는 경계면에 위치한다면, 두 번째 원자는 첫 번째 원자와 화학적으로 결합되어 있다. 즉, 두 원자들은 적극적으로 상호인력을 작용한다. 두 원자들을 이러한 위치로부터, 상호작용하지 않는 거리까지 옮기는 데 소요되는 일을 χ로 표기하자. 이 양은 일반적으로 임계공간 ω 내 부피요소 $d\omega$의 위치에 따라서 또한 λ 내의 표면요소 $d\lambda$의 위치에 따라서 달라질 것이다.

§63. 유사한 원자 사이의 화학결합 확률

압력 p, 절대온도 T, 부피 V의 용기 내에 a개의 동일한 원자들이 존재한다고 하자. 원자의 질량을 m_1으로 하면 모든 원자들의 총질량은 $am_1 = G$이다. 이 중에서 한 개의 원자를 선택하자. 나머지 원자들을 잔여원자들이라 부르자. 기체가 무한히 많은(N개의) 동등한, 그러나 공간적으로 분리되어 있는 용기들에 동일한 온도와 압력하에 존재한다고 상상하자. 각 기체에 있어서, 잔여원자들 중에서 n_1개가 다른 잔여원자들에 결합되어 있지 않고, $2n_1$개는 서로 결합하여 n_1개의 이원자분자들을 형성한다고 하자. N

개의 기체들 중 몇 개에서 선택된 원자가 다른 원자들에 결합되어 있을 것이며, 몇 개에서 그렇지 않을 것인가?

N개의 기체들 중에서 우선 한 개만을 생각해보자. 세 원자들의 화학결합을 제외했으므로, 지정된 원자가 결합하려면 이 기체 내에서 다른 원자와 결합하지 않은 n_1개의 원자들과 결합할 수밖에 없다.

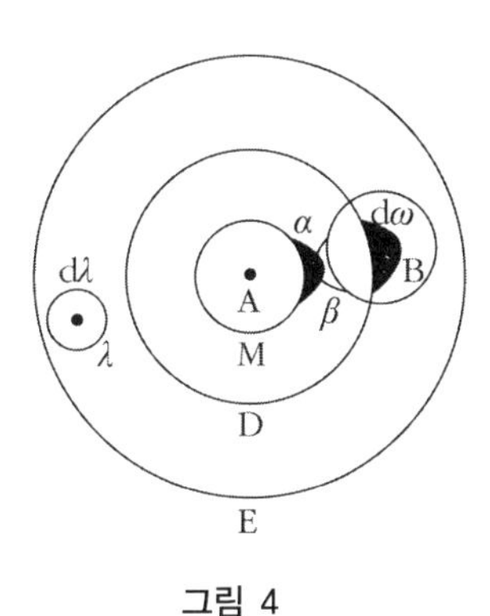

그림 4

따라서 그림 4에서처럼 n_1개 원자들의 각각에 영향권과 반지름 1의 동심구 E를 그리자; 이 각각의 영향권 어디에선가 임계공간 ω가 위치할 것이다. 모든 n_1개 원자들에 대응하는 각각의 임계공간에 부피요소 $d\omega$를 그려 넣는바, 지정된 원자에 대한 그 상대위치는 그림 4의 요소 $d\omega$가 원자에 대하여 가지는 상대위치와 같다. 또한 각 구면 E에 표면요소 $d\lambda$를 그려 넣는바, 그 상대위치는 그림 4의 요소 $d\lambda$의 상대위치와 같다. 지정된 원자의 중심이 부피요소들 $d\omega$ 중 하나의 내부에 있고, 점 A가 표면 λ의 표면요소 $d\lambda$ 내 또는 그 경계면에 있다면, 이 원자는 다른 원자와 화학적으로 결합되어 있으며, 실제로 다른 원자에 대하여 완전히 결정된 위치에 있게 되는데, χ로 표기된 양은 명확한 값을 가지게 된다.

화학적 인력으로 부르는 인력이 존재하지 않는다면, 지정된 분자의 중심이 부피요소들 $d\omega$ 중 하나의 내부에 있을 확률은, 기체 내 임의의 (잔여원자의 영향권의 일부도 아니고, 영향권을 포함하지도 않는) 공간 Ω 내에 있을 확률과 동일한 비율—$n_1 d\omega : \Omega$—을 이룬다. 이에 따르면 공간 Ω는 지정된 원자의 중심이 화학적으로 결합되지 않는 방식으로 Ω의 각 점 안에 있도록 구축된다. 지정된 분자의 중심이 부피요소들 $d\omega$ 중 하나의 내부에 있을 뿐 아니라, 점 Λ가 표면요소 $d\lambda$ 내에 있게 될 확률 w_2는, 화학적 인력이 없다면, w_1에 대하여 $d\lambda : 4\pi$의 비율을 이루며, 따라서

$$w_2 = \frac{d\lambda}{4\pi}\frac{n_1 d\omega}{\Omega}w$$

이다. 화학적 인력의 결과로 방정식 (142)에 의하면 이 확률은 $e^{2h\chi}$의 요인만큼 증가할 것이며, 따라서 화학적 인력이 작용한다면 이 확률은

$$w_2{}' = e^{2h\chi}\frac{d\lambda}{4\pi}\frac{n_1 d\omega}{\Omega}w$$

이다. 지정된 원자가 n_1개 잔여원자들 중 어느 하나와 결합하는 모든 가능한 위치를 포함하기 위하여 이 식을 임계공간 ω 전체의 모든 부피요소 $d\omega$에 대하여, 이에 대응하는 모든 표면요소 $d\lambda$에 대하여 적분해야 한다; 이에 의하여 지정된 원자가 화학적으로 결합할 확률은

(185) $$w_3 = \frac{n_1 \omega}{\Omega}\iint \frac{d\omega d\lambda}{4\pi}e^{2h\chi}$$

로 얻어진다.

(186) $$k = \iint \frac{d\omega d\lambda}{4\pi}e^{2h\chi}$$

로 놓으면

$$w_3 = n_1 \omega k / \Omega. \tag{187}$$

w는 지정된 분자의 중심이, 영향권 또는 잔여원자들의 임계공간을 포함하지 않는 임의의 공간 내에 있을 확률이다.

이제 기체 내 지정된 분자의 중심이 화학적으로 결합하지 않을 확률을 계산해야 하겠다. 이 상황은 중심이 다른 모든 잔여분자들의 영향권과 n_1개 원자들의 임계공간과는 무관한 공간에서 발견될 때에 발생한다. 이 임계공간들의 합은 ωn_1, 영향권들로 채워진 총공간은 §59에서 본 것처럼 Gb이다. 기체의 총부피가 V이므로, 영향권 및 임계공간에 무관한 공간은 $V - Gb - n_1\omega$이다.[50] 지정된 분자의 중심이 이 공간에서 발견될 확률 w_4는 중심이 이 공간 내에 있을 확률과 Ω 내에 있을 확률의 비율과 같으며, 이는 공간 $V - Gb - n_1\omega$가 Ω 내의 임의의 부분이기 때문이다. 따라서:

$$w_4 = w(V - Gb - n_1\omega)/\Omega.$$

지정된 원자는 그 중심이 임계공간 내에 있지만 점 A가 이에 대응하는 표면 λ 상에 있지 않을 때에 화학적으로 결합하지 않는데, 이러한 경우에는 민감영역들이 겹치지 않기 때문이다. 이 경우의 확률은 (185)와 마찬가지로

$$w_5 = \frac{wn_1}{\Omega} \iint \frac{d\omega d\lambda_1}{4\pi} \tag{188}$$

으로 얻어지는데, 각 부피요소 $d\omega$에 있어서 $d\lambda_1$은 $d\omega$에 대응하는 표면 λ 위

50) 두 개의 영향권 또는 한 개의 영향권과 한 개의 민감영역의 경우는 고차의 매우 작은 양을 주므로 무시한다.

에 있지 않은 구면 E의 요소를 의미한다. 이 조건을 만족하는 모든 표면요소와 부피요소 $d\omega$에 대하여 적분해야 한다. 어떠한 위치에서도 인력이 작용하지 않으므로 지수함수는 생략되었다. 그러므로 N개의 기체들 각각에 있어서 지정된 원자가 화학적으로 결합하지 않을 확률은:

$$w_6 = w_4 + w_5 = \left(V - Gb - n_1\omega + n_1 \iint \frac{d\omega d\lambda_1}{4\pi} \right) \frac{w}{\Omega} \tag{189}$$

이다.

세 개의 양 $Gb, n_1\omega, n_1 \iint dwd\lambda_1/4\pi$은 화학적 인력과는 완전히 무관하다.

Gb는 판데르발스가 분자의 유한한 크기에 따라서 보일-샤를 법칙을 보정한 항이다. 임계공간은 영향권에 비하여 매우 작으므로 $n_1\omega, n_1 \iint dwd\lambda_1/4\pi$은 Gb에 비하여 작다. 이상기체와 동일한 성질을 가진 기체의 해리를 계산하는 경우에 이 세 양들의 크기를 V에 비하여 무시할 것인데, 이에 따라서 분자해리를 일으키는 요인 이외에 보일-샤를 법칙으로부터 벗어나게 하는 다른 요인들은 무시할 것이다. 마찬가지 이유로 하여 방정식 (189)의 괄호 속에서 첨가된 모든 항들을 무시하여도 정확성에 큰 문제가 생기지 않을 것이다. 따라서 (189)는

$$w_6 = \frac{Vw}{\Omega} \tag{190}$$

로 간단해진다. 반면, 화학적 힘이 강하기 때문에 지수함수 $e^{2h\chi}$가 매우 큰 값을 가질 것이므로 [방정식 (186)으로 주어지는] 양 k가 V에 비하여 작다고 볼 수는 없다. $e^{2h\chi}$가 $V/n_1\omega$와 비슷한 크기를 가질 때에만 해리가 일어나므로 k와 V는 비슷한 크기를 가진다. 방정식 (187)과 (190)으로부터

$$w_6 : w_3 = V : n_1 k$$

를 얻는다.

다시 N개의 기체들로 돌아가서, 이 중 N_3개에서 지정된 원자가 화학적으로 결합되어 있고, N_6개에서 결합되어 있지 않다면:

$$N_6 : N_3 = w_6 : w_3 = V : n_1 k.$$

지정된 원자를 임의로 선정할 수 있으므로 이는 또한 평형상태에서 화학적으로 있지 않은 원자들의 개수 n_1과 결합되어 있는 개수 $2n_2$의 비율이다. 그러므로

$$n_1 : 2n_2 = V : n_1 k$$

이므로

$$n_1^2 k = 2n_2 V \tag{191}$$

이다.

§64. 압력에 대한 해리도의 의존성

두 개수 n_1, n_2를 계산할 시에, 물론 한 개의 지정된 분자를 제외하여야 한다. 그러나 n_1, n_2는 1에 비하여 매우 크므로 방정식 (191)은 n_1이 기체 내의 결합하지 않은 원자들의 총개수이며 n_2가 결합된 원자들의 총개수일 때에도 성립한다. a가 기체 내의 분자들의 총개수이므로 $n_1 + 2n_2 = a$이다. 따라서:

$$n_1 = -\frac{V}{2k} + \sqrt{\frac{V^2}{4k^2} + \frac{Va}{k}}. \tag{192}$$

기체의 총질량을 G, 원자 한 개의 질량을 m_1이라 하면 $a = G/m_1$이다.

$a/G_1 = 1/m_1$은 단위질량당 해리된 원자와 화학결합한 원자의 총개수이다. 비부피, 즉 주어진 온도와 압력에서 부분적으로 해리된 기체의 단위질량의 부피를 $v = V/G$로 나타내고, 해리도, 즉 원자의 총개수에 대한 화학적으로 결합하지 않은 (해리된) 원자들의 개수의 비율을 $q = n_1/a$으로 나타내자. 마지막으로

$$K = \frac{k}{m_1} = \frac{1}{m_1}\iint e^{2h\chi}\frac{d\omega d\lambda}{4\pi} \tag{193}$$

로 놓으면, 위의 방정식은:

$$q = -\frac{v}{2k} + \sqrt{\frac{v^2}{4K^2} + \frac{v}{K}} \tag{194}$$

로 간단해진다. 다음의 사항에 주목하여 보자: 두 개의 원자들의 민감영역이 상호침투하지 않도록 충돌할 시에, 이 민감영역은 작고 상대속도들은 화학적 힘 때문에 크므로, 대부분의 경우 민감영역들이 상호침투하는 시간은 분자의 충돌 사이의 시간에 비하여 작을 것이다. 화학적으로 결합된 원자의 에너지는 매우 크므로 두 원자들은 다시 서로 멀어질 것이다.(이를 가상 화학결합이라 부르자.)

가상적으로 화학결합한 원자들은 매우 짧은 시간 동안에만 존재하므로, 그 개수는 어떠한 경우에도 a에 비하여 극히 작다. 따라서 n_1이 a에 비하여 작지 않을 때에 그 개수는 극히 작은 부분을 기여할 것이다. 원자가 고체가 아닐 경우에, 원자들의 중심의 운동에너지가 내부에너지(예를 들면 회전, 또는 내부운동)로 전환될 경우에만 좀 더 긴 시간 동안의 상호작용이 가능할 것이다.(화학결합의 첫 번째 유형) 반면, 두 원자들의 민감영역들이 겹칠 때에 제3의 원자 또는 화학결합한 원자들이 개입한다면 에너지가 낮아져서 두 원

자들을 다시 분리하기가 어려워 최소한 다른 충돌이 일어날 수 있을 것이다.(화학결합의 두 번째 유형) 화학결합한 원자들의 개수 n_2가 a에 비하여 작지 않은 것으로 계산되는 모든 경우에는 상당수의 화학결합한 원자들이 더 오랫동안 결합해 있을 것이다. 본 일반식의 장점은 이 원자쌍들이 형성되고 소멸되는 과정을 특별히 다루지 않아도 화학결합한 원자쌍들의 개수를 계산할 수 있다는 점이다. 어떠한 경우에도 계산에 의하여 얻어진 n_2개의 화학결합한 원자쌍들 중에서 —이 경우에 이 개수는 작지 않다— 극히 일부분을 제외한 모두가 상당한 시간 동안에 결합되어 있으며, 기체이론의 관점에서는 이들을 분자로 볼 수 있다.

압력을 계산하기 위하여 두 기체의 혼합물을 생각해보자. 한 기체의 분자는 원자이며, 다른 기체의 분자는 원자쌍이라 하자. 임의의 기체 혼합물의 총압력은:

$$p = \frac{1}{3V}\left(n_1 m_1 \overline{c_1^2} + n_2 m_2 \overline{c_2^2} \cdots\right)$$

이며, $m_1, m_2 \cdots$는 질량, $\overline{c_1^2}, \overline{c_2^2} \cdots$은 각 기체의 중력중심의 평균제곱속도이다. n_1은 첫 번째 기체분자들의 총개수, n_2는 두 번째 기체분자들의 총개수 $\cdots$ 이다.[제1부, §2 방정식 (8) 참조] 또한 M이 정상기체의 질량, $\overline{C^2}$이 동일한 온도 T에서의 평균제곱속도, $\mu_h = m_h / M$는 다른 기체들 중 하나의 원자량이고, 정상기체의 분자량이 1이라면:

$$m_1 \overline{c_1^2} = m_2 \overline{c_2^2} = \cdots = M\overline{C^2} = 3MRT = 3/2h$$

이므로

$$p = \frac{MRT}{V}\left(n_1 + n_2 + \cdots\right) \tag{195}$$

이다. 우리의 특수한 경우에는

$$2n_2 = a - n_1, n_3 = n_4 \cdots = 0$$

이므로

$$p = \frac{a + n_1}{2V} MRT = (1+q) \frac{am_1}{2V} \frac{M}{m_1} RT.$$

따라서 $v = V/am_1$이므로

$$p = \frac{1+q}{2\mu_1 v} RT. \tag{196}$$

(194)의 q 값을 치환하면 압력 p는 비부피 v와 온도 T의 함수로 얻어진다. K는 아직도 온도의 함수인데, 이는 나중에 다룰 것이다. p, v, T 사이의 관계는 실제의 직접 관찰에 의하여 얻을 수 있다. 그러나 화학자들은 해리도 q를 p, T의 함수로 보는 것에 더 익숙해 있다. 방정식 (191)을

$$q^2 = \frac{v}{K}(1-q)$$

의 형식으로 변환하여, 이에 방정식 (196)을 곱하면

$$q^2 = \frac{RT}{2\mu_1 Kp}(1-q^2)$$

을 얻게 되며, q를 p, T의 함수로서 얻을 수 있다:

$$q = \sqrt{\frac{1}{1 + \frac{2\mu_1 pK}{RT}}}. \tag{197}$$

이 값을 (196)에 치환하면 v를 p, T, K의 함수로 얻는다.

§65. 온도에 대한 해리도의 의존성

K에 대한 논의가 아직도 필요하다. 방정식 (193)에 h의 값 $\frac{1}{2}MRT$를 치환하면:

$$K = \frac{1}{m_1}\iint \frac{dw\,d\lambda}{4\pi} e^{\chi/MRT} \tag{198}$$

이며, 어떠한 경우에도 이는 오직 온도만의 함수이다. 일정 온도에서 K는 상수이며, 방정식 (194), (196), (197)은 p와 v 사이의 관계 및 p와 v에 대한 q의 의존성을 직접 준다. 여기에서 결정되어야 하는 양은 새로운 상수 K뿐이다.

방정식 (198)은 적분기호 내에 온도를 포함하므로, 온도에 대한 K의 의존성은 처음부터 간단히 주어지지는 않는다. 대신에, 두 개의 민감지역들의 중첩의 정도에 대한 함수 χ의 의존성에 대한 모종의 가정을 세워야 할 것이다. 모호한 가정에 빠지지 않기 위하여 가장 단순한 가정 —두 원자들이 화학적으로 결합하는 경우, 즉 두 민감지역들이 중첩되는 경우에 χ가 언제나 일정한 값을 갖는다는 가정— 을 생각해보자. 이는, 두 민감지역들이 중첩되는 즉시 이 영역 내 표면상의 모든 점에서 동일한, 강력한 인력이 발생하는 경우이다. 그러나 이 인력은 더 이상 상호침투하게 되면 즉시 소멸된다. 화학적으로 결합되어 있는 두 원자들을 분리하는 데에 소요되는 일정한 일이며, 역으로는 화학적 인력에 의하여 행해지는 화학결합의 일이다.

단위질량 내의 모든 a/G개의 원자들이 초기에 화학적으로 결합되어 있지 않았다가 이후 $a/2G$개의 화합물을 형성한다면, $a\chi/2G$ 만큼의 일이 소요되었을 것이다; 따라서 $\Delta = a\chi/2G$는 역학적 단위로 측정된, 기체의 단위질량당 총결합(또한 해리)일이며:

(199) $$\chi = 2G\Delta/2a,\ \frac{\chi}{MRT} = \frac{2G\Delta}{aMRT} = \frac{2\Delta\mu_1}{RT},$$

(200) $$K = e^{2\mu_1\Delta/RT}\frac{1}{m_1}\iint\frac{d\omega d\lambda}{4\pi}$$

이다. 화학에서는 질량 $2\mu_1$을 "한 개의 분자"라고 부르므로, $2\mu_1\Delta$는 "한 개의 분자"의 해리열이다. 원자들의 어떠한 배치에 대해서도 χ는 로그적으로 무한대 이상일 수는 없음을 쉽게 알 수 있는데, 이는 그렇지 않다면 이 배치의 확률이 e^{χ} 정도의 크기를 가진 무한대여서, 원자들이 결코 해리될 수 없기 때문이다. χ가 원자들의 위치의 어떠한 함수이더라도, χ를 그 평균값으로 치환하면 질적으로 다른 결과를 얻지는 못하는바, 이에 의하여 다시 방정식 (200)에 이르게 된다. 이 방정식은 일반적인 경우에 실제에 매우 근사한 결과를 제공한다.

χ가 일정한 경우, 원자들이 결합되어 있는 한에는 결합된 원자들의 상대운동에 의하여 아무런 분자 내 일이 행하여지지 않는다. 그러나 원자들이 결합되어 있건 그렇지 않건 간에 평균 운동에너지는 주어진 온도에서는 일정하다; 따라서 평균 운동에너지의 증가분이 동일하다면 온도의 증가분도 동일하며, χ가 일정하다면 비열은 원자들이 결합되어 있는지 여부에 무관하다. 물론 여기에서는 해리가 시작되기 전 또는 종료된 후의 비열을 의미한다; 해리도가 변화하는 경우에 해리열은 비열에 포함되지 않는다.

이제 더 간략한 표현

(201) $$\alpha = \frac{2\mu_1\Delta}{R},$$

(202) $$\beta = \frac{1}{m_1}\iint\frac{d\omega d\lambda}{4\pi} = \frac{1}{m_1}\int\frac{\lambda d\omega}{4\pi},$$

(203) $$\gamma = \frac{2\mu_1}{R}\beta$$

를 사용하는바, λ는 두 번째 원자의 중심 B가 그림 4에서 $d\omega$ 내에 있을 때에 화학결합을 깨지 않으면 점 λ가 빠져나갈 수 없는 구 E의 표면단면이다; 이에 따라서 방정식 (197), (200), (201), (202)에 따르면

(204) $$q = \sqrt{\frac{1}{1 + \frac{\gamma p}{T} e^{\alpha / T}}}$$

이다.

q가 p, T의 함수로서 실험적으로 주어진다면, 두 개의 상수 α, γ는 이 식으로부터 결정된다. α로부터는 방정식 (201)을 사용하여 해리열—또는 기체 단위질량의 결합열 Δ를 얻을 수 있고, γ로부터는 (203)을 사용하여 β를 결정할 수 있다. 방정식 (202)를 따르면 이 양은 중요한 분자론적 의미를 가지고 있다. 원자에 소속된 임계공간의 각 부피요소 $d\omega$에 있어서 화학결합이 일어나기 위해서는 점 Λ는 구면 E의 어떤 구면단면 λ 상에 있어야 한다. 이제 임계공간의 각 부피요소 $d\omega$의 부피 전체를 생각하지 말고, 부피요소에 $\lambda/4\pi$를 곱한 일부분만을 생각해보자. 이 부분을 환산부피라 부르면, $\int \lambda d\omega/4\pi$는 원자에 소속된 임계공간의 모든 부피요소들의 환산부피의 합이다; 이를 임계공간의 환산부피라고 간단히 표기하자.

이제 좀 더 간단한 표현을 사용하기로 하겠다. 두 번째 원자의 중심이 부피요소 $d\omega$ 내에 있고 동시에 점 Λ가 이에 대응하는 표면 λ 상에 있다고 말하는 대신에, 두 번째 원자가 환원부피요소 $d\omega$ 내에 있다고 말하자. 두 번째 원자가 임계공간 내의 어떤 환원부피요소 $d\omega$ 내에 있다고 말하는 대신에, 환원임계공간 내의 어떤 곳에 있다고 말하자.

$1/m_1$이 단위질량 내의 원자들의 총개수이므로, β는 단위질량 내의 모든 원자들에 속하는 모든 임계공간들의 환원부피의 합이다. 민감영역에 대한 명확한 가정을 세우려면 임계공간 내의 각 부피요소 $d\omega$에 대응하는 표면단면 λ의 형태를 계산해야 하므로, 환원부피뿐 아니라 단위질량 내의 모든 원자들에 속하는 모든 민감영역들의 절대부피를 결정해야 한다. 그러나 이에 대해서는 더 이상 자세히 논의하지 않기로 한다.

(204)의 식을 방정식 (196)에 치환하면 비부피를 압력 p, 온도 T, 해리된 기체의 기체상수 R/μ_1 및 두 개의 상수 α, γ의 함수로 나타낼 수 있다. p를 v와 T의 함수로 나타내고자 한다면 [(220)에 의하여 $K=\beta e^{\alpha/T}$로 놓은 후] q에 대한 표현 (194)를 방정식 (196)에 치환하면 된다.

§66. 수치 계산

하이포아질산의 해리에 대한 드빌과 트로스트[51]의 실험 및 나우만[52]의 실험과, 아이오딘 증기의 해리에 대한 마이어와 크래프츠[53]의 실험을 분석한바,[54] 이에 대한 매우 짤막한 수치계산을 여기에 삽입하고자 한다. 이들의 연구에서 a, b로 표기된 상수들은 본 논의에서 α, γ로 불리는 상수들과는:

$$\alpha = b\log 10, \gamma = \frac{1}{a}$$

51) Wien. Ber. **88**, 891, 895(1883).

52) Par. compt. rend. **64**, 237; **86**, S. 332. u. 1883. 1895, 1878; Jahresber. f. Ch. 1867, S. 177; Naumann, Thermochemie S. 115 bis 128.

53) Ber. d. deutch. chem. Gesellsch. Bd. 11, 1878, S. 2045; Jahresber. f. Chem. 1878, S. 120.

54) Ber. d. deutch. chem. Gesellsch. Bd. 18, 1880, S. 851-873.

의 관계를 가진다. 하이포아질산에 관련된 양들을 u로 표기하고, 아이오딘 증기에 관련된 양들을 j로 표기하면:

$$a_u = 1970270 \frac{p_u}{1℃}, b_u = 3080.1℃,$$

$$a_j = 2.617 \frac{p_j}{1℃}, b_j = 6300.1℃$$

이므로:

$$\alpha_u = 3080. \log 10. 1℃, \gamma_u = \frac{1℃}{1970270 p_u},$$

$$\alpha_j = 6300. \log 10. 1℃, \gamma_j = \frac{1℃}{2.671 p_j}.$$

p_u는 하이포아질산의 해리에 대한 드빌과 트로스트의 실험에서 사용된 평균값(약 755.5 수은 mm)이며, p_j는 아이오딘 증기의 해리에 대한 마이어와 크래프츠의 실험에서 사용된 값(728 mm)이다. 방정식 (201)에 의하면 (화학적인, 거시적 의미에서의) 분자의 해리열은

$$\Pi = 2\mu_1 \Delta = \alpha R$$

이다. 이 식은 역학적 단위에 근거하는데, 열 단위를 사용하면 적절한 상수 인자 J로 곱해야 한다. 이 단위를 사용한 분자의 해리열은 따라서

$$P = \alpha R J \tag{205}$$

이다. 역학적 양의 단위로는 그램, 센티미터 및 초를 사용할 것이다. 430킬로그램의 물체를 1미터만큼 들어 올렸을 때에 1킬로칼로리의 열이 발생하므로

$$J = \frac{\text{cal}}{430\,\text{gr} \cdot 100\,\text{cm}\, G} \tag{206}$$

이다. 여기에서 G는 중력가속도, "cal"은 그램-칼로리를 의미한다. 공기의 기체상수 r은 공기에 대한 방정식 $pv = rT$에 다음의 값을 치환하여 얻어진다:

$$T = \text{얼음의 녹는 온도, 절대온도 } 273° \mathrm{K}$$

$$p = \text{대기압} = \frac{1033\,\mathrm{gr} \cdot G}{\mathrm{cm}^2}$$

$$v = \frac{1000\,\mathrm{cm}^3}{1.293\,\mathrm{gr}}.$$

공기 한 개의 분자에 있어서 $H = 1, H_2 = 2$로 놓으면 μ_0는 약 28.9이다. $R = r\mu$이므로 수소원자에 대하여:

$$R = \frac{28.9}{273°} \frac{1033\,\mathrm{gr} \cdot G}{\mathrm{cm}^2} \frac{1000\,\mathrm{cm}^3}{1.293\,\mathrm{gr}} = 84570 \frac{G \cdot \mathrm{cm}}{1℃}. \tag{207}$$

이에 따라서

$$RJ = \frac{28.9}{273°} \frac{1033\,\mathrm{gr} \cdot G}{\mathrm{cm}^2} \frac{1000\,\mathrm{cm}^3}{1.293\,\mathrm{gr}} \frac{\mathrm{cal}}{430\,\mathrm{gr} \cdot 100\,\mathrm{cm}\,G} \tag{208}$$

$$= 1.967 \frac{\mathrm{cal}}{\mathrm{gr} \cdot 1℃}.$$

따라서 하이포아질산에 대하여:

$$P_u = \alpha_u RJ = 13920 \frac{\mathrm{cal}}{\mathrm{gr}}. \tag{209}$$

하이포아질산(N_2O_4)의 분자량 $2\mu_1 = 92$로 나누면 1그램당의 해리열의 값

$$D_u = 151.3 \frac{\mathrm{cal}}{\mathrm{gr}} \tag{210}$$

를 얻는데, 이는 베르델롯과 오기어[55]에 의한 하이포아질산의 해리열 값과 직접적으로 잘 일치한다.

아이오딘 증기에 대해서는:

$$P_j = 28530 \frac{\text{cal}}{\text{gr}},\ D_j = 112.5 \frac{\text{cal}}{\text{gr}} \tag{211}$$

이다.

방정식 (202), (203)에 의하면 단위질량의 모든 원자들의 환산 임계공간들의 합은

$$\beta = \frac{1}{2\mu_1} R\gamma \tag{212}$$

이다. 따라서

$$\gamma_u = \frac{1\,℃}{1970270\,p_u}$$

이며, p_u는 수은주 755.5 mm에 해당한다. 따라서[56]

$$p_u = \frac{1033\,\text{gr} \cdot G}{\text{cm}^2} \frac{755.5}{760} = \frac{1027\,\text{gr} \cdot G}{\text{cm}^2} \tag{213}$$

이므로,

$$\beta_u = \frac{1}{92} 84570 \frac{G \cdot \text{cm}}{1℃} \frac{1℃}{1970270} \frac{\text{cm}^2}{1027\,\text{gr} \cdot G} = \frac{\text{cm}^3}{2200000\,\text{gr}}. \tag{214}$$

55) C. R. Paris, **94**, 916(1882) Ann. chem. phys. [5] **30**, 382-400(1883).

56) R 대신에 $\mu_0 p_0/\rho_0 T_0$ (μ_0, p_0, ρ_0, T_0는 대기압하의 0℃의 공기와 같은 임의의 기체의 성질들)를 사용한다면,

$$\beta = \frac{\gamma p}{2\rho_0 T_0} \cdot \frac{p_0}{p} \cdot \frac{\mu_0}{\mu_1}$$

이며, p의 값을 알 필요 없이 γp의 값을 직접 사용할 수 있다.

이다. 이 값은 이전에 구한 것에 비하여 1/3배로 작은데, 거기에서는 네 개의 산소원자들이 두 개의 NO_2의 결합과 분리 도중에 임의로 교환될 수 있다는 비현실적인 가정을 세운 반면에, 여기에서는 NO_2들이 마치 원자처럼 분리 불가능하다고 보았기 때문이다.

아이오딘 증기에 대해서 얻은 값은

$$\gamma_j = \frac{1℃}{2.617\, p_j} \tag{215}$$

이다. 아이오딘 증기에 대한 실험은 대기압(평균 수은주 728mm)하에서 행해졌으며, 분자량 $2\mu_1$은 253.6이다. 이 값을 치환하면

$$\beta_j = \frac{\mathrm{cm}^3}{8\,\mathrm{gr}}$$

이다.

하이포아질산이나 아이오딘 증기의 판데르발스 상수 b는 알려져 있지 않으므로 분자로 채워진 공간을 판데르발스 방정식으로부터 계산할 수는 없다. 또한, 분자들을 변형 불가능한 구형으로 다루며, 결과에 영향을 줄 수 있는 여러 가지 단순한 가정들을 세우기 때문에 개략적인 b의 값만을 얻을 수 있다. 마지막으로 로슈미트의 추정법이 있겠다. 얼음이 녹는 온도 이하에 해당하는 온도에서 액체 하이포아질산과 고체 아이오딘의 밀도를 각각 1.5, 5로 한다. 이 온도에서 각 물질의 증기압은 매우 작다; 고체 아이오딘의 증기압은 하이포아질산에 비하여 훨씬 작다. 하지만 개략적인 크기만을 원하므로 이러한 문제는 생각하지 않기로 한다. 이 두 물질에 있어서 전체 공간의 2/3가 분자들에 의하여 채워진다는, 완전히 임의적인 가정을 세워보자. 그러면 1그램의 하이포아질산 분자들이 차지하는 공간은 0.44 $\mathrm{cm}^3/\mathrm{gr}$

이다; 이 분자들의 영향권의 부피의 합은 이의 여덟 배이므로 3.55 cm^3/gr 이다. 아이오딘의 경우에는 각각 0.133, 1.07 cm^3/gr 이다. 따라서 하이포아질산의 경우, 한 개의 원자로 취급되는 NO_2의 환산 임계공간은 영향권의 100만분의 8에 불과하며, 아이오딘에 있어서는 영향권의 1/8 또는 1/9이다. 아이오딘의 경우 해리가 매우 어려운 것은 따라서 영향권에 비하여 임계공간이 매우 작기 때문이며, 하이포아질산과 아이오딘의 그램당 해리열의 차이는 매우 작다. 아이오딘 증기가 100만분의 8로 희석된다면 아이오딘과 하이포아질산의 해리도는 비슷할 것이다.

§67. 단일원자가의 다른 원자들의 화학적 친화도에 대한 역학적 관점

두 번째의 간단한 예를 들어 보겠다. 두 종류의 원자들이 부피 V, 온도 T, 압력 p의 공간 내에 있다고 하자. a_1개의 첫 번째 원자들과, a_1개의 두 번째 원자들이 있고, 각각의 질량을 m_1, m_2라 하자. 첫 번째 원자 두 개가 첫 번째 분자로, 두 번째 원자 두 개가 두 번째 분자로 결합할 수 있다. 이 두 결합에 있어서는 위에서 논의한 규칙들이 적용된다. 첫 번째 분자와 두 번째 분자에 관계되는 양들을 각각 1, 2의 첨자로서 나타내자. 첫 번째 원자와 두 번째 원자 사이의 결합도 가능하여 이 경우에는 동일한 규칙들을 따르는 "혼합분자"가 만들어지는데, 이를 두 개의 첨자 1, 2로 표기하자.

평형상태에서는 n_1개의 첫 번째 원자들과, n_2개의 두 번째 원자들, n_{11}개의 첫 번째 분자들과 n_{22}개의 두 번째 분자들, 그리고 n_{12}개의 혼합분자들이 존재한다. 두 개보다 많은 원자들의 화학결합은 제외한다. 첫 번째 원자들은 지름 σ_1의 상호침투 불가능한 구형이며, 원자를 중심으로 한 반지름 σ_1의 구를 그 원자의 영향권이라 한다. 이에는 동의원자와의 상호작용을 위한 임계공간 ω_1이 붙는다. 다른 첫 번째 원자의 중심이 ω_1 내에 있지 않으면 화학결합은 일어나지 않는다. 중심이 $d\omega_1$ 내에 있으면 환산부피 $d\omega_1$ 내에 있을 때에만—즉, 점 Λ_1이 첫 번째 원자의 동심 구면 E의 표면단면 λ_1 상에 있을 때에만— 화학결합이 일어난다. $d\lambda_1$이 표면 λ_1의 표면요소라 하자. 이전과 마찬가지로, 첫 번째 원자의 중심으로부터 두 번째 원자의 축에 평행하게 그은 선이 구면 E와 교차하는 점을 Λ_1이라 하자. 두 원자들이 먼 거리로부터 접근하여 두 번째 원자의 중심이 $d\omega_1$ 내에, Λ_1이 $d\lambda_1$ 내에 있는 위치까지 되도록 할 때까지 소요된 일을 χ_1이라 하자.

첫 번째 원자들 중 한 개를 선택하면, 남아 있는 첫 번째 원자들 중에는 언제나 두 번째 원자들 또는 다른 첫 번째 원자들과 결합하지 않은 n_1개가 있을 것이다. 지정된 원자가 첫 번째 종류의 결합을 이룬다면 세 개의 원자 간 결합은 무시하므로, 이 결합은 n_1개의 다른 원자들 중 하나와 형성될 것이다. 이 사상의 확률과 이 원자가 원자로 남을 확률 간의 비율은 $k_1 n_1 : V$이며,

$$k_1 = \iint e^{2h\chi_1} \frac{d\omega_1 d\lambda_1}{4\pi} \tag{216}$$

이다. 이는 위에서 논의한 바와 같이 확인될 수 있다. 이 두 확률의 비율은 그러나 $2n_{11} : n_1$과 같아야 하므로

$$k_1 n_1^2 = 2Vn_{11}. \tag{217}$$

마찬가지로, 두 번째 원자에 대해서도

$$k_2 n_2^2 = 2Vn_{22} \tag{218}$$

가 성립하는데, 모든 양들은 첫 번째 원자에서와 같은 의미를 가진다. 따라서:

$$k_2 = \iint e^{2h\chi_2} \frac{d\omega_2 d\lambda_2}{4\pi}. \tag{219}$$

이제 혼합분자의 형성을 논의해야 하겠다. 첫 번째 원자와 두 번째 원자가 각각 침투 불가능한 반지름 σ_1, σ_2의 구형이라 가정했으므로, 종류가 다른 두 원자들의 최소 거리는 $\frac{1}{2}(\sigma_1 + \sigma_2)$이다. 첫 번째 원자에 반지름 $\frac{1}{2}(\sigma_1 + \sigma_2)$의 구형을 구축하고, 이를 두 번째 원자에 대한 첫 번째 원자의 영향권이라 하자. 두 원자들의 표면에는 민감영역이 있게 되는데, 이 영역들이 닿으면 인력이 작용하게 된다. 서로 다른 종류의 원자들 사이의 민감영역이 동종의 원자들 사이의 민감영역과 같을 가능성이 더 크지만, 이 가정이 반드시 필요한 것은 아니다. 어떤 경우에도, 이전처럼 두 번째 원자에 대한 첫 번째 원자의 영향권에 임계공간을 붙이고, 이를 ω_{12}라 할 수 있다. 이 임계공간의 각 부피요소 $d\omega_{12}$에 영향권과 동심을 이루는 단위구 E상에 표면λ_{12}를 구축하여, 두 번째 원자의 중심이 λ_{12} 내에 있을 시에 어떤 점 Λ_{12}가 표면요소 $d\lambda_{12}$ 내에 있게 되면 —즉, 원자가 환산부피요소 $d\omega_{12}$ 내에 있게 되면— 두 원자들 사이에 인력이 작용하도록 할 수 있다. 이 경우에 χ_{12}는 두 원자들을 분리하는 데 소요되는 일이다.

두 번째 원자들 중 한 개를 선택하여 보자. 이것이 단일한 원자이려면, 총부피 V중에서 무한소의 작은 부분만을 제외한 나머지 대부분의 공간을 가져야 한다. 반면에 이 원자가 혼합분자로 있으려면 그 중심은 결합하지 않은 n_1개의 두 번째 원자들 중 하나에 속하는 임계공간의 부피요소 $d\omega_{12}$ 내에 있어야 하며, 점 Λ_{12}는 이에 대응하는 표면 λ_{12}의 표면요소 $d\lambda_{12}$ 내에 있어야 한다. 이 원자의 중심이 부피요소 $d\omega_{12}$ 내에 있고 점 Λ_{12}가 표면요소

$d\lambda_{12}$ 내에 있을 확률과 임의의 축 방향에 대하여 원자의 중심이 V 내에 있을 확률의 비율은:

$$e^{2h\chi_{12}}\frac{d\omega_{12}d\lambda_{12}}{4\pi}:\ V$$

이다. 지정된 원자가 혼합분자를 형성할 확률과 단일의 원자로 남을 확률의 비율은

$$n_1\iint e^{2h\chi_{12}}\frac{d\omega_{12}d\lambda_{12}}{4\pi}:\ V$$

이다. 따라서

$$k_{12}=\iint e^{2h\chi_{12}}\frac{d\omega_{12}d\lambda_{12}}{4\pi} \tag{220}$$

로 놓으면, 비례식

$$n_2:n_{12}=V:n_1k_{12},$$

즉

$$Vn_{12}=k_{12}n_1n_2 \tag{221}$$

를 얻게 된다.

§68. 분자의 두 이종(異種) 원자로의 해리

k_1, k_2가 각각 k_{12}, V/n_1에 비하여 너무 작아서 첫 번째 종류의 분자와 두 번째 종류의 분자 개수를 완전히 무시할 수 있는 경우를 먼저 생각해보자. 이 경우에 기체는 세 가지 분자들, 즉 첫 번째 종류의 원자, 두 번째 종류의 원자 및 혼합분자들로 구성된다.

또한, 첫 번째 종류의 원자의 개수와 두 번째 종류의 원자의 개수가 정확히 일치하는 경우를 다루어보자.

$$a_1 = a_2 = a$$

로 놓으면:

$$n_1 = n_2 = a - n_{12}.$$

해리도를 $q = (a - n_{12})/a$로 하면, 방정식 (221)로부터

$$ak_{12}q^2 = V(1-q)$$

를 얻는다. 또한 방정식 (195)에 의하면

$$p = \frac{MRTa}{V}(1+q)$$

이므로

$$q^2 = \frac{MRT}{k_{12}p}(1-q^2).$$

χ_{12}가 일정하다고 하면;

$$\frac{1}{m_1 + m_2}\chi_{12} = \Delta_{12}$$

는 순전히 혼합분자들로만 구성된 단위질량의 기체의 해리열이다. 또한:

$$k_{12} = e^{(\mu_1+\mu_2)\Delta_{12}/RT}\int \frac{\lambda_{12}d\omega_{12}}{4\pi}$$

에서 μ_1은 $H_1 = 1, H_2 = 2$인 첫 번째 종류의 원자로 구성된 기체의 원자량이다. μ_2는 두 번째 종류의 원자에 대해서 마찬가지 의미를 가진다. 지수함수에 나타나는 양 $(\mu_1 + \mu_2)\Delta_{12} = \Pi$는 질량(화학적 분자량)이 $(\mu_1 + \mu_2)$인, (화학적, 또는 거시적인 의미에서) 해리되지 않은 물질의 분자의 (역학적 단위로 측정

된) 해리열이다.

$$\frac{(\mu_1+\mu_2)\Delta_{12}}{R}=\alpha, \kappa_{12}=\int\frac{\lambda_{12}d\omega_{12}}{4\pi},$$

$$\gamma=\frac{\kappa_{12}}{MR}$$

로 놓으면

$$q=\sqrt{\frac{1}{1+\frac{\gamma p}{T}e^{\alpha/T}}}$$

을 다시 얻게 된다. χ_{12}는 두 번째 종류의 원자와의 상호작용에 관련되는 첫 번째 종류의 원자의 환산 임계공간이다. χ_{12}는 또한 단위질량의 모든 첫 번째 종류의 원자들에 해당하는 환산 임계공간의 합일 것이다. 반면, χ_{12}/M는 (화학적인 의미에서) 분자 내에 포함된—즉, 정상 물질의 단위질량에 해당하는 질량 m_1/M 내에 포함된—모든 첫 번째 종류의 원자들의 환산 임계공간의 합이다.

한 가지 기체가 과량으로 존재한다면 방정식 (221)로부터

$$(a_1-n_{12})(a_2-n_{12})=\frac{V}{k_{12}}n_{12} \tag{221a}$$

$$n_{12}=\frac{a_1+a_2}{2}+\frac{V}{2k_{12}}-\sqrt{\frac{(a_1-a_2)^2}{4}+(a_1+a_2)\frac{V}{2k_{12}}+\frac{V^2}{4k_{12}^2}} \tag{222}$$

을 얻는다. n_{12}는 a_1이나 a_2보다 더 클 수는 없으므로 제곱근은 음의 부호를 가져야 한다. a_1이 매우 크다면 방정식 (221a)의 좌변의 인자 a_2-n_{12}는 매우 작으므로 n_{12}는 a_2와 거의 같은데, 이는 a_1이 a_2에 비하여 크다는 점을 감안하면 방정식 (222)로부터도 알 수 있다. 첫 번째 종류의 원자의 개수가 증가

함에 따라 결국 모든 두 번째 종류의 원자들이 첫 번째 종류의 원자들과 결합할 것인데, 이는 굴드버그와 바아게의 질량작용 법칙에 부합된다.

§69. 아이오딘화수소의 해리

이제 §67에서 다룬 또 하나의 극단적으로 특수한 경우를 살펴보자. 다시 $a_1 = a_2 = a$로 놓지만 이제는 V/a가 k_1, k_2, k_{12}에 비하여 매우 작으므로 결합하지 않은 두 종류의 원자들의 개수가 극히 작다고 하자. 이는 예를 들면 HI가 H_2와 I_2로 해리하는 경우이다. 방정식 (221)의 제곱을 취하면 $V^2 n_{12}^2 = k_{12}^2 n_1^2 n_2^2$을 얻는다. 방정식 (217)과 (218)로부터 n_1^2, n_2^2 값을 취하여 치환하면:

$$n_{12}^2 = \frac{4k_{12}^2}{k_1 k_2} n_{11} n_{22}. \tag{223}$$

$q = (a - n_{12})/a$를 해리도로 표시하면:

$$n_{11} = n_{22} \frac{aq}{2}.$$

따라서 방정식 (223)에서 제곱근을 빼면:

$$1 - q = \frac{k_{12}}{\sqrt{k_1 k_2}} q$$

$$q = \frac{1}{1 + \dfrac{k_{12}}{\sqrt{k_1 k_2}}}.$$

환산 임계공간 내의 모든 위치에서 χ가 일정하고, 첫 번째 종류의 원자 두 개 상호 간, 두 번째 종류의 원자 두 개 상호 간, 첫 번째 종류의 원자와 두 번째 종류의 원자 사이의 상호작용의 임계공간을 각각 $\kappa_1, \kappa_2, \kappa_{12}$로 표기하면, 방정식 (216), (219)와 (220)으로부터:

$$\frac{k_{12}}{\sqrt{k_1 k_2}} = \frac{\kappa_{12}}{\sqrt{\kappa_1 \kappa_2}} e^{h(2\chi_{12} - \chi_1 - \chi_2)} = \frac{\kappa_{12}}{\sqrt{\kappa_1 \kappa_2}} e^{(2\chi_{12} - \chi_1 - \chi_2)/2MRT}$$

를 얻는다. 두 HI 분자들로부터 H_2와 I_2를 형성할 시에 $(2\chi_{12} - \chi_1 - \chi_2)$의 열이 발생한다. 따라서

$$\frac{1}{2(m_1 + m_2)}(2\chi_{12} - \chi_1 - \chi_2)$$

는 아이오딘과 수소 기체로부터 단위질량의 HI가 형성될 때에 발생하는 열 Δ이므로

$$\frac{k_{12}}{\sqrt{k_1 k_2}} = \frac{\kappa_{12}}{\sqrt{\kappa_1 \kappa_2}} e^{(\mu_1 + \mu_2)(\Delta / RT)}$$

이다. $2(\mu_1 + \mu_2)\Delta$는 물론 두 HI 분자들이 아이오딘과 수소 증기로부터 화학적인 의미에서 형성될 때의 생성열이다.

매우 높은 온도에서 q는

$$\frac{1}{1 + \frac{\kappa_{12}}{\sqrt{\kappa_1 \kappa_2}}}$$

에 접근한다. 르모인의 실험[57]에서 이 극한값으로 $\frac{3}{4}$의 값을 계산할 수 있다; 그러나 잘못된 화학평형 때문에 이 값은 완전히 믿을 만한 것은 아닐 것

57) Ann. Chem. Phys. [5] **12**, 145(1877); Hauterfeuille, C. R. Paris **64**, 608, 704(1867) 참조.

이다. 한 개의 아이오딘 원자와 한 개의 수소 원자 사이의 상호작용에 대한 환산 임계공간은 두 아이오딘 원자들 사이의 상호작용에 대한 환산 임계공간과 두 개의 수소 원자들 사이의 상호작용에 대한 환산 임계공간의 기하평균의 1/3 정도에 불과하다.

§70. 수증기의 해리

두 분자의 수증기($2H_2O$)가 두 개의 수소분자($2H_2$)와 한 개의 산소분자(O_2)로 해리되는 특수한 경우를 이제 간략하게 다루어보자. 온도 T, 압력 p, 부피 V의 용기에 수소와 산소를 조합하여 형성될 수 있는 모든 종류의 분자들이 존재한다고 하자. H, O, H_2, O_2, HO, H_2O의 개수가 각각 n_{10}, n_{01}, n_{20}, n_{02}, n_{11}, n_{21}이라 하자. 두 수소 원자들 간, 두 산소 원자들 간, 한 개의 산소와 한 개의 수소 사이, 두 개의 수소와 한 개의 산소 사이의 조합의 환산 임계공간을 각각 $\kappa_{20}, \kappa_{02}, \kappa_{11}, \kappa_{21}$이라 하고, 각각의 경우에서 발생하는 열량을 $\chi_{20}, \chi_{02}, \chi_{11}, \chi_{21}$이라 하면:

$$2\chi_{11} + 2\chi_{21} - 2\chi_{20} - \chi_{02}$$

는 두 개의 수소분자와 한 개의 산소분자로부터 두 분자의 수증기가 형성될 때의 열이다. 각 χ는 각각의 임계공간 내에서 일정하다.

다음에, 한 개의 수소원자를 선택해보자. 이 수소원자가 n_{01}개의 산소원자들 중 하나의 환산 임계공간 κ_{11} 내에 있게 되면 HO 분자를 형성할 것이다. 이 원자가 화학결합을 겪지 않을 확률과 HO를 형성할 확률의 비율은

$$V : \kappa_{11} n_{01} e^{2h\chi_{11}}$$

이다. 그러나 동시에 이는 비율 $n_{01} : n_{11}$과 같을 것이므로:

$$n_{11} V = n_{01} n_{10} \kappa_{11} e^{2h\chi_{11}}$$

이다.

이 지정된 수소원자가 화학결합을 겪지 않을 확률을, HO와 결합하여 H_2O를 형성할 확률과 비교하면:

$$n_{21} V = n_{10} n_{11} \kappa_{21} e^{2h\chi_{21}}$$

이므로:

$$n_{21} V^2 = n_{10}^2 n_{01} \kappa_{21} \kappa_{11} e^{2h(\chi_{21} + \chi_{11})} \tag{224}$$

이다.

지정된 수소원자가 화학결합을 겪지 않을 확률과 H와 결합하여 H_2를 형성할 확률의 비율은

$$V : n_{01} \kappa_{20} e^{2h\chi_{20}}$$

이지만, 이는 결합하지 않은 수소원자의 개수 n_{10}과 수소분자를 형성한 개수 $2n_{20}$의 비율과 같다. 따라서:

$$2n_{20} V = n_{10}^2 \kappa_{20} e^{2h\chi_{20}}$$

이며, 마찬가지로:

$$2n_{02} V = n_{01}^2 \kappa_{02} e^{2h\chi_{02}}$$

이다. 따라서 방정식 (224)로부터:

$$n_{21}^2 = n_{20}^2 n_{02} \frac{8}{V} \frac{\kappa_{21}^2 \kappa_{11}^2}{\kappa_{20}^2 \kappa_{02}} e^{2h(2\chi_{21} + 2\chi_{11} - 2\chi_{20} - \chi_{02})} \tag{225}$$

이다. 애초에 a개의 물분자들이 존재한다고 가정하자. 이 중에서 n_{21}이 해리되지 않았다고 하면 $a-n_{21}$개가 해리되어 H_2 및 O_2의 형태로 존재할 것이다. 비율 $q=(a-n_{21})/a$을 다시 해리도라 부르자.

$a-n_{21}$개의 물분자들 중에서 $a-n_{21}$개의 수소분자와 $\frac{1}{2}a-n_{21}$개의 산소분자가 형성되었을 것이므로:

$$n_{20}=aq, n_{02}=\frac{1}{2}aq, n_{21}=a(1-q)$$

이다. $2\chi_{21}+2\chi_{11}-2\chi_{20}-\chi_{02}$는 두 개의 물분자가 두 개의 수소분자와 한 개의 산소분자로 해리할 때 발생하는 열이다. 단위질량의 수증기가 형성될 때 생성되는 열을 Δ라 하면;

$$\Delta=\frac{2\chi_{21}+2\chi_{11}-2\chi_{20}-\chi_{02}}{2(2m_1+m_2)}.$$

$$\frac{2(2\mu_1+\mu_2)\Delta}{R}=\alpha,\ \frac{8\kappa_{21}^2\kappa_{11}^2}{2(2m_1+m_2)\kappa_{20}^2\kappa_{02}}=\gamma \tag{226}$$

로 놓으면:

$$(1-q)^2=q^3\frac{\gamma}{v}e^{\alpha/T}. \tag{227}$$

또한, 방정식 (195)에 따르면

$$p=(n_{20}+n_{02}+n_{21})\frac{MRT}{V}=\left(1+\frac{q}{2}\right)\frac{RT}{v(2\mu_1+\mu_2)} \tag{228}$$

이다. q를 제거하면 p, v, T 사이의 관계를 얻는다. 반면 v를 제거하면 압력과 온도에 대한 해리도의 의존성:

$$(1-q)^2\left(1+\frac{q}{2}\right)\frac{RT}{(2\mu_1+\mu_2)p}=q^3\gamma e^{\alpha/T}$$

를 얻는다. q, p, v 사이의 관계식은 방정식 (227)과 (228)에서 T를 제거하여 얻는다.

산소원자의 결합가가 2임을 생각하여, 산소원자의 표면에는 두 개의 동등한 민감영역들이 존재한다고 가정하자. H와 O로부터 HO가 형성되기 위한 임계공간은 HO와 H로부터 H_2O가 형성되는 경우의 두 배일 것이다. 그러나 두 개의 민감영역들은 서로 마주보고 있지는 않을 것인데, 그렇지 않다면 두 산소원자들과 결합하기 위하여 민감영역들이 분자 표면에서 움직여야 할 것이기 때문이다. 산소원자의 민감영역이 한 개의 산소원자나 이에 화학적으로 결합된 수소원자의 영향권에 의하여 완전히 둘러싸여 있지는 않다고 가정한다면 결합가가 2인 현상을 부분적으로나마 볼 수 있는데, 다른 원자와의 화학결합의 여지가 있을 것이다. 현재로서는 이에 대하여 더 면밀한 논의가 이루어지기는 어려울 듯하다; 그러나 아마도 이 일반적인 역학적 모델이 화학적 진리를 방해하기보다는 이에 도움을 줄 것이라는, 위대한 과학자의 말을 인용하는 바이다.

§71. 해리의 일반이론

이제 해리의 가장 일반적인 경우에 대하여 언급해보자. 임의의 종류, 임의의 개수의 원자들이 주어져 있다고 하자. 첫 번째 종류의 원자 a_1개, 두 번째 종류의 원자 b_1개를 포함하는 분자, 세 번째 종류의 원자 c_1개⋯ 등등을 포함하는 분자를 상징적으로 $(a_1 b_1 c_1 \cdots)$으로 표기하자. $(a_1 b_1 c_1 \cdots)$ 형태의 분자 개, $(a_1b_1c_1 \cdots)$ 형태의 분자 개, $(a_1b_1c_1 \cdots)$ 형태의 분자 개⋯ 등등의 집합이 C_1개의 Γ_1 분자들 $(\alpha_1\beta_1\gamma_1 \cdots)$, C_2개의 Γ_2 분자들 $(\alpha_2\beta_2\gamma_2 \cdots)$, C_3개의 Γ_3 분자들 $(\alpha_3\beta_3\gamma_3 \cdots)$⋯ 등등으로 변환될 수 있다고 하자. 두 집합들은 동일한 원자들을 가지므로,

$$\begin{cases} C_1a_1 + C_2a_2 + \cdots = \Gamma_1\alpha_1 + \Gamma_2\alpha_2 + \cdots \\ C_1b_1 + C_2b_2 + \cdots = \Gamma_1\beta_1 + \Gamma_2\beta_2 + \cdots \end{cases} \tag{229}$$

가 성립한다. 이제 원자들의 모든 조합이 아주 작은 양으로 기체 내에 존재한다고 가정하자. 결합하지 않은 첫 번째 종류의 원자 개수를 n_{100}, 첫 번째 종류의 원자들로 구성된 이원자분자의 개수를 $n_{200\ldots}$ 등등으로 표기하자. 마찬가지로, 결합하지 않은 두 번째 종류의 원자 개수를 n_{010}, 두 번째 종류의 원자들로 구성된 이원자분자의 개수를 $n_{020\ldots}$ 등등으로 표기하고, 첫 번째 종류의 원자와 두 번째 종류의 원자로 구성된 분자의 개수를 n_{110}으로 표기하자. 간단히 하기 위하여 이성체들은 무시하기로 하자. 첫 번째 종류의 원자들로 구성된 이원자분자는 첫 번째 종류의 원자의 중심이 다른 첫 번째 종류의 원자의 환산 임계공간 내에 있을 때에만 형성될 수 있다. 따라서 κ_{200}가 이 환산 임계공간이고, χ_{200}가 첫 번째 종류의 원자들로 구성된 이원자분자의 결합열이라면, 본 이론에 따라서

$$n_{100\ldots} : 2n_{200\ldots} = V : n_{100\ldots}\kappa_{200\ldots}e^{2h\chi_{200}\cdots}$$

이다. 마찬가지로

$$n_{100\ldots} : 3n_{200\ldots} = V : n_{200\ldots}\kappa_{300\ldots}e^{2h\chi_{300}\cdots}$$

이며, $\chi_{300\ldots}$는 첫 번째 종류의 원자 세 개로 구성된 분자의 결합열이다. $\kappa_{300\ldots}$는 첫 번째 종류의 원자 세 개로 구성된 이원자분자의 주변에서 한 개의 첫

번째 종류의 원자에 허용되는 환산 임계공간이다. 이 두 비례식으로부터:

$$n_{300\cdots} = n_{100\cdots}^{3} V^{-2} \kappa'_{300\cdots} e^{2h\chi_{300}\cdots}$$

를 얻는데, $\kappa'_{300\cdots}$는 환산 임계공간 $\kappa_{200\cdots}$와 $\kappa_{300\cdots}$의 곱의 1/6이고, $\kappa_{300\cdots}$: $\psi_{300\cdots} = \chi_{100\cdots} + \chi_{200\cdots}$는 첫 번째 종류의 원자 세 개가 분자로 형성될 때의 결합열이다. 이러한 추리를 계속하면

$$n_{a_1 00\cdots} = n_{100\cdots}^{a_1} V^{1-a_1} \kappa'_{a_1 00\cdots} e^{2h\psi_{3a_1 00}\cdots}$$

를 얻는데, $\kappa'_{a_1 00\cdots}$는 모든 환산 임계공간들의 곱을 a!로 나눈 값이며, $\psi_{a_1 00\cdots}$는 첫 번째 종류의 원자 a_1개가 분자로 형성될 때의 결합열이다.

각 분자는 첫 번째 종류의 원자와의 결합을 위한 명확한 환산 임계공간을 가진다. 첫 번째 종류의 원자 a_1개와 한 개의 두 번째 종류의 원자로 구성된 분자의 결합열을 $\psi_{a_1 10\cdots}$이라 하면

$$n_{010\cdots} n_{a_1 00\cdots} = V : n_{a_1 00\cdots} \kappa_{a_1 10\cdots} e^{2h(\psi_{a_1 10\cdots} - \psi_{a_1 00\cdots})}$$

이다. 두 번째 종류의 원자 한 개와 세 번째 종류의 원자… 등등이 추가로 결합하면

$$n_{a_1 b_1 c_1\cdots} = n_{100\cdots}^{a_1} n_{010\cdots}^{b_1} n_{001\cdots}^{c_1} V^{1-a_1-b_1-c_1} \kappa'_{a_1 b_1 c_1\cdots} e^{2h\psi_{a_1 b_1 c_1\cdots}}$$

을 얻는다. 여기에서 $\psi_{a_1 b_1 c_1\cdots}$은 분자 $(a_1 b_1 c_1 \cdots)$이 구성원자들로부터 형성될 때의 형성열이고, $\kappa'_{a_1 b_1 c_1\cdots}$은 모든 환산 임계공간들의 곱을 $a_1!b_1!c_1!\cdots$로 나눈 값이다.

전적으로 동일한 관계가 $\psi_{a_2 b_2 c_2\cdots}$, $\psi_{a_3 b_3 c_3\cdots}$, $\psi_{\alpha_1 \beta_1 \gamma_1\cdots}$ 등등에 대해서도 성립된다. 첨자가 한 개의 1과 나머지 모두 0인 경우의 n 값들은 방정식 (229)를

사용하여 제거할 수 있다:

$$(230)\quad \begin{cases} n_{a_1b_1c_1\cdots}^{C_1} \cdots n_{a_2b_2c_2\cdots}^{C_2} \cdots = n_{\alpha_1\beta_1\gamma_1\cdots}^{\Gamma_1} \cdots n_{\alpha_2\beta_2\gamma_2\cdots}^{\Gamma_2} \cdots \times \\ V^{\sum C - \sum \Gamma} \kappa e^{2h(C_1\psi_{a_1b_1\cdots} \cdots + C_2\psi_{a_2b_2\cdots} \cdots + \cdots - \Gamma_1\psi_{\alpha_1\beta_1\cdots} \cdots + \Gamma_2\psi_{\alpha_2\beta_2\cdots} - \cdots} \end{cases}$$

를 얻는다. $\kappa = {\kappa'}_{a_1b_1\cdots}^{C_1} \cdots {\kappa'}_{a_2b_2\cdots}^{C_2} \cdots / {\kappa'}_{\alpha_1\beta_1\cdots}^{\Gamma_1} \cdots$ 은 화합물 $(a_1b_1 \cdots), (a_2b_2 \cdots) \cdots$ 등등이 각각의 C가 지수로, $(\alpha_1!)^{\Gamma_1}(\beta_1!)^{\Gamma_1} \cdots (\alpha_2!)^{\Gamma_2}(\beta_2!)^{\Gamma_2} \cdots$ 가 모든 분모에 나타나고, 화합물 $(\alpha_1\beta_1 \cdots), (\alpha_2\beta_2 \cdots) \cdots$ 등등의 임계공간들의 $\Gamma_1, \Gamma_2 \cdots$승이 분모 $(a_1!)^{C_1}(b_1!)^{C_1} \cdots (a_2!)^{C_2}(b_2!)^{C_2} \cdots$ 로 나누어지는 경우의 비율이다. $\Gamma_1\psi_{\alpha_1\beta_1\cdots} + \Gamma_2\psi_{\alpha_2\beta_2\cdots} + \cdots - C_1\psi_{a_1b_1\cdots} - \cdots$은 C_1 개의 $(a_1b_1 \cdots)$ 분자들, C_1 개의 $(a_2b_2 \cdots)$ 분자들… 등등이 Γ_1 개의 $(\alpha_1\beta_1 \cdots)$ 분자들, Γ_2 개의 $(\alpha_2\beta_2 \cdots)$ 분자들… 등등으로 변환될 때의 반응열이다. 또한,

$$\sum C = C_1 + C_2 + \cdots, \sum \Gamma = \Gamma_1 + \Gamma_2 + \cdots$$

이다. 분자 $(a_1b_1 \cdots)$의 기체론적 질량을 $m_{a_1b_1}$으로, 거시적 질량을 비율 $m_{a_1b_1}/M$으로 표기하면, 거시적 의미에서의 $(a_1b_1 \cdots)$ 분자 한 개는 $1/M$개의 기체론적 분자들을 포함한다. 마찬가지로, C_1개의 거시적 분자 $(a_1b_1 \cdots)$, C_2개의 거시적 분자 $(a_2b_2 \cdots)\cdots$ 등등에는 C_1/M개의 기체론적 분자 $(a_1b_1 \cdots)$, C_2/M개의 기체론적 분자 $(a_2b_2 \cdots)$ 등등이 포함되어 있다. 따라서

$$\frac{1}{M}[C_1\psi_{a_1b_1\cdots} + C_2\psi_{a_2b_2\cdots} + \cdots - \Gamma_1\psi_{\alpha_1\beta_1\cdots} - \Gamma_2\psi_{\alpha_2\beta_2\cdots} - \cdots] = \Pi$$

는 반응이 $C_1, C_2 \cdots$개의 거시적 분자들과 지정된 $\Gamma_1, \Gamma_2 \cdots$개의 거시적 분자들 사이에 일어날 경우에 발생하는 열이다. 그러므로 방정식 (230)을:

$$(231) \qquad n_{a_1b_1c_1\ldots}^{C_1} n_{a_2b_2c_2\ldots}^{C_2} \cdots = n_{\alpha_1\beta_1\gamma_1\ldots}^{\Gamma_1} n_{\alpha_2\beta_2\gamma_2\ldots}^{\Gamma_2} \cdots V^{\sum C - \sum \Gamma} \kappa e^{\Pi/RT}$$

로 쓸 수도 있다. 이 방정식은 모든 가능한 반응에 대하여 성립한다. 이제, 기체 내에서 오직 한 가지 반응만이 가능한, 특수한 경우를 다루어보자: 애초에 $(a_1b_1 \cdots)$ 유형의 (기체론적) 분자들이 $a \times C_1$개, $(a_2b_2 \cdots)$ 유형의 분자들이 $a \times C_2$개… 등등이 있고, $(\alpha_1\beta_1 \cdots)$, $(\alpha_2\beta_2 \cdots)$ … 등등의 분자는 없다고 하자. 압력 p, 온도 T의 평형상태에서 $(a_1b_1 \cdots)$ 유형의 분자들이 $(a-b) \times C_1$개, $(a_2b_2 \cdots)$ 유형의 분자들이 $(a-b) \times C_2$개 … 등등이 있고, $b \times \Gamma_1$개의 $(\alpha_1\beta_1 \cdots)$ 분자, $b \times \Gamma_2$개의 $(\alpha_2\beta_2 \cdots)$ … 등등의 분자들만이 있다고 하면, $b/a = q$는 해리도이다. 또한,

$$n_{a_1b_1} \cdots = a(1-q)C_1,\ n_{a_2b_2} \cdots = a(1-q)C_2 \cdots,$$
$$n_{\alpha_1\beta_1} \cdots = aq\Gamma_1,\ n_{\alpha_2\beta_2} \cdots = aq\Gamma_2 \cdots$$

이므로, 방정식 (231)은:

$$C_1^{C_1} C_2^{C_2} \cdots (1-q)^{\sum C} = \left(\frac{a}{V}\right)^{\sum \Gamma - \sum C} q^{\sum \Gamma} \Gamma_1^{\Gamma_1} \Gamma_2^{\Gamma_2} \cdots \kappa e^{\Pi/RT}$$

의 형태를 가지게 된다. 존재하는 기체의 질량은 $a[C_1 m_{a_1b_1} + C_2 m_{a_2b_2} + \cdots]$이다. 단위질량의 부피를 v로 표기하면

$$v = \frac{V}{a[C_1 m_{a_1b_1} \ldots + C_2 m_{a_2b_2} \ldots + \cdots]}$$

이며

$$\gamma = \frac{\kappa \Gamma_1^{\Gamma_1} \Gamma_2^{\Gamma_2} \cdots}{C_1^{C_1} C_2^{C_2} \cdots [C_1 m_{a_1b_1} \ldots + C_2 m_{a_2b_2} \ldots + \cdots]^{\sum \Gamma - \sum C}}$$

로 놓으면 위의 방정식은

$$(1-q)^{\sum C} = \gamma v^{\sum \Gamma - \sum C} q^{\sum \Gamma} e^{\Pi/RT} \tag{232}$$

로 된다. 이 방정식은 온도와 비부피에 대한 해리도의 의존성을 나타낸다. γ와 (만약 반응열이 알려져 있지 않다면) Π/R는 실험으로부터 결정되어야 할 상수들이다.

v 대신에 총압력 p를 도입하고자 한다면, 방정식 (195)에 의하여

$$p = (n_{a_1 b_1 \ldots} + n_{a_2 b_2 \ldots} + n_{\alpha_1 \beta_1 \ldots} \cdots + n_{\alpha_2 \beta_2 \ldots}) \frac{MRT}{V}$$

$$= \left[(1-q)\sum C + q\sum \Gamma\right] \frac{aM}{V} RT$$

$$= \left[(1-q)\sum C + q\sum \Gamma\right] \frac{RT}{v(C_1 \mu_{a_1 b_1 \ldots} + C_2 \mu_{a_2 b_2 \ldots})}$$

이다.

$C_1 \mu_{a_1 b_1 \ldots} + C_2 \mu_{a_2 b_2 \ldots}$는 해리되지 않은 물질의 분자량이므로, 이는 $q=0$인 경우의 보일-샤를-아보가드로 법칙에 부합하며, q가 0와 다를 때에는 해리로 인하여 이 법칙으로부터 벗어나는 정도를 나타낸다.

이 관계식과 방정식 (232)로부터 q를 제거하면 p, v, T 사이의 관계를, v를 제거하면 해리도 q를 p, T의 함수로서 얻는다.

첫 번째 종류의 원자들만으로는 결합할 수 없겠지만(이성화), 만약 첫 번째 종류의 원자가 두 번째 원자와 결합하고, 이 복합체가 다시 첫 번째 종류의 원자와 결합한다고 가정하면 좀 더 일반적인 관계식을 얻을 것이다.

현재까지의 관찰에 의하면 이 모든 관계들은 경험과 일치한다.

§72. 깁스 이론과의 관계

깁스[58]는 분자의 역학을 다루지 않고서도 실질적으로 동일한 형식을 열역학의 일반원리로부터 유도해내었다. 그러나 깁스의 추론은 해리하는 분자에 있어서 모든 구성요소들이 독립적인 기체로 존재한다는 가정에 근거하는데, 에너지, 엔트로피, 압력 등등은 각 기체의 값을 단순히 더해지는 성질을 가지고 있음을 잊지 말아야 할 것이다. 이러한 서로 다른 분자들은 상호간에 상관없이 실제로 존재하므로, 이러한 가설은 분자론적 입장에서는 완벽하게 명확하다; 많은 부분에 있어서 깁스는 비록 분자 역학의 방정식들을 사용하지는 않았지만 이러한 분자론적 개념을 일관되게 가지고 있었음은 명백하다.

반면, 마흐[59]와 오스트발트[60]에 의하여 제시된, 현대적인 관점으로 보자면 화학결합에서는 완전히 새로운 어떤 것이 발생하는 것이므로, 예를 들면 수증기가 해리할 시에 수증기, 수소 및 산소가 동시에 존재한다고 가정하는 것은 의미가 없다. 저온에서는 오직 수증기만이 존재하며, 중간 온도에서는 최종적으로 산화수소(Knall gas)가 되는 어떤 새로운 물질이 존재한다고 해야 할 것이다.

이 중간 온도에서 수증기와 산화수소의 에너지와 엔트로피가 단순히 더해진다는 가정은 의미 없다; 그러나 이 가정이 없다면 해리의 기본 방정식

58) Conn. Acad. Trans. **3**, 108(1875); Am. J. Sci, **18**, 277(1879); *Thermodynamischen Studien*(Leibzig; Engelmann, 1892); Van der Waals, Verslagen Acad. Wet. Amsterdam **15**, 199(1880); Planck, Ann. Phys. [3] **30**, 562(1887); **31**, 189(1887); **32**, 462(1887).

59) *Populärwissenschaftliche Vorlesunger*(Barth, 1896), Vorl. XI. Die Ölonomische natur der phys. Forschung, p. 219.

60) Die Ueberwindung des wissenschaftl. Materiailismus. Verh. Ges. Naturf. 1, 5, 6(1895).

들은 열역학 제1, 제2법칙 또는 다른 어떠한 에너지 원리로부터도 유도될 수 없어서, 오직 경험적으로 주어지는 것으로 볼 수밖에 없다.

자연 과정을 계산함에 있어서 근거가 없는 방정식들로만 충분하다는 것에는 의문의 여지가 없다; 마찬가지로 경험적으로 검증된 방정식들은 유도 과정에서 세워진 가정들보다 더 높은 수준의 확실성을 가진다. 그러나 반면, 추상적인 방정식들을 예시하려면 역학적인 근거가 필요한데, 이는 기하학적인 설명이 대수적 관계를 보여주는 데 유용한 것과 같다. 기하학적인 관계를 제시하는 것이 대수적 관계를 이해하는 데에 있어서 불필요한 것이 아닌 것처럼, 분자 역학적 지식의 가능성 또는 분자의 존재를 의심하더라도, 분자역학에 의하여 얻어지는 거시적 질량의 행동에 대한 법칙들을 직관적으로 나타내는 것이 완전히 피상적이지는 않을 것이라고 믿는다. 현상을 명확히 이해하는 것은 지식을 위하여 법칙이나 수식으로 결과를 나타내는 것만큼 중요한 것이다.

여기에서는 이론적 해리평형에 이르는 가장 간단한 관계만을 논의했음을 언급해야 하겠다. 분자역학에 대한 더 깊은 이해는 잘못된 화학평형[61]이라고 부를 수 있는 현상까지도 포함해야 한다. 이에 관련된 사실들은 다음과 같다: 실온에서 수증기와 산화수소 기체는 상호 변환하지 않으며 오랜 시간 동안 존재할 수 있다. 모든 분자들 간의 결합은 매우 강하여 측정 시간 동안에 어떤 해리나 반응도 일어나지 않는다. 물론 수학적으로 무한대의 시간 동안에는 반응이 일어날 것이다.

잘못된 화학평형 현상은 §15에서 논의한 과냉각, 과열의 현상과 완전히 유사하여, 동일한 근거로 취급할 수 있겠다.

61) Pelabon, Doctordiss. d. Univ. Bordeau(Paris: Hermann, 1898).

§73. 민감한 영역은 원자 주위에 균일하게 분포되어 있다

이제 이전에 논의된 경우의 특수한 경우에 해당하는, 또 다른 역학적 그림에 의하여 가장 간단한 해리를 생각하여 상호 비교해보자. 지름 σ의 동등한 a개의 원자들이 존재한다고 하자. 이제는 민감영역이라는 것이 분자 표면 위의 작은 부분일 필요는 없고, 분자 전체에 골고루 분포되어 있는 것으로 보자. 이에 따르면 민감영역은 분자와 동심을 이루는 구면각의 형태를 가지며, 그 안쪽 반지름은 $\frac{1}{2}\sigma$, 바깥쪽 반지름은 $\frac{1}{2}(\sigma+\delta)$이다.($\delta$는 σ에 비하여 작다.) 두 분자들의 민감영역이 접촉하거나 겹치면 화학적으로 결합된다. 역학적 단위로 측정된 해리열은 모든 위치에서 χ로 일정하다.

그렇다면 영향권은 분자와 동심을 이루는 반지름 σ의 구가 된다. 환산 임계공간과 일치하는 임계공간은 영향권의 표면과 반지름 $(\sigma+\delta)$의 동심 구의 표면 사이에 있는 구면각이다. 두 번째 원자의 중심이 이 임계공간 내에 있게 될 때마다 첫 번째 원자와 화학적으로 결합되게 되며, 그 해리열은 χ로 일정하다.

n_1개의 결합하지 않은 원자와 n_2개의 결합한 원자(이원자분자)가 있어서

$$n_1 : 2n_2 = V : 4\pi n_1 \sigma^2 \delta e^{2h\chi}$$

(V는 기체의 총부피)이라 하자. 이에 따르면

$$\frac{n_2}{n_1} = \frac{4\pi n_1 \sigma^2 \delta}{V} e^{2h\chi} \tag{233}$$

이다.

이원자분자 내에서 두 원자들의 중심 간 거리는 대략 σ이다. 두 원자 각각의 임계공간 $4\pi\sigma^2\delta$ 중에서 $3\pi\sigma^2\delta$는 두 번째 원자의 영향권 바깥에, $\pi\sigma^2\delta$

는 그 안쪽에 있다. 세 번째 원자의 중심은 $3\pi\sigma^2\delta$의 내부에만 있을 수 있는데, 이를 "자유" 임계공간이라 부르자. 두 원자들의 총"자유" 임계공간은 따라서 $6\pi\sigma^2\delta$의 부피를 가진다. 그러나 두 원자들의 총"자유" 임계공간들이 겹치는 작은 지역이 있는데, 이는 각 이원자분자에 있어서 부피 $2\pi\sigma^2\delta$의 좁은 고리(ring) 모양의 형상을 가진다. 이를 두 임계공간들의 "임계고리"라 부르자. 총자유 임계공간의 부피를 계산하기 위해서는 $6\pi\sigma^2\delta$에서 임계고리의 부피의 두 배를 빼면 될 것이나, 총자유 임계공간에 비하여 임계고리의 부피는 매우 작으므로 이 효과는 무시할 수 있겠다. 이원자분자와 결합하는 세 번째 원자가 사용할 수 있는 공간은 따라서 두 개의 부분으로 구성된다: 이는 첫째로, 이원자분자의 자유 임계공간, 두 번째로는 이원자분자의 임계고리이다. 첫 번째 자유 임계공간에 있어서 세 번째 원자를 이원자분자로부터 분리하는 데 소요되는 일은 χ, 이원자분자의 임계고리에 있어서는 2χ이다. 삼원자분자들의 개수를 n_3라 하면, 본 이론에 의하여:

$$n_1 : 3n_3 = V : n_2(6\pi\sigma^2\delta e^{2h\chi} + 2\pi\sigma^2\delta e^{4h\chi})$$

이므로

$$\frac{n_3}{n_2} = \frac{2\pi\sigma^2 n_1\delta}{V}e^{2h\chi} + \frac{2\pi\sigma n_1\delta^2}{3V}e^{2h\chi} \tag{234}$$

의 비례식을 얻는다. 이를 방정식 (233)과 비교하면 어떠한 경우에도 (n_3/n_2)가 (n_2/n_1)보다 크다는 것을 즉시 알 수 있다. 따라서 이 경우에는 이원자분자들은 많으나, 삼원자분자들은 매우 희귀한 경우 가능하지 않은데, 임계공간은 영향권 전체에 일정하게 분포되어 있다.

좀 더 나아가 보자: 방정식 (233)의 우변을:

$$\frac{2\pi n_1 \sigma^3}{V} \cdot \frac{\delta}{\sigma} e^{2h\chi}$$

으로 변형하면, $4\pi n_1 \sigma^3/3$은 n_1개 원자들의 영향권들로 채워진 공간이고, V는 기체로 채워진 총공간이다. $2\pi n_1 \sigma^3/3$은 어떠한 경우에도 매우 작은 양이고, 따라서 n_2가 n_1에 비하여 매우 작지 않아서 기체가 거의 모두 해리되어 있다면 $e^{2h\chi} \cdot \delta/\sigma$는 매우 클 것이다. 방정식 (233)에서 두 번째 항은 (n_2/n_1과 동일한) 첫 번째에 비하여 매우 클 것이며, 따라서 (n_3/n_2)는 (n_2/n_1)에 비하여 매우 클 것이다.

따라서 상당한 개수의 원자들이 이원자분자로 결합하는 즉시 이는 삼원자분자로 될 것이다. 잘 알려진 기체들에서 보듯이, 대부분의 원자들이 이원자분자로 결합하는 것은 임계공간이 각 원자의 영향권 중에서 상대적으로 작은 부분에 걸쳐 있는 경우에만 가능하다.

임계공간이 영향권 중의 표면에 균일하게 분포되어 있는 현재의 경우에, 원자들이 결합하는 순간 많은 수의 원자들을 포함하는 집합체를 형성하려 할 것이다. 그렇다면 기체의 액화와 같은 현상이 일어날 것인데, n_2가 n_1에 비하여 작은 경우를 제외한다면 더 이상의 계산을 해보아도 극복될 수 없는 난관에 이르게 된다. 따라서 이 가정에 의하여 판데르발스 방정식에 의하여 예측되는 것과 비슷한 액화법칙을 얻게 될지는 알 수 없는데, 이는 이 가정과 완전히 상반되는 가정에 의하여서만 유도될 수 있기 때문이다; 판데르발스 방정식을 논할 시에 우리는 분자 간 인력이 작용하는 거리가 두 인접한 원자들의 중심 사이의 거리에 비하여 크다고 가정하였지만, 즉 여기에서는 원자의 인력이 작용하는 지역이 원자가 차지하는 공간에 비하여 작다고 가정하기 때문이다.

본 저자는 다음과 같이 기체분자들의 성질에 대한 역학적 모델을 설정하려 한 바 있다.[62] 분자를 질량 m과 평균제곱속도 $\overline{c^2}$의 질점(원자)으로 보자. $(\sigma+\epsilon)$ 이상의 거리에서나 σ 이하의 거리에서 분자들은 상호작용하지 않는다. 이 사이의 거리에서 분자들은 매우 큰 인력을 작용하여, $(\sigma+\epsilon)$ 으로부터 σ까지 진행할 시에 그 운동에너지가 χ만큼 증가한다고 하자. ϵ은 σ에 비하여 작다고 가정한다.

$\omega=\frac{4}{3}\pi\sigma^3$이 반지름 σ의 구형이고, 부피 v 내의 원자들의 개수를 n_1, 중심간 거리가 σ보다 작은 이원자분자들의 개수를 n_2라 하면, 이전처럼

$$\frac{n_2}{n_1}=\frac{n_1\omega}{2v}e^{2h\chi}=\frac{n_1\omega}{2v}e^{3\chi/m\overline{c^2}}$$

을 얻는다. 예를 들면 (공기의 경우) $n_1\omega/v$는 대략 1/1000이고, $m\overline{c^2}=\chi$라면 n_2는 n_1에 비하여 작다; 또한 두 원자들은 충돌 시에 상당한 정도로 비껴 나가서, 대체로 기체의 특성은 보존된다. 그러나 10배의 절대온도에서는 충돌에 의하여 직선 궤적으로부터 벗어나는 정도가 너무나 미미하여 계는 더 이상 기체의 성질을 보일 수 없을 것이다. 반면, 10배로 낮은 절대온도에서는 n_2가 n_1에 비하여 매우 크므로 이전처럼 영향권 내의 원자들이 응축되어 액화가 일어날 것이다.

따라서 역학적 계가 한 온도에서는 기체의 특성을 나타내기는 하지만 모든 온도에서 역학적 모델로 사용될 수는 없겠다. 이는 본 저자에 의하여 제시된 (힘이 거리의 5승에 역비례하는) 다른 모델에 있어서도 마찬가지일 듯하다. 이러한 힘법칙이 매우 작은 거리에서까지 적용된다면 모든 원자들은

62) Wien. Ber. **89**, (2) 71(1884).

응축될 것이다. 만약 어떤 작은 거리에서 상호작용이 정지된다면 어떤 온도 이상에서는 충돌에 의한 경로변화가 매우 작을 것이다. 충돌 시의 탄성 반발력을 넣지 않고 오직 인력에만 근거하는 역학적 모델이 기체와 액화에 대한 실험적 사실들에 부합하는 경우는 아직 발견되지 않았다.

7장

화합물 분자 기체의 열평형 법칙 보충

§74. 상태의 확률을 측정하는 양 H의 정의

단원자분자 기체들의 맥스웰 속도분포가 정상상태의 조건을 만족시킨다는 점에 대한 증명은 제1부, §3에서 제시되었다; 분자들이 매우 무작위하게 운동하여 확률법칙이 적용될 수 있으며, 이 조건을 만족시키는 상태는 오직 맥스웰 속도분포일 수밖에 없음은 제1부, §3에서 제시된 바 있다. 따라서 이 가정이 정확하다면 기체가 정상상태로 유지될 수 있는 유일한 경우이다.

제2부에서는 방정식 (118)로 나타나는 일반적인 상태분포가 복합분자 기체의 정상분포 조건을 만족할 수 있음을 보인 바 있지만, 이것이 조건을 만족시키는 유일한 것임에 대한 완전한 증명은 제시되지 않았다. 단원자분자 기체의 경우처럼 가장 간단하고 실제적으로도 매우 중요한 경우에 있어서 이러한 완전한 증명은 가능하다. 따라서 아래에서는 이것이 가능한 경우에서 그 증명에 이르는 일반적인 단계를 따를 것인데, 최소한 몇 가지 특수한 다른 경우에도 마찬가지 작업을 하고자 한다.

용기 내에 동일한 화합물 분자들의 기체 또는 몇 종류의 기체들이 있다고 하자. 이 기체들은 이상기체의 성질을 가지는데, 즉 분자의 영향권이 인접한 분자들 사이의 거리에 비하여 매우 작다. x,y,z를 직교좌표,

$$u,v,w \tag{235}$$

를 첫 번째 종류의 분자중심의 속도성분이라 하자; 공간에 고정된 중력중심을 통과하는 세 좌표축에 대한 분자의 상대위치를 결정하는 일반 좌표들을 $p_1 \cdots p_\nu$, 이에 대응하는 운동량 성분들을 $q_1 \cdots q_\nu$라 하자.

외부힘을 포함시키는 것은 질적인 어려움을 크게 하지는 않지만 수식을 좀 더 복잡하게 만들 것이다. 따라서 외부힘을 제외하고, 또한 분자들의 혼합비율과 상태분포가 용기 내의 모든 곳에서 동일하며, 용기의 부피는 매우 커서 많은 개수의 분자들을 가진다고 가정하자.

$$f_1(u,v,w,p_1 \cdots q_\nu,t)du \cdots dq_\nu \tag{236}$$

가 단위부피당 첫 번째 종류의 분자들의 개수라 하자. 시간 t에서 (235)의 변수들과

$$p_1 \cdots p_\nu, q_1 \cdots q_\nu \tag{237}$$

변수들이 각각

$$(u, u+du), (v, v+dv), (w, w+dw) \tag{238}$$

$$(p_1, p_1+dp_1) \cdots (q_\nu, q_\nu+dq_\nu) \tag{239}$$

의 구간의 값을 가진다고 하자.

간단하게, 변수들을 함수의 표현에서 삭제하여

$$H_1 = \iint \cdots f_1 \log f_1 \, du\, dv\, dw\, dp_1 \cdots dq_\nu \tag{240}$$

로 나타내는바, 적분은 모든 가능한 변수값들에 대하여 이루어진다.

$f_1 \log f_1 \, du\, dv\, dw\, dp_1 \cdots dq_\nu$는 시간 t에서 변수들 (235)와 (237)이 조건 (238)과 (239)를 만족하는 분자들의 개수이므로, 임의의 시간에서 함수 H_1이 가지는 값을 다음과 같이 얻을 수 있다; 첫 번째 종류의 각 분자의 변수들 (235)와 (237)이 가지는 값들을 함수 $\log f_1$에 치환하고, $\log f_1$의 모든 값들을 합한다. 따라서

$$H_1 = \sum \log f_1 \tag{241}$$

으로 놓는바, 시간 t에서 기체 중 첫 번째 종류의 모든 분자들에 대하여 합이 이루어진다. 마찬가지로 두 번째 종류의 기체에 대하여 H_2를, 세 번째 종류의 기체에 대하여 H_3를 정의할 수 있으며,

$$H_1 + H_2 + H_3 + \cdots = H \tag{242}$$

로 놓으면, H와 기체의 상태분포의 확률 사이에는 제1부 §6에서 논의한 것과 완전히 동일한 관계가 존재하게 된다. 그러나 우리의 목표와 직접적인 관련이 없는 이 사항에 대해서는 더 이상 논의하지 않기로 하자.

§75. 분자 내 운동에 의한 H의 변화

우선, 분자의 내부운동으로 인한 H의 변화를 구하고자 하는데, 충돌의 효과를 완전히 제외해보자. 각 분자는 다른 종류의 분자들과 완전히 무관하므로, 두 번째 종류만 생각해도 충분할 것이다. 벽의 효과도 무시할 것인

데, 이는 용기가 매우 커서 내부의 열평형이 벽에서 일어나는 과정에 완전히 무관하든가, 또는 각 분자가 벽에서 반사될 때에 중력중심의 속도 방향을 제외한 어떠한 변화도 일으키지 않는 경우에 가능하다. 따라서 간단히 하기 위하여 (중력이 물체의 모든 부분에 동일하게 작용하듯) 벽의 반사가 개개 분자의 모든 구성요소들에 동일하게 작용하는 것으로 생각하자.

시간 t에서 변수들 (237)이 (239)의 영역 사이에 있게 되는 분자들에 있어서, 이전의 시간 $t=0$에서 변수들은

$$(P_1, P_1+dP_1) \cdots (Q_\nu, Q_\nu+dQ_\nu) \tag{243}$$

사이의 값들을 가진다. 이 영역을 우리는 §28에서와 같은 약칭으로 부르고자 한다. u, v, w는 시간에 따라서 변하지 않는다.

함수 f_1에 $t=0$와

$$P_1 \cdots Q_\nu \tag{244}$$

의 변수값들을 치환한 수식을 F_1으로 표기하면

$$F_1\, du\, dv\, dw\, dP_1 \cdots dQ_\nu \tag{245}$$

는 $t=0$에서 변수들 (235)와 (237)이 (238)과 (243)의 값을 가지는 분자들의 개수이다. 이는 이 변수들이 시간 t에서 (238)과 (239)의 값을 가지는 분자들의 개수

$$f_1\, du\, dv\, dw\, dp_1 \cdots dq_\nu$$

와 동일하므로:

$$F_1\, du\, dv\, dw\, dP_1 \cdots dQ_\nu = f_1\, du\, dv\, dw\, dp_1 \cdots dq_\nu \tag{246}$$

를 얻는다. 하지만 방정식 (52)에 의하면

$$dp_1 \cdots dq_\nu = dP_1 \cdots dQ_\nu$$

이므로, $F_1 = f_1$이며

$$\log F_1 = \log f_1 \tag{247}$$

이다. 또한,

$$H_1' = \sum F_1 \log F_1$$

이 $t=0$에서의 함수 H_1의 값이라 하면, 변수들 (235)와 (237)이 시간 t에서 (238)과 (243)의 값을 가지는 분자들은 $H_1 = \sum f_1 \log f_1$에

$$f_1 \log f_1 \, du\, dv\, dw\, dp_1 \cdots dq_\nu \tag{248}$$

만큼을 기여한다. 이 분자들에 있어서 변수들은 시간 t에서 (238)과 (243)의 값을 가지므로 H_1'에

$$F_1 \log F_1 \, du\, dv\, dw\, dP_1 \cdots dQ_\nu \tag{249}$$

만큼을 기여한다. 방정식 (246), (247)에 의하면 (248)과 (249)는 동일하다. 이 분자들은 따라서 H_1과 H_1'에 동일한 양을 기여한다. 이는 모든 시간에 있어서 모든 분자들이 일반적으로 성립하므로, H_1과 H가 분자 내 운동에 의하여 변하지 않음은 명백하다. 다른 종류의 분자들에 대해서도 마찬가지 결론이 성립한다.

§76. 첫 번째의 특수한 경우

화합물 분자들의 충돌에 의한 H의 변화를 아직은 일반적으로 계산할 수 없지만, 이 계산이 특히 간단한 형태를 보이는 특수한 경우를 살펴보기로 하자. 이전과 마찬가지로 화합물 분자의 이상기체들의 혼합물을 다루어보자. 각 종류의 분자들에 있어서 다른 분자에 힘을 작용하는 한 개의 원자가 (같은 종류이건 다른 종류이건) 존재한다고 하고, 서로 다른 분자들 사이에 힘을 작용하는 두 원자들이 변형을 무시할 수 있는 탄성의 구라 하면, 두 분자들 사이의 상호작용은 매우 짧은 시간 동안에만 작용하여 이 시간 동안에 두 분자의 구성요소들의 상대속도 — 또한 마찬가지로 충돌하는 원자들을 제외한 다른 원자들의 속도의 크기와 방향— 가 무한소만큼만 변할 것이다.

이제 첫 번째 종류의 분자와 두 번째 종류의 분자 사이의 충돌로 인하여 무한소의 시간 dt 동안에 일어나는 H의 변화량을 계산해보자. 첫 번째 종류의 분자의 상태를 변수들 (235)와 (237)로 기술하였으며, 그 공간 내의 절대위치를 중력중심의 좌표 x, y, z로 나타내었다. 이제 변수들 (235)는 유지하겠지만, 다른 분자의 원자와 충돌하는 원자(이를 A_1으로 표기하자)의 속도성분

$$u_1, v_1, w_1 \tag{250}$$

을 도입하기로 하자. 이 원자와 충돌하는 다른 분자의 원자를 A_2라 하자. 공간 내 첫 번째 종류의 분자의 절대위치는 원자 A_1의 중심의 좌표 x_1, y_1, z_1에 의하여 결정한다. 변수들 (237)은 모든 원자들의 속도들과 중력중심의 속도 사이의 차이$(u_1 - u, v_1 - v, w_1 - w)$와 더불어 $u_1 - u, v_1 - v, w_1 - w$를 주므로, 변수들 (237)이 일정할 때에는

$$du_1 = du, dv_1 = dv, dw_1 = dw$$

이다. 따라서

$$(251) \qquad f_1 du_1 dv_1 dw_1 dp_1 \cdots dq_\nu$$

는 변수들 (237)과 (250)이 각각 (239)의 영역 및

$$(252) \qquad (u_1, u_1 + du_1), (v_1, v_1 + dv_1), (w_1, w_1 + dw_1)$$

의 구간 내에 있는 분자들의 개수이다. f_1에 u, v, w 대신에 u_1, v_1, w_1를 도입하든, u, v, w를 그대로 사용하든 차이는 없다.

두 번째 종류의 분자 내의 원자 A_2의 중심 좌표를 x_2, y_2, z_2, 그 속도성분들을

$$(253) \qquad u_2, v_2, w_2,$$

두 번째 분자의 상태를 나타내기 위한 일반좌표와 운동량을

$$(254) \qquad p_{\nu+1} \cdots p_{\nu+\nu'}, q_{\nu+1} \cdots q_{\nu+\nu'}$$

이라 하면, (251)과 마찬가지로 변수들 (253)과 (254)가 각각

$$(255) \qquad (u_2, u_2 + du_2), (v_2, v_2 + dv_2), (w_2, w_2 + dw_2)$$

$$(256) \qquad (p_{\nu+1}, p_{\nu+1} + dp_{\nu+1}), \cdots (q_{\nu+\nu'}, q_{\nu+\nu'} + dq_{\nu+\nu'})$$

사이에 있는 분자들의 개수는

$$(257) \qquad f_2 du_2 dv_2 dw_2 dp_{\nu+1} \cdots dq_{\nu+\nu'}$$

으로 나타난다. 제1부 §3의 방법을 따르면 첫 번째 분자가 첫 번째 종류의 기체에, 두 번째 분자가 두 번째 종류의 기체에 각각 속하고, 첫 번째 분자의 원자 A_1이 두 번째 분자의 원자 A_2와 충돌하며, 충돌의 순간에 다음의 조건을

만족하는 분자쌍들의 개수를 구할 수 있다: 변수들 (250), (237), (253)과 (254)가 각각 (252), (239), (255)와 (256) 내에 있고, 두 원자들 A_1, A_2의 중심들을 잇는 선이 무한히 좁은 원추 $d\lambda$ 내에 있는 선들 중의 하나와 평행하다. 시간 dt 동안의, 이 모든 조건들을 충족하는 분자 간 상호작용의 경우를 지정된 충돌이라고 부르자.

σ가 두 원자들 A_1, A_2의 반지름의 합이고, g가 두 원자들의 상대속도이며, 충돌의 순간에 g가 두 원자들의 중심선과 각을 이루어, 그 값의 코사인이 ϵ이라면, 전술한 방법을 사용하여 지정된 충돌의 개수

(258) $$dN = \sigma^2 f_1 f_2' g \epsilon du_1 dv_1 dw_1 du_2 dv_2 dw_2 dp_1 \cdots dq_{\nu+\nu'} d\lambda dt$$

를 얻는다.

§77. 특수한 경우에 대한 루이빌 정리의 형태

충돌은 순간적으로 발생하므로, 변수들 (237)과 (254)의 값은 충돌 도중에 변하지 않는다. 또한, g, ϵ 및 A_1, A_2의 공통 중심의 속도성분들 ξ, η, ζ의 값들은 이전(제1부, §4)과 마찬가지로 충돌 후에 변하지 않을 것이며, 오직 $u_1, v_1, w_1, u_2, v_2, w_2$의 값들만이 변할 것이다. 충돌 후 이 변수들의 값은 대문자로 표기할 것이다; 주어진 g, ϵ의 값에 있어서 변수들 $u_1, v_1, w_1, u_2, v_2, w_2$가 충돌 전 (252)와 (255)의 값들을 가진다면 충돌 후에는

(259) $$(U_1, U_1 + dU_1), (V_1, V_1 + dV_1), (W_1, W_1 + dW_1)$$

(260) $$(U_2, U_2 + dU_2), (V_2, V_2 + dV_2), (W_2, W_2 + dW_2)$$

의 값들을 가질 것이다. 방정식 (52) 또는 더 일반적으로는 제1부 §4에서처럼 간단히

$$du_1 dv_1 dw_1 du_2 dv_2 dw_2 = dU_1 dV_1 dW_1 dU_2 dV_2 dW_2 \tag{261}$$

또는

$$\sum \pm \frac{\partial U_1}{\partial u_1} \frac{\partial V_1}{\partial v_1} \frac{\partial W_1}{\partial w_1} \frac{\partial U_2}{\partial u_2} \frac{\partial V_2}{\partial v_2} \frac{\partial W_2}{\partial w_2} = 1$$

임을 쉽게 알 수 있다.(이전에는 u, v, w 대신에 ξ, η, ζ를 사용하였고, 대문자 대신에 $'$을 첨부했었다.)

제1부 §4에서 제시한 증명에는, C. H. 빈트[63]와 그 후에 카잔의 M. 시걸에 의하여 지적된 바대로, 오류가 있었다. 따라서 여기에서 오류가 없는 방법을 사용하여 다시 증명하고자 한다.

두 원자들을 한 개의 역학적 계로 다루기 위하여 A_1, A_2의 공통 중심의 속도성분들에 대하여 u_2, v_2, w_2 대신에 ξ, η, ζ를 도입하겠다. m_1, m_2가 각 원자의 질량이라면

$$\xi = \frac{m_1 u_1 + m_2 u_2}{m_1 + m_2}$$

이며, η, ζ에 대해서도 마찬가지의 관계를 얻는다. u_1, v_1, w_1의 값들을 일정하게 두고 u_2, v_2, w_2 대신에 ξ, η, ζ를 도입하면

$$du_1 dv_1 dw_1 du_2 dv_2 dw_2 = \left(\frac{m_1 + m_2}{m_1}\right)^3 du_1 dv_1 dw_1 d\xi d\eta d\zeta \tag{262}$$

63) Wien. Ber. **106**, (2A) 21(1897년 1월).

를 얻는다.

우변에서 u_1, v_1, w_1 대신에 U_1, V_1, W_1을 도입하고 ξ, η, ζ를 일정하게 놓자. 제1부의 그림 2에서 기하학적으로 볼 수 있듯이, 중력중심의 위치가 변하지 않는다면 충돌 전 첫 번째 원자의 속도의 크기와 방향을 가리키는 선의 종점은 충돌 후 이 원자의 속도를 나타내는 선의 종점과 일치하는 부피요소를 나타낸다. 따라서

$$du_1 dv_1 dw_1 d\xi d\eta d\zeta = dU_1 dV_1 dW_1 d\xi d\eta d\zeta \tag{263}$$

이다. ξ, η, ζ 대신에 U_2, V_2, W_2를 도입하고 U_1, V_1, W_1을 일정하게 놓으면

$$\xi = \frac{m_1 U_1 + m_2 U_2}{m_1 + m_2}$$

와 η, ζ에 대한 마찬가지의 관계들을 얻으므로

$$\left(\frac{m_1 + m_2}{m_2}\right)^3 dU_1 dV_1 dW_1 d\xi d\eta d\zeta = dU_1 dV_1 dW_1 dU_2 dV_2 dW_2$$

이다. 이 식과 (262), (263)으로부터 (261)의 증명이 따른다.

제1부 §4에서 다른 경우는 분자 내에 A_1, A_2 원자들을 제외한 다른 원자들이 없는 경우의 특수한 예이므로 증명이 완료되었음을 알 수 있다.

§78. 충돌에 의한 H의 변화

§76에서 우리는 어떤 종류의 충돌을 지정된 충돌이라 지칭하였다. 이는 dt 동안에 일어나는 첫 번째 종류의 분자와 두 번째 종류의 분자 사이의 충돌 중에서, 변수들 (250), (237), (253)과 (254)가 각각 (252), (239), (255)와 (256) 내

에 있고, 두 원자들 A_1, A_2의 중심들을 잇는 선이 주어진 무한히 좁은 원추 $d\lambda$ 내에 있는 선들 중의 하나와 평행하는 것들이다. 이 충돌들에 있어서 충돌 후 변수들 (237)과 (254)는 동일한 범위 내에 있지만 (250)과 (253)은 (259)와 (260)의 범위에 있게 된다. 또한 g, ϵ 및 $d\lambda$는 충돌 도중에 변하지 않을 것이다.

이제 dt 동안에 일어나는 충돌 중에서 초기에 변수들 (250)과 (253)이 (259)와 (260)의 범위 내에 있고, 다른 변수들은 지정된 충돌의 경우와 동일한 범위 내에 있는 것들을 반대의 충돌이라고 표기하자.

이 반대의 충돌들에 있어서 이것들이 일어나려 한다면, 두 분자들의 초기 상대위치는, 두 번째 분자가 첫 번째 분자에 대하여 A_1으로부터 A_2까지 이은 중심선의 크기가 같고 방향이 정반대인 거리만큼 이동하여 있는 것처럼 보이도록 변화하여야 한다.[64] 역으로 반대의 충돌들에 있어서는 변수들 (250)과 (253)이 상호작용 후에 (252)와 (255)의 범위 내에 있을 것이다.

이제 dt 동안에 지정된 충돌과 반대방향의 충돌의 효과의 합으로 일어나는 H(§74)의 변화를 계산하기로 한다. 각각의 충돌에 의하여 변수들 (250), (237)이 (252)와 (239)의 범위에 있는 첫 번째 분자들의 개수는 1만큼 감소하며, 따라서 H_1을 $\log f_1$ 만큼 감소시킨다. 마찬가지로 변수들 (253)과 (254)가 (255)와 (256)의 범위 내에 있는 두 번째 분자들의 개수는 1만큼 감소하며, 따라서 H_2를 $\log f_2$만큼 감소시킨다. 반면에, 이 충돌에 의하여 변수들 (250), (237)이 (259)와 (239)의 범위에 있는 첫 번째 분자들의 개수와, (253)과 (254)가 (260)과 (256)의 범위 내에 있는 두 번째 분자들의 개수는 1만큼 증가할 것이다. $f_1(U_1, V_1, W_1, p_1 \cdots q_\nu, t)$, $f_2(U_2, V_2, W_2, p_{\nu+1} \cdots q_{\nu+\nu'}, t)$대신에 각각 F_1, F_2로 간략하게 표기하면 H_1은 $\log F_1$, H_2는 $\log F_2$ 만큼 증가한

64) Mun. Ber. **22**, 347(1892); Phil. Mag. [5] **35**, 166(1893).

다. 지정된 충돌들의 횟수는 (258)로 주어지므로 모든 지정된 충돌들에 의하여 H는

$$(264)\qquad (\log F_1 + \log F_2 - \log f_1 - \log f_2) \times \sigma^2 g\epsilon f_1 f_2 du_1 dv_1 dw_1 du_2 dv_2 dw_2 dp_1 \cdots dq_{\nu+\nu'} d\lambda dt$$

만큼 증가할 것이다.

역으로, 반대방향의 충돌에 의하여 변수들 (250), (237)이 (259)와 (239)의 범위에 있는 첫 번째 분자들의 개수는 1만큼 감소하며, 이 변수들이 (252)와 (239)의 범위에 있는 개수는 1만큼 증가한다. 마찬가지로, 변수들 (253)과 (254)가 (260)과 (256)의 범위 내에 있는 두 번째 분자들의 개수는 1만큼 감소하며, 이 변수들이 (255)와 (256)의 범위 내에 있는 개수는 1만큼 증가한다. 따라서 반대방향의 충돌에 의하여 H_1은 $\log f_1 - \log F_1$ 만큼 증가하며, H_2는 $\log f_2 - \log F_2$ 만큼 증가하는데, 이에 따라 H는 $\log f_1 + \log f_2 - \log F_1 - \log F_2$ 만큼 증가한다.

시간 dt 동안에 일어나는 반대방향의 충돌들의 횟수는 방정식 (258)의 경우와 비슷하게:

$$\sigma^2 g\epsilon F_1 F_2 dU_1 dV_1 dW_1 dU_2 dV_2 dW_2 dp_1 \cdots dq_{\nu+\nu'} d\lambda dt,$$

또는 방정식 (261)에 의하여

$$\sigma^2 g\epsilon F_1 F_2 du_1 dv_1 dw_1 du_2 dv_2 dw_2 dp_1 \cdots dq_{\nu+\nu'} d\lambda dt$$

로 주어지므로 모든 반대방향의 충돌에 의하여 H는

$$(\log f_1 + \log f_2 - \log F_1 - \log F_2) \times \sigma^2 g\epsilon F_1 F_2 du_1 dv_1 dw_1 du_2 dv_2 dw_2 dp_1 \cdots dq_{\nu+\nu'} d\lambda dt$$

만큼 증가할 것이다.(g, ϵ 및 $d\lambda$는 충돌에 의하여 변하지 않음을 기억할 것) 이 결과를 (264)와 비교하면 지정된 충돌과 반대방향의 충돌의 효과의 합에 의하여 H는

$$(265) \qquad (\log f_1 + \log f_2 - \log F_1 - \log F_2)(F_1F_2 - f_1f_2)\sigma^2 g\epsilon \times du_1dv_1dw_1du_2dv_2dw_2dp_1 \cdots dq_{\nu+\nu'}d\lambda dt$$

만큼 증가한다. 이 값은 0보다 작다. dt를 제외한 모든 미분들의 가능한 값에 대하여 적분하여 (각각의 충돌을 한 번은 지정된 충돌로, 한 번은 반대방향의 충돌로 하면 두 번씩 처리되므로) 2로 나누면 시간 dt 동안의 H의 증가량을 얻을 수 있다. 만약 H의 변화가 일어나기만 한다면 이는 0보다 작을 것이다. 모든 종류의 분자들 및 동일한 종류의 모든 분자들 사이의 충돌에 대하여서도 마찬가지가 성립하므로, 이 특수한 경우에 H의 값이 충돌의 결과 감소하였음을 증명하였다.

정상상태에서는 H가 계속 감소할 수 없으므로 (265)는 0이 되어야 한다. 따라서

$$(266) \qquad f_1f_2 - F_1F_2 = 0$$

가 모든 종류의 분자들에 대하여, 그리고 동일한 종류의 분자 사이의 충돌에 대하여서도 성립해야 한다.

§79. 두 분자 간 충돌에 대한 가장 일반적인 기술

이제 §76에서 논의한 특수한 종류의 상호작용을 떠나서 가장 일반적인 경우를 다루어보자.

첫 번째 분자와 두 번째 분자의 중력중심 간의 거리를 s라 하고, s가 어떤 상수 b보다 크면 두 분자 사이에 충돌이 일어나지 않는다고 가정하자. 중심이 첫 번째 분자에 있는 반지름 b의 구를 분자의 "구역(domain)"이라고 간단히 부르자. 그러면 두 번째 분자의 중력중심이 첫 번째 분자의 구역 밖에 있을 때에는 두 분자 사이에 충돌이 일어나지 않는다고 말할 수 있겠다. 두 분자들 중 하나의 구역에 나머지 분자가 침투하는 어떤 과정도 충돌이라 할 수 있겠다.

물론 첫 번째 분자의 중심이 두 번째 분자의 구역에 침투하더라도 아무런 상호작용이 일어나지 않아서 충돌이 분자들의 운동에 아무런 영향도 주지 않을 가능성도 있다. 그러나 대부분의 충돌은 두 분자들의 운동에 상당한 영향을 줄 것이다.

§75-78에서처럼 중력중심에 한 분자의 구성요소들의 상대위치, 중력중심에 대한 회전과 첫 번째 분자의 부분들의 속도는 변수 (250)과 (237)로 특징지어지며, 두 번째 분자의 경우는 (253)과 (254)로 특징지어진다. 첫 번째 분자와 두 번째 분자의 중력중심의 좌표를 각각 u_1, v_1, w_1, u_2, v_2, w_2로 표기하자.

두 분자 사이의 거리가 b일 때의 분자 배치를 임계배치(critical configuration)라 부를 것이다. 첫 번째 분자의 변수들 (250), (237)이 (252)와 (239)의 범위에 있고 두 번째 분자의 변수들 (253), (254)가 (255)와 (256)의 범위에 있는 경우를 다루어보자. 중심들을 잇는 선은 구경 $d\lambda$의 무한소 원추 내에 있는 선에 평행하도록 한다. 이 조건들의 집합을

조건 (267)

이라 부르자. 두 번째 분자의 중력중심이 첫 번째 분자의 구역 내로 이동할 때에 임계배치는 두 분자 간 상호작용(넓은 의미의 충돌)의 시점을 나타내며

이를 초기배치라 하자. 만약 두 번째 분자가 이 순간 첫 번째 분자의 구역 밖으로 나가면 이는 충돌의 종료(최종배치)를 나타낸다. 두 분자 간 중심 사이의 거리가 그 순간에 최소값을 가지는 경우의 배치는, 분자들의 운동에 아무런 영향을 주지 못하는 충돌의 시작과 종료를 나타내므로, 무시할 것이다.

분자들의 좌표가 동일한 반면에 속도성분들의 크기가 같고 방향이 반대인 경우의 배치를 반대의 배치라고 표기하자. 두 개의 충돌에 있어서 첫 번째 분자의 좌표 (237)이 동일하고 두 번째 분자의 좌표 (254)도 동일하며, 두 충돌의 모든 속도성분들도 동일한 반면, 한 분자의 중력중심을 통과하는 고정된 축에 평행한 좌표축에 대한 다른 분자의 중력중심의 좌표가 크기는 같지만 방향이 다른 경우에 이 두 배치들을 동등한 것으로 표기하자. 주어진 어떠한 배치에 해당하는 분자들의 배치는, 따라서 첫 번째 분자를 고정시키고 두 번째 분자의 구성요소들의 위치와 속도를 변경시키지 않으면서 두 번째 분자를 (두 번째 분자의 중심으로부터 첫 번째 분자의 중심으로 그린) 중심선의 방향으로 $2b$만큼 이동시켜서 구축할 수 있다. 즉, 두 분자들의 상태를 변화시키지 않고, 분자들을 회전시키지 않고도 두 분자들의 중심의 위치를 교환할 수 있는 것이다.

모든 초기배치들을 모아서 각각에 대한 반대배치들을 찾는다면, 모든 최종배치들을 얻을 수 있고, 그 역도 성립한다는 것이 이제 명확하다. 마찬가지로 모든 대응하는 초기배치들을 찾는다면 모든 최종배치들을 얻게 될 것이며, 그 역도 성립한다.

§80. 가장 일반적인 충돌에 대한 루이빌 정리의 적용

이제 이전과 마찬가지로, 시간 t에서 변수들 (250), (237)이 (252)와 (239)의 범위에 있는 기체 내 첫 번째 종류의 분자들의 개수가 (251)로 주어진다고 하자. 마찬가지로 시간 t에서 변수들 (253), (254)가 (255)와 (256)의 범위에 있는 두 번째 종류의 분자들의 개수가 (257)로 주어진다고 하자.

$$du_1 dv_1 dw_1 dp_1 \cdots dq_\nu, du_2 dv_2 dw_2 dp_{\nu+1} \cdots dq_{\nu+\nu'}$$

대신에 약칭

$$d\omega_1, d\omega_2$$

를 사용하면

$$dN = f_1 f_2 d\omega_1 d\omega_2 b^2 k \, d\lambda \, dt \tag{267a}$$

는 dt 동안에, 초기배치가 (267)의 조건에 의하여 결정되는 임계배치인 방식으로 일어나는 충돌의 횟수이다. k는 첫 번째 분자에 대한 두 번째 분자의 중력중심의 속도성분이고, 충돌 초기의 중심선의 방향을 가진다. 모든 충돌들이 종료되는 임계배치에 있어서, 첫 번째 분자의 변수들 (250), (237)은 (259)와 (243)의 범위에 있고, 두 번째 분자의 변수들 (253), (254)는 (260)과

$$(P_{\nu+1}, P_{\nu+1} + dP_{\nu+1}), \cdots (Q_{\nu+\nu'}, Q_{\nu+\nu'} + dQ_{\nu+\nu'}) \tag{268}$$

의 범위에 있으며, 두 분자들의 중심선은 구경 $d\Lambda$의 원추 내에 있는 선에 평행하다. 이 조건들을

조건 (269)

로 표기하자.

§27에서 사용한, 좀 더 복잡하고 정확한 용어들의 약칭을 사용하자.

$$dU_1 dV_1 dW_1 dP_1 \cdots dQ_\nu, dU_2 dV_2 dW_2 dP_{\nu+1} \cdots dQ_{\nu+\nu'}$$

대신에 약칭 $d\Omega_1, d\Omega_2$를 사용하고, 중심선 방향의 충돌이 일어난 후 두 분자들의 중심들의 상대속도 성분을 K가 하자.

(첫 번째 분자로부터 두 번째 분자 쪽으로 그린) 초기배치 및 최종배치의 중력중심의 좌표의 차이를 각각 $\xi, \eta, \zeta, \Xi, H, Z$로 표기하자. 이 경우에 루이빌 정리[방정식 (52)]를 적용하면:

$$d\xi\, d\eta\, d\zeta\, d\omega_1 d\omega_2 = d\Xi\, dH dZ d\Omega_1 d\Omega_2 \tag{270}$$

를 얻는다. ξ, η, ζ와 Ξ, H, Z를 극좌표로 바꾸어:

$$\xi = s\cos\theta, \eta = s\sin\theta\cos\phi, \zeta = s\sin\theta\sin\phi,$$
$$\Xi = S\cos\Theta, H = S\sin\Theta\cos\Phi, Z = S\sin\Theta\sin\Phi$$

로 놓으면 방정식 (270)은

$$s^2\sin\theta\, ds\, d\theta\, d\phi\, d\omega_1 d\omega_2 = S^2\sin\Theta\, d\Theta\, d\Phi\, d\Omega_1 d\Omega_2 \tag{271}$$

로 된다. $\sin\theta\, ds\, d\theta\, d\phi$ 와 $\sin\Theta\, d\Theta\, d\Phi$는 충돌 전과 충돌 후의 중심선이 있는 원추의 구경이다. 이 원추의 구경을 이전처럼 $d\lambda, d\Lambda$로 표시하면:

$$\sin\theta\; d\theta\, d\phi = d\lambda, \sin\Theta\, d\Theta\, d\Phi = d\Lambda.$$

ds, dS 대신에 시간 미분 dt를 도입하자. g가 두 중력중심들의 상대속도, s가 충돌 전 두 중력중심들을 연결하는 선이라 하면, 이 두 선들의 방향 코사인은

$$\frac{u_2 - u_1}{g}, \frac{v_2 - v_1}{g}, \frac{w_2 - w_1}{g}, \frac{\xi}{s}, \frac{\eta}{s}, \frac{\zeta}{s}$$

이다. 선 s 방향의 상대속도의 성분은:

$$k = \frac{1}{s}[(u_2 - u_1)\xi + (v_2 - v_1)\eta + (w_2 - w_1)\zeta].$$

이에 대응하는 충돌 후 상대속도의 성분을 K로 나타내면

$$ds = kdt, dS = Kdt.$$

이 값들을 치환하고, 충돌의 시작과 끝에서 $s = b$임을 기억하면 방정식 (270)은

$$b^2 k\, d\lambda\, dt\, d\omega_1 d\omega_2 = b^2 K d\Lambda\, dt\, d\Omega_1 d\Omega_2$$

의 형태를 가진다. 루이빌의 정리에서 t는 언제나 상수로 취급되므로 dt는 좌변과 우변에서 동일한 값을 가진다. $b^2 dt$로 나누면:

$$k\, d\lambda\, d\omega_1 d\omega_2 = K d\Lambda\, d\Omega_1 d\Omega_2. \tag{272}$$

충돌횟수가 (267a)의 dN으로 표기되는 충돌의 모든 최종배치들을 염두에 두어야 할 것이다. 또한 시간 dt 동안에 개시되며 이러한 충돌들에 대응하는 횟수를 dN' 으로 표기하면

$$dN' = F_1 F_2 b^2 K d\Omega_1 d\Omega_2 d\Lambda\, dt. \tag{273}$$

F_1, F_2는 각각

$$f_1(U_1, V_1, W_1, P_1 \cdots Q_\nu, t), f_2(U_2, V_2, W_2, P_{\nu+1} \cdots + Q_{\nu+\nu'}, t)$$

의 약칭이며, 방정식 (266)이 모든 충돌에 대하여 성립하면 일반적으로

$dN = dN'$ 이다. 이제 첫 번째 분자의 dN충돌의 각각에 있어서 변수들 (250), (237)이 (252)와 (239)의 범위에 있는 상태는 이 변수들이 (259)와 (243)의 범위에 있는 상태로 치환된다. 역으로, 첫 번째 분자의 dN' 충돌의 각각에 있어서 변수들이 (259)와 (243)의 범위에 있는 상태는 (252)와 (239)의 범위에 있는 상태로 치환된다. 이는 첫 번째 분자들의 충돌 및 모든 충돌에 대하여도 마찬가지이므로, 방정식 (266)이 만족된다면 상태분포는 충돌에 의하여 변하지 않으며, 이 방정식은 실제로 (115)에 의하여 만족됨을 쉽게 증명할 수 있다. 따라서 이는, 이 식으로 표현되는 상태분포가 정상적 상태분포임을 두 번째로 증명한 셈이다. 이 상태분포가 이 조건들을 만족하는 유일한 것임을 증명하기 위하여, H의 변화량을 다시 계산하고자 한다.

§81. 유한미분 계산법

아래에서 우리는 어떤 추상적 개념을 사용할 필요가 있는데, 어떤 이들에게는 이것이 놀라운 것처럼 보일지 모르겠지만, 매우 큰 유한한 숫자를 생각하지 않는다면 미적분의 개념이 의미 없다는 사실을 명확히 이해하는 사람들에게 이 개념은 당연한 것으로 보일 것이다.

분자가 유한한 개수의 1, 2, 3, 등등의 상태만을 가질 수 있다고 가정하자; 임의의 상태를 1로, 다른 상태를 2, 등등으로 표기하자. 이러한 표현은 상태들이 루이빌 정리를 따르는 영역을 채우는 것으로 보자면 연속적인 상태와 관련된다. a, b 상태를 가지는 두 분자들의 임계배치를 (a, b)로 나타내고, 이와 동등한 배치를 (b, a)로, 반대의 배치를 $(-a, -b)$로 표기하자.

배치 (a, b)가 배치 (c, d)로 종착되는 충돌을

$$\begin{pmatrix} a, b \\ c, d \end{pmatrix}$$

로 표기하자. 상태 $a, b \cdots$를 가지는 단위부피당 분자 개수를 $w_a, w_b \cdots$로 표기하자. 배치 (a, b)로 시작하여 (c, d)로 종착되는 충돌횟수를

$$C_{c,d}^{a,b} \cdot w_a \cdot w_b$$

로 나타낼 때에, dw_a가 dt 동안에 충돌에 의하여 발생한 w_a의 증가분이라면

$$\frac{dw_a}{dt} = \sum C_{a,z}^{x,y} w_x w_y - \sum C_{p,q}^{a,n} w_a w_n$$

이며, 여기에서 합은 x, y, z, n, p, q의 모든 가능한 값에 대하여 이루어진다.

$$\frac{dw_1}{dt}, \frac{dw_2}{dt}, \cdots$$

를 모두 구하였다고 하고,

$$E = w_1(\log w_1 - 1) + w_2(\log w_2 - 1) + \cdots$$

로 놓자. dE가 시간 dt 동안에 충돌에 의하여 발생한 E의 증가분이라 하고

$$\frac{dE}{dt} = \frac{dw_1}{dt} \log w_1 + \frac{dw_2}{dt} \log w_2 + \cdots$$

에 위의 $\frac{dw_1}{dt}, \frac{dw_2}{dt}, \cdots$ 값들을 치환하자. 1, 2, 3, 4가 임의의 상태들이고, $(2, 1)$과 $(3, 4)$가 임의의 임계배치일 때에, 충돌

$$\begin{pmatrix} 2, 1 \\ 3, 4 \end{pmatrix}$$

에 의하여 dw_1 및 dw_2의 항

$$-C_{3,4}^{2,1}w_1w_2$$

를 구할 수 있다. 이 항은 $\frac{dw_3}{dt}, \frac{dw_4}{dt}$에서는 0보다 크다. 이 모든 항들은 dE/dt에 합

$$C_{3,4}^{2,1}w_1w_2(\log w_3 + \log w_4 - \log w_1 - \log w_2)$$

만큼을 기여한다. 최종배치 (3, 4)에 대응하는 배치 (4, 3)을 초기배치로 가지는 충돌

$$\begin{pmatrix} 4, 3 \\ 5, 6 \end{pmatrix}$$

은

$$\frac{dw_3}{dt}, \frac{dw_4}{dt}$$

에

$$C_{5,6}^{4,3}w_3w_4$$

를 기여하고,

$$\frac{dw_5}{dt}, \frac{dw_6}{dt}$$

에 0보다 두 개의 큰 동일한 항들을 기여한다.

마찬가지 방식으로, 충돌

$$\begin{pmatrix} 6, 5 \\ 7, 5 \end{pmatrix}$$

에 대응하는 충돌

$$\begin{pmatrix} 4, 3 \\ 5, 6 \end{pmatrix}$$

등등을 계속 구할 수 있다.

유한한 개수의 상태만이 존재하므로, 이전과 같은 충돌들 중의 하나에 대응하는 충돌인

$$\begin{pmatrix} k, & k-1 \\ x, & y \end{pmatrix}$$

에 이르게 되며, 이러한 형상이 일어나는 첫 번째 충돌은

$$\begin{pmatrix} 2, 1 \\ 3, 4 \end{pmatrix}$$

에 대응함을 증명할 수 있다. 이는 이 충돌이, 예를 들면

$$\begin{pmatrix} 6, 5 \\ 7, 8 \end{pmatrix}$$

에 대응한다면 (x, y)와 $(6, 5)$는 대응하는 충돌들이며, 따라서 (x, y)와 $(6, 5)$가 동일하여 $(k, k-1)$과 $(4, 3)$으로부터 시작되는 두 충돌들이 동일한 최종배치에 이르기 때문이다. 그러면 초기배치 $(-5, -6)$은 $(-4, -3)$ 및 $(-k, -k+1)$에 이를 것이다. 따라서 $(-4, -3)$과 $(-k, -k+1)$은 같을 것이며,

$$\begin{pmatrix} k, & k-1 \\ x, & y \end{pmatrix} = \begin{pmatrix} 4, 3 \\ 5, 6 \end{pmatrix}$$

이며, 같은 이유로

$$\begin{pmatrix} k-2, & k-3 \\ k-1, & k \end{pmatrix} = \begin{pmatrix} 2, 1 \\ 3, 4 \end{pmatrix}$$

이다. 따라서 이 순환은 이미 이전에 종료되어 있게 된다.

방정식 (272)는 우리의 표기를 따르자면, 변수들이 루이빌 정리를 따라서 동일한 영역을 채우는 모든 상태들을 모았기 때문에, 계수들

$$C^{a,b}_{c,d},\ C^{d,c}_{e,f}$$

가 서로 동일해야 함을 의미한다. 따라서 dE/dt에 포함된 모든 항들을 순환 형식으로 정리할 수 있다:

$$C^{2,1}_{3,4}[w_1w_2(\log w_3+\log w_4-\log w_1-\log w_2)$$
$$+w_3w_4(\log w_5+\log w_6-\log w_3-\log w_4)+\cdots$$
$$w_{k-1}w_k(\log w_1+\log w_2-\log w_{k-1}-\log w_k)].$$

[ ] 내의 표현을 $\log X$라 하고 $w_1w_2=\alpha,\ w_3w_4=\beta\cdots$ 로 놓으면:

$$X=\beta^{\alpha-\beta}\gamma^{\beta-\gamma}\delta^{\gamma-\delta}\cdots\alpha^{\sigma-\alpha} \tag{274}$$

이다. $\alpha, \beta, \gamma\cdots$ 중에서 이웃한 두 숫자들보다 크지 않은 최소한 한 개의 (예를 들면 γ) 수가 존재한다. 그렇다면

$$X=\left(\frac{\gamma}{\delta}\right)^{\beta-\gamma}Y \tag{275}$$

이며, 여기에서

$$Y=\beta^{\alpha-\beta}\delta^{\gamma-\delta}\cdots\alpha^{\sigma-\alpha}.$$

Y는 X와 같지만 한 개의 항이 모자란다.

방정식 (275)의 인자 Y는 $\gamma=\beta$이든지 혹은 $\gamma=\delta$이면 1이지만, 그렇지 않으면 언제나 1보다 작다. 이런 식으로 반복하여 Y를 취급하면 최종적으로 X를 1 이하의 값을 가지는 분수들의 곱으로 환원할 수 있다. 모든 양들 $\alpha, \beta, \gamma\cdots$가 같지 않으면 모든 인자들이 1일 수는 없다.

따라서 무한소의 극한에서 시간 도함수가 dH/dt로 되는 양 E는 충돌의 결과로 오직 감소하거나 일정할 수밖에 없다; 그리고 모든 충돌들

$$\binom{a, b}{c, d}$$

에 있어서 방정식

$$w_a w_b = w_c w_d$$

가 만족되는 경우에만 E는 일정할 수 있다. 정상상태에서 E는 더 이상 감소할 수 없으므로 정상상태에서는 모든 가능한 충돌에 대하여 방정식

$$w_a w_b = w_c w_d$$

가 만족되어야 하며, 무한소의 극한에서 이는 방정식 (266)과 동일하다.

§82. 충돌에 의한 가장 일반적인 H의 변화의 적분식

만약 유한한 상태들로부터 무한대 개수의 상태로 넘어가는 것을 회피하면서 또한 미분을 사용하고자 한다면 다음과 같은 방법을 사용할 수 있겠다. 제1부 §18에서처럼

$$(276) \qquad \frac{d}{dt}\int f_1 \log f_1 \, d\omega_1 = \iiint f_1 f_2 (\log F_1 + \log F_2 - \log f_1 - \log f_2) d\omega_1 d\omega_2 b^2 g \, d\lambda$$

를 얻는데, 단일 적분은 $d\omega_1$에 포함된 모든 미분에 대하여, 삼중 적분은 $d\omega_1 \, d\omega_2 \, d\lambda$에 포함된 모든 미분에 대하여 이루어진다. $d\int f_1 \log f_1 d\omega_1$은 첫 번째 분자들과 두 번째 분자들 사이의 충돌에 의한 이 적분의 변화량을 의미한다. 분자 내 운동에 의한 변화는 0이다. 다른 양들의 의미는 전과 동일하다. 각 충돌에 있어서 그 초기 배치가 첫 번째 분자의 최종 배치에 대응하는

대응 충돌이 구축되었다고 가정하자. 이 두 번째 충돌의 끝에서 두 분자들의 상태를 특징짓는 변수들의 값들을 치환했을 때에 함수 f_1, f_2가 가지는 값들을 f_1'', f_2'' 으로 표기하자; 또한 이 두 번째 충돌에 대응하는 충돌을 구축하여 이 충돌에 대한 두 분자들의 최종상태를 나타내는 변수들의 값들을 치환했을 때에 발생하는 함수들의 값들을 f_1''', f_2''' 등등으로 표기하자.

그러면 양 $(d/dt)\int f_1 \log f_1 d\omega_1$은:

$$b^2 g\, d\omega_1 d\omega_2 d\lambda[f_1 f_2(\log F_1 + \log F_2 - \log f_1 - \log f_2) \\ + F_1 F_2(\log f_1'' + \log f_2'' - \log F_1 - \log F_2) \\ + f_1'' f_2''(\log f_1''' + \log f_2''' - \log f_1'' - \log f_2'') + \cdots] \tag{277}$$

의 형태로 나타낼 수 있다.

$$f_1 f_2 = \alpha, F_1 F_2 = \beta, f_1'' f_2'' = \gamma \cdots$$

로 놓으면 (277)의 [ ] 안의 표현은

$$\beta^{\alpha-\beta}\gamma^{\beta-\gamma}\delta^{\gamma-\delta} \cdots \tag{278}$$

의 자연로그일 것이다.

이 양은 $\alpha, \beta, \gamma \cdots$의 순열이 일반적으로 유한하지 않다는 점을 제외한다면 (274)의 표현과 동일하다. 하지만 이 급수를 충분히 멀리 따라간다면 그 기저가 거의 α와 같은 항을 만날 것이며, (278)과 이 항에서 멈춘 표현 사이의 차이가 임의적으로 작게 될 수 있을 것이다. 두 분자들의 운동이 충돌에 의하여 변하지 않는 즉시 $\alpha, \beta, \gamma \cdots$ 중 하나가 이웃 항과 같게 되는 경우가 발생할 수 있다. 그러나 b를 매우 크게 잡아서 대부분의 충돌에 있어서 이러한 사항이 적용되지 않는 한에는, 이 양들의 대부분은 이웃 항과 완전히 달라서 (278)에서 곱해지는 분수들의 대부분은 1보다 작을 것이다; 이는 (275)

의 인자 Y에 대해서도 마찬가지다. 따라서 dH/dt는 0보다 작을 것이며, 모든 충돌들에 있어서 조건 (266)이 충족될 때에만 0일 것이다.

§83. 논의되어야 할 경우의 세부사항

위에서 우리는 어떠한 종류의 복합분자들의 이상기체의 열평형에서 동종 또는 이종 분자들 간의 모든 충돌들에 있어서 조건 (266)이 충족되어야 함을 보였다. 이 증명을 유도하는 과정에서 외부힘을 제외했지만 외부힘이 작용할 때에도 증명은 가능하다. 또한 방정식 (266)은 상태분포가 (118)에 의하여 결정되는 즉시 충족됨을 알 수 있다.

그러나 이 분포가 가능한 유일한 것이라는 증명이 완전히 일반적으로 얻어지는 것은 가능해 보이지 않으며, 각각의 특수한 경우에만 가능할 듯하다. 이 특수한 경우는 각각의 책에서 논의될 수 있으니, 우리는 여기에서 소수의 예만을 다룰 수 있겠다.

가장 간단한 것은 다음의 특수한 경우이다. 외부힘이 작용하지 않는 이상기체의 혼합물이 있다고 하자. 서로 다른 분자들의 원자들은 임의의 보존력에 의하여 결합되어 있고, 이에 대해서는 라그랑주 방정식이 성립한다. 각 분자 내의 원자 하나가 다른 분자의 원자와 탄성의, 변형을 무시할 수 있는 구로서 거동하여 두 분자들의 상호작용이 발생한다.

변형을 무시할 수 있기 때문에 충돌 도중에 충돌하는 원자의 위치 및 다른 원자들의 위치와 속도가 변하지 않는다. 그러나 각 원자의 충돌 전 속도의 방향의 확률은 공간 내에서 동일하므로 여러 종류의 충돌의 확률을 제1부 §3에서처럼 계산할 수 있다.

일반적인 논의를 전개하기 위하여 다른 종류(첫 번째, 두 번째)의 분자들 사이의 충돌을 다루겠지만, 두 분자들이 같은 종류일 때에도 마찬가지일 것이다.

§84. 각 충돌에 적용될 수 있는 방정식의 해

첫 번째 분자에 속하는 질량 m_1의 원자가 두 번째 분자에 속하는 질량 m_2의 원자와 충돌한다고 하자. 첫 번째 원자 및 두 번째 원자와 동등한 원자를 각각 m_1-, m_2-원자라고 하자. 충돌 전 및 충돌 후 두 원자들의 속도를 각각 c_1, c_2 및 γ_1, γ_2라 하자. c_1, c_2의 값들은 완전히 임의적이며, γ_1은 0와

$$\sqrt{c_1^2 + \frac{m_2 c_2^2}{m_1}} \tag{279}$$

사이의 어떠한 값도 취할 수 있지만, γ_2는 충돌시간이 짧아서 분자들의 에너지가 별로 변하지 않으므로 에너지 보존법칙에 의하여

$$\sqrt{c_2^2 + \frac{m_1}{m_2}(c_1^2 - \gamma_1^2)}$$

과 같다.

기체 내에서 세 좌표 방향의 속도성분들이

$$(u_1, u_1 + du_1), (v_1, v_1 + dv_1), (w_1, w_1 + dw_1) \tag{280}$$

의 범위에 있고, 분자들의 운동을 결정하는 다른 변수들은 어떠한 가능한 값들을 가지는 m_1-원자들의 개수를

$$f(c_1)du_1dv_1dw_1$$

으로 표기하자. 원자의 속도는 공간 내에서 어떠한 선택적 방향도 가지지 않으므로, 미분들의 곱의 계수는 명백히 c_1만의 함수이므로 이를 $f_1(c_1)$으로 부르자.

마찬가지로 속도성분들이

$$(u_2, u_2+du_2), (v_2, v_2+dv_2), (w_2, w_2+dw_2) \tag{281}$$

의 범위에 있는 m_2-원자들의 개수를

$$f_2(c_2)du_2dv_2dw_2$$

로 표기하자.

이 충돌에서 방정식 (266)은

$$f_1(c_1)f_2(c_2) = f_1(\gamma_1)f_2\left(\sqrt{c_2^2 + \frac{m_1}{m_2}(c_1^2 - \gamma_1^2)}\right) \tag{282}$$

으로 간단해진다.

이 방정식은 에너지 보존법칙을 만족하는 모든 변수들의 가능한 값들에 대하여 충족되어야 하므로 간단한 계산을 하면(제1부 §7 참조)

$$f_1(c_1) = A_1e^{-hm_1c_1^2}, f_2(c_2) = A_2e^{-hm_2c_2^2}$$

임을 알 수 있다.

이 관계와, 속도에 있어서는 공간 내의 어떠한 방향도 동등하다는 조건을 사용하면 여러 속도성분들의 확률을 완전하게 결정할 수 있다. 모든 분자들의 모든 원자들이 상호 충돌한다면 h는 모든 경우에 동일한 값을 가져야 한다. 따라서 모든 원자들의 평균 운동에너지는 같고, 모든 방향이 동등하다는 조건으로부터 중력중심의 병진운동의 평균 운동에너지는 모든 분자들에 있어서 동일하며 원자의 평균 운동에너지와 같음을 쉽게 증명할 수 있다. 계수 A_1, A_2는 일정하지만 분자의 상태를 결정하는 다른 변수들에 의존하며, 이 변수들의 값이 주어진 범위에서만 허용된다면 이 범위에도 의존한다.

이원자 분자 내에서 마치 체조의 아령과 같은 형상으로 고체 구형의 원자들이 막대기로 연결되어 있는 특수한 경우를 살펴보자.[65] 연결 막대기가 탄성이라면 원자들은 진동운동을 할 것이다. 하지만 막대기의 변형을 무시할 수 있는 경우, 이 진동의 진폭은 매우 작아서 (원자들의 중심을 잇는 선에 대한 회전과 마찬가지로) 관찰 시간 동안에 다른 운동과 열평형에 이르지 않을 것이다.

그 결과는 이전에 얻은 것과 완전히 일치하여, 비열의 비는 1.4일 것이다.

또 하나의 특수한 예는 세 개 이상의 고체 구형의 원자들이 견고하게 결합되어 있는 분자들의 경우이다. 이 역시 이전에 논의한 바와 같이 비열의 비는 $1\frac{1}{3}$로 얻어진다. 이 경우는 별 어려움 없이 취급하여 이전과 마찬가지로 좌표들의 여러 조합들에 대한 확률을 구할 수 있다. 이에 대하여는 더 이상 자세히 논의하지 않을 것이며, 그 대신 더 어려운 경우들을 다루는 방법의 예를 제시하고자 한다.

65) Ramsey, *Les gaz de l'atmosphère*(paris: Carré, 1898) p. 172.

§85. 한 가지 유형의 원자들이 충돌하는 경우

이상기체의 모든 분자들이 동일하다고 하자. 각 분자는 질량 m_1, m_2의 두 개의 서로 다른 원자(첫 번째, 두 번째 원자)들로 구성되어 있다고 하자. 분자 내 두 원자들은 분자 내 운동에 있어서는 원자 중심에 집중된 질점들처럼 거동하여, 거리의 함수인 힘의 중심을 잇는 선의 방향으로 작용한다. 분자 내 운동은 따라서 일반적인 중심운동일 것이다.[66] 두 분자들 사이의 상호작용은 다음과 같다: 첫 번째 종류의 두 원자들은 변형을 무시할 수 있는 탄성구처럼 충돌하지만 두 번째 종류의 원자들 사이, 또한 첫 번째 종류와 두 번째 종류의 원자 사이의 상호작용은 없다.

이전과 마찬가지의 논의를 적용하면 첫 번째 종류의 두 원자들에 대하여 방정식 (282)에 대응하는 관계를 얻게 되는데, 이로부터

(283) $$f_1(c_1) = Ae^{-hm_1c_1^2}$$

을 얻는다. 이전과 마찬가지로, u_1, v_1, w_1은 첫 번째 종류의 원자의 속도성분들이고, $f(c_1)du_1dv_1dw_1$은 u_1, v_1, w_1이 범위 (280)에 있는 첫 번째 종류의 원자들의 개수이다; A는 분자의 상태에 적용되는 범위에 의존할 수 있다.

그러나 두 번째 종류의 원자들에 대해서는 이러한 논의가 적용될 수 없는데, 다른 분자들의 원자와 충돌하지 않기 때문이다. 따라서 중심운동의 궤도와 상(相)의 확률을 도입해야 한다.

66) Boltzmann, *Vorlesunger über die Principie der Mechanik* §§ 20–24.

§86. 특별한 중심운동의 확률 결정

어떤 시간에서의 첫 번째, 두 번째 원자의 절대속도를 이미 c_1, c_2로 표기한 바 있다. ρ가 이 시간에서의 두 원자들 사이의 중심 간 거리라 하고, 첫 번째 원자로부터 두 번째 원자까지 이은 선과 c_1, c_2가 이루는 각을 α_1, α_2, 선 ρ를 통과하며 각각 c_1, c_2 방향의 두 평면들 사이의 각을 β라 하자.

분자의 총 에너지는

$$L = \frac{m_1 c_1^2}{2} + \frac{m_2 c_2^2}{2} + \phi(\rho) \tag{284}$$

이며, ϕ는 중심력의 위치에너지 함수이다. 궤도평면에 있어서의 m_1에 대한 m_2의 각속도의 2배는:

$$K = \rho\sqrt{c_1^2 \sin^2\alpha_1 + c_2^2 \sin^2\alpha_2 - 2c_1 c_2 \sin\alpha_1 \sin\alpha_2 \cos\beta} \tag{285}$$

이고, 분자의 중력중심의 속도에 $m_1 + m_2$를 곱한 값은

$$G = \sqrt{m_1^2 c_1^2 + m_2^2 c_2^2 + 2m_1 m_2 c_1 c_2 (\cos\alpha_1 \cos\alpha_2 + \sin\alpha_1 \sin\alpha_2 \cos\beta)}\,, \tag{286}$$

궤도평면에 수직한 성분들은

$$H = \frac{c_1 c_2 \sin\alpha_1 \sin\alpha_2 \cos\beta}{\sqrt{c_1^2 \sin^2\alpha_1 + c_2^2 \sin^2\alpha_2 - 2c_1 c_2 \sin\alpha_1 \sin\alpha_2 \cos\beta}} \tag{287}$$

이다. K, L, G, H가 각각

$$(K, K+dK),\ (L, L+dL),\ (G, G+dG),\ (H, H+dH)$$

의 범위 내에 있는 단위부피당 분자들의 개수를

$$\Phi(K, L, G, H) dK dL dG dH$$

로 표기할 것이다. ρ가 ρ와 $\rho + d\rho$ 사이에 있는 분자들의 개수는

$$\Phi dK dL dG dH \cdot \frac{d\rho}{\sigma} : \int_{\rho_0}^{\rho_1} \frac{d\rho}{\sigma} = \Phi dK dL dG \cdot dH \frac{d\rho}{\sigma}$$

이다. 여기에서

$$\sigma = \frac{d\rho}{dt} : \int_{\rho_0}^{\rho_1} \frac{d\rho}{\sigma}$$

는 근지점으로부터 지점원에까지 경과한 시간이며, 따라서 K, L, G, H의 주어진 함수이다;

$$\Psi = \Phi : \int_{\rho_0}^{\rho_1} \frac{d\rho}{\sigma}$$

는 따라서 이 네 가지 양들의 주어진 함수이다. 다음의 조건들을 만족하는 분자들로 논의를 국한하여 보자; 첫째, 경로의 장축단이 고정된 평면에 평행한 궤도평면상의 선과 $(\epsilon, \epsilon + d\epsilon)$ 사이의 각을 이룬다. 둘째, 궤도평면에 수직하고 고정된 선 Γ에 평행한 중력중심의 속도를 통과하는 두 평면들이 $(\omega, \omega + d\omega)$ 사이의 각을 이룬다. 셋째, 중력중심의 속도 방향이 무한소의 구경 $d\lambda$와 주어진 방향을 가진 원추 내에 있다. 이런 조건하에서 기체 내 분자들의 개수는 $d\epsilon \, d\omega \, d\lambda : 16\pi^3$을 곱하여

$$\Psi \cdot \frac{1}{16\pi^3 \sigma} dK dL dG dH d\rho \, d\epsilon \, d\omega \, d\lambda \tag{288}$$

로 얻어진다. 고정된 직교좌표 축들에 대한 이 분자들의 중력중심의 속도성분들의 범위를 $(g, g + dg)$, $(h, h + dh)$, $(k, k + dk)$로 표기하면

$$G^2 dG d\lambda = dg\, dh\, dk$$

이다. 이제 g, h, k를 고정시키고, 첫 번째 원자의 중심을 통과하고 그 z-축이 G의 방향을 가진 직교좌표계를 구축하자. 이 좌표계에 대한 두 번째 원자의 중심의 좌표 및 속도성분들을 $x_3, y_3, z_3, u_3, v_3, w_3$라 표기하고, 이 여섯 개의 변수들을 $K, L, H, \rho, \epsilon, \omega$로 변환하자. 이를 위해서 두 번째 원자의 중심을 통과하는 두 번째 좌표계를 구축하여, 이에 대한 두 번째 원자의 좌표 및 속도성분들을 $x_4, y_4, z_4, u_4, v_4, w_4$로 표기하자. 이 두 번째 좌표계의 z-축은 궤도평면에 수직하며, x-축은 평면과의 교차선상에 놓인다. 그러면

$$H = G \sin\theta$$

이며, $90^\circ - \theta$는 두 z-축들 사이의 각이다. 따라서 G는 일정하므로

$$dH = G \cos\theta\, d\theta.$$

마지막으로, 두 x-축들 사이의 각을 ω축으로 하면, 이는 이전의 각과는 일정한 양만큼만 다르므로:

$$z_4 = x_3 \cos\theta \sin\omega + y_3 \cos\theta \cos\omega + z_3 \sin\theta$$
$$w_4 = u_3 \cos\theta \sin\omega + v_3 \cos\theta \cos\omega + w_3 \sin\theta$$

를 얻는데, $x_4 y_4$ 평면이 궤도평면이므로 이 두 관계식은 0이다. 이 두 식에 의하여, x_3, y_3, u_3, v_3를 일정하게 두면 z_3, w_3 대신에 θ, ω를 도입할 수 있고

$$dz_3\, dw_3 = (y_3 u_3 - x_3 v_3) \frac{\cos\theta}{\sin^3\theta} d\theta\, d\omega$$

임을 알 수 있다. 또한

$$x_4 = x_3 \cos\omega - y_3 \sin\omega$$
$$y_4 \sin\theta = x_3 \sin\omega + y_3 \cos\omega$$

이며, u_4, v_4에 대해서도 마찬가지 관계가 성립한다. 따라서

$$y_3 u_3 - x_3 v_3 = \sin\theta(y_4 u_4 - x_4 v_4) = K \sin\theta$$

이며, 일정한 θ, ω에 대하여

$$dx_4 dy_4 \sin\theta = dx_3 dy_3; \quad du_4 dv_4 \sin\theta = du_3 dv_3$$

이므로,

$$dx_3 dy_3 dz_3 du_3 dv_3 dw_3 = K \cos\theta \, dx_4 dy_4 du_4 dv_4 d\theta \, d\omega$$

이다. 첫 번째 원자에 대한 두 번째 원자의 운동의 속도에서 ρ에 평행한 성분과 수직한 성분을 각각 σ, τ로 표기하면 일정한 x_4와 y_4에 있어서

$$d\sigma \, d\tau = du_4 dv_4$$

$$K = \rho r, \; L = L_g + \frac{m_1 m_2}{2(m_1 + m_2)}(\sigma^2 + \tau^2) + \phi(\rho)$$

$$dK dL = \frac{m_1 m_2}{m_1 + m_2} \sigma \rho \, d\sigma \, dr$$

이며, L_g는 일정한 값을 가지는 중력중심의 운동에너지이다. ψ가 ρ와 장축단 사이의 각이라 하면,

$$x_4 = \rho \cos(\epsilon + \psi), \; y_4 = \rho \sin(\epsilon + \psi)$$

이며, ψ는 ρ, K, L의 함수이다. 그러나 K, L이 일정하므로

$$\rho\, d\rho\, d\epsilon = dx_4\, dy_4.$$

이 모든 결과들을 종합하면:

$$dx_3\, dy_3\, dz_3\, du_3\, dv_3\, dw_3 = \frac{m_1 + m_2}{m_1 m_2} \frac{K}{\sigma} dK dL\, dH d\rho\, d\omega\, d\epsilon$$

이며, x, y, z가 첫 번째 원자에 대한 두 번째 원자의 중심을 통과하는 좌표계에 대한 두 번째 원자의 좌표들이어서, 그 축들이 원래 임의로 정한 좌표축들에 평행하다면, 마찬가지로

$$dx\, dy\, dz\, du_2 dv_2\, dw_2 = \frac{m_1 + m_2}{m_1 m_2} \frac{K}{\sigma} dK dL\, dH d\rho\, d\omega\, d\epsilon$$

임을 쉽게 알 수 있다. (288)에 이를 도입하고 일정한 u_2, v_2, w_2에 있어서

$$dg\, dh\, dk = \frac{m_1^3}{(m_1 + m_2)^3} du_1\, dv_1\, dw_1$$

임을 기억한다면, 변수들 $x \cdots w_2$가 $(x, x + dx) \cdots (w_2, w_2 + dw_2)$ 의 범위에 있는 단위부피당 분자개수는

$$\text{(289)} \qquad \frac{1}{16\pi^3} \frac{m_1^4 m_2}{(m_1 + m_2)^4} \frac{\Psi}{KG^2} dx\, dy\, dz\, du_1\, dv_1\, dw_1 du_2\, dv_2\, dw_2$$

로 얻어진다. 이 개수를

$$\text{(290)} \qquad F = Be^{-h(m_1 c_1^2 + m_2 c_2^2 + 2\theta(\rho))}$$

과 같게 놓으면 방정식 (283)에 의하면 B는 c_2, ρ, α_2만의 함수인 반면 방정식 (283)에 의하면 K, L, G, H만의 함수이다. B는 따라서 c_1, α_1, β와는 전혀 무

관하고 c_2, ρ, α_2만의 함수인 K, L, G, H의 함수이어야 한다. 따라서 $B=f(K, L, G, H)$로 놓고, (283)에서 (287)까지의 K, L, G, H값들을 치환하면 이 함수는 c_1, α_1, β와 전혀 무관하다. 이는 c_2, ρ, α_2의 모든 값들에 대하여 성립해야 하므로, 우선 $c_2=0$로 놓으면;

$$K=\rho c \sin\alpha, L=\frac{mc^2}{2}+\phi(\rho), G=mc, H=0$$

이며, 따라서

$$B=f(\rho c \sin\alpha_1, \frac{mc_1^2}{2}+\phi(\rho), mc_1, 0)$$

이다. 이 관계는 c_1, α_1에 무관하므로 K는 f에 나타나지 않으며, L, G는 $2mL-G^2$의 조합으로만 나타난다. 이는 L, G 대신에 $2mL-G^2, G$를 f에 치환해보면 얼른 알 수 있다. 따라서

$$B=f(2mL-G^2, H)$$

이며, (284)에서 (287)까지의 일반적인 값들을 삽입하면

$$\begin{aligned} B=f(&m_1(m_1-m_2)c_1^2+2m_1\phi(\rho) \\ &-2m_1m_2c_1c_2(\cos\alpha_1\cos\alpha_2+\sin\alpha_1\sin\alpha_2\cos\beta), \\ &\frac{c_1^2c_2^2\sin^2\alpha_1\sin^2\alpha_2\sin^2\beta}{c_1^2\sin^2\alpha_1+c_2^2\sin^2\alpha_2-2c_1c_2\sin\alpha_1\sin\alpha_2\cos\beta}). \end{aligned}$$

이는 c_1, α_1, β와 전혀 무관해야 한다. 이 함수의 두 변수들이 상호 무관하며, 따라서 B가 일정하다는 것을 즉시 알 수 있다. 하지만 그러면 실제로 방정식 (290)은 (118)의 특수한 경우가 된다.

또 다른 경우를 다루는 것도 별 어려움이 없을 것인데, 이는 회전하거나 또는 그렇지 않은 임의의 고체물체 분자들의 경우이다. 그러나 이미 특수한 경우들의 복잡한 계산에 너무 많은 시간을 소비했으므로, 더 이상의 특수한 경우들의 나머지는 박사학위 논문들로 미룰 것이다.

§87. 초기상태에 대한 가정

단단한 용기 내에 기체가 채워져 있고, 초기에 그 일부가 다른 부분에 대하여 가시적 운동을 보인다면, 점성의 결과로 인하여 곧 정지할 것이다. 초기에 두 종류의 기체가 혼합되지 않은 채로 접촉했다면, 가벼운 기체가 위쪽에 있었다 할지라도 결국 혼합될 것이다. 일반적으로 한 종류 혹은 몇 종류의 기체들이 초기에 어떤 확률이 낮은 상태에 있을 경우, 계는 주어진 외부 조건하에서 가장 확률이 높은 상태로 이전되어, 이후의 모든 관찰 시간 동안 이 상태에 머물게 된다. 이것이 기체운동론의 필연적인 결과라는 것을 증명하기 위하여 H를 정의하고 이를 이용한바, 기체분자들의 운동으로 인하여 H는 연속적으로 감소한다는 사실을 증명하였다. 이 과정의 일방성이 분자운동의 방정식에 근저하지 않음은 명확한데, 이는 시간의 부호가 바뀌어도 운동방정식은 변하지 않기 때문이다. 이러한 일방성은 오직 초기조건에만 의존한다.

그렇다고 해서, 각각의 실험에서 어떤 초기조건이 반대의 경우보다 더 확률이 크다고 이해해서는 안 된다; 그보다는, 물체들이 상호작용할 때에는 올바른 초기조건들하에서 발견된다는, 세계의 역학적 형상의 성질에 대한 일관되는, 논리적 필연성을 갖춘 기본가정을 세우는 것으로 족할 것이다. 특히 본 이론에 따르면, 물체들이 상호작용할 때에 계의 초기상태는 (질서가 있든지 혹은 확률이 매우 낮든지) 외부의 역학적 조건하에서 상대적으로 작은 수의 상태들이 가질 특수한 성질로 규정될 필요가 없다. 이에 의하여 시간이 지나면 이 계가 이러한 성질들을 가지지 않는 상태, 즉 무질서한 상태로 진입한다는 사실이 명확해질 수 있다. 대부분의 상태들은 무질서하므로, 확률이 높은 상태들이라고 말할 수 있겠다.

질서가 있는 상태는, 지정된 상태가 (모든 속도들의 부호가 반대로 변하는) 그 반대의 상태와 관련되는 식으로는 무질서한 상태와 관련되지는 않는다. (맥스웰이 특수한 경우에 대하여 수학적으로 표현하였기에 맥스웰 속도분포라고 부르는) 자기규제적(self-regulating)인, 가장 확률이 높은 상태는 무한히 많은 비맥스웰 분포와 대비되는 특수한 단일의 상태가 아니다. 오히려 이는 훨씬 많은 수의 가능한 상태들이 맥스웰 분포의 이러한 특성을 가지며, 이 개수에 비하여 맥스웰 분포로부터 심하게 벗어나는 속도분포들의 개수는 매우 작다는 사실로 특화된다. 동일 확률 또는 동일 가능성의 기준은 루이빌 정리로부터 얻어진다.

이 가정에 근거한 계산이 실제의 관찰 가능한 과정과 부합한다는 사실을 설명하기 위해서는 매우 복잡한 역학적 계가 세계의 실상을 나타내며, 모든 또는 최소한의 부분들이 초기에 매우 질서 있는 —따라서 낮은 확률의— 상태에 있음을 가정해야 한다. 이런 경우에는 두 개 이상의 부분들이 상호작용하게 되면 이 부분들에 의하여 형성된 계는 초기에 질서 있는 상태에 있게 되는데, 방치되게 되면 신속하게 가장 확률이 큰 무질서의 상태로 진행하게 된다.

§88. 이전 상태로의 회귀

결론을 요약해보자:

1. 질서 있는 상태와 무질서한 상태를 구별하는 차이는 절대로 시간의 부호가 아니다. 세계의 역학적 형상의 "초기상태"에서 계의 부분들의 속도의 크기나 위치를 바꾸지 않고 속도의 방향만을 바꾼다면; 즉 계의 상태를 시간의 반대방향으로 추적한다면, 우선 거의 불가능한 상태를 가지게 될 것이며, 나중에는 좀 더 확률이 큰 상태에 이르게 될 것이다. 계가 매우 확률이 낮은 상태로부터 좀 더 확률이 큰 상태로 바뀌는 동안에만 음의 시간의 방향의 계의 상태는 양의 시간의 상태와 다를 것이다.
2. 계가 질서 있는 상태로부터 무질서한 상태로 진행할 확률은 극히 낮다. 또한, 그 반대의 전이는 (매우 작지만) 계산될 수 있는 확률을 가지며, 분자 개수가 무한대인 극한에서만 0로 접근한다. 유한한 분자들의 닫힌 계가 처음에는 질서 있는 상태에 있다가 무질서한 상태로 진행하여, 무한히 긴 시간 후에 최종적으로 다시 질서 있는 상태로 귀착된다는 사실은, 따라서 본 이론을 부정하는 것이 아니라 실제로 확인하는 것이다. 하지만 $\frac{1}{10}$ 리터의 용기 내에 있는 처음에는 혼합되지 않았던 두 기체들이 혼합되다가, 다시 며칠 후에 분리되고, 다시 혼합되는 등등 … 을 상상하면 안 된다. 반면에 우리가 사용한 원리에 의하면 $10^{10^{10}}$ 년 이전에는 기체들이 분리되는 현상이 관찰되지 않을 것임을 알 수 있을 것이다. 이것은 사실상 *결코* 일어나지 않을 것이어서, 확률 법칙에 의하면 이 긴 시간 동안에 순전히 우연에 의하여 큰 국가의 모든 사람

들이 같은 날에 자살을 하거나, 모든 건물들에 동시에 화재가 발생할 확률을 보험회사들이 무시하여도 무방한 것에 비유할 수 있겠다. 이러한 사건들의 확률보다 더 낮은 확률을 가진 경우가 사실상 불가능한 것이 아니라면, 오늘이 지나고 다시 밤과 낮이 찾아올 것임을 누구도 확신할 수 없을 것이다.

우리는 주로 기체의 과정에 대하여 함수 H를 계산하였다. 그러나 고체와 액체상태의 원자운동을 지배하는 확률 법칙은 기체의 경우와 질적으로 다르지는 않을 것이며, 그 수학적 처리가 좀 더 어렵겠지만 엔트로피에 대응하는 함수 H의 계산이 원리적으로는 어렵지 않을 것이다.

§89. 열역학 제2법칙과의 관련

따라서 세계가 무한히 많은 원자들로 구성된 매우 큰 역학적 계여서, 완전히 질서를 가진 초기상태에서 시작하여 현재에도 상당히 질서 있는 상태에 있다고 본다면, (순전히 이론적인 —철학적인— 관점에서 보자면, 이러한 개념에는 순전히 현상론적인 관점에 근거하는 열역학에 모순되는 새로운 양상들을 포함하는 것이지만) 우리는 실제로 관찰되는 사실에 부합되는 결과들을 얻게 된다. 일반 열역학은 지금까지의 경험으로 보자면 모든 자연현상들이 비가역적이라는 사실로부터 출발한다. 따라서 현상론적 원리에 의하면 열역학 제2법칙은 모든 자연과정들의 무조건적인 비가역성이 소위 공리로서 단언되는바, 이는 순전히 현상론적인 관점에 근거하는 일반 물리학이 물질의 무조건적인, 무한한 분할을 단언하는 것과 같다.

이러한 공리에 근거하는 탄성이론과 유체역학의 미분방정식들이 사실들을 가장 간단한 표현으로 나타내기 때문에 언제나 많은 군의 자연현상들의 현상론적 기술로 남아 있는 것처럼, 일반적인 열역학도 마찬가지일 것이다. 분자론에 매혹된 누구도 이를 완전히 포기할 수는 없는 것이다. 그러나 반대편의 극단인 자족적인 현상학 또한 회피되어야 할 것이다.

미분방정식은 단순히 계산을 위한 수학적 방법인데, 그 명확한 의미는 많은 개수의 요소들을 사용하는 모델을 운용함으로써 이해된다. 이와 마찬가지로 (부동의 중요성에 대한 편견 없이) 일반적인 열역학에는 자연에 대한 우리의 이해를 심화하기 위하여, 계를 나타내는 역학적 모델이 필요하다. 이는 이 모델들이 새로운 관점에 대한 개관을 제공하는 대신에 일반적인 열역학과 동일한 근거를 항상 포함하지는 않기 때문이다. 따라서 일반적인 열역학은 모든 자연 과정의 부동의 비가역성에 굳게 근거한다. 일반적인 열역학은 자연의 어떤 현상에서도 그 값이 한쪽 방향(예를 들면 증가하는 방향)으로만 변할 수 있는 함수(엔트로피)를 가정한다. 따라서 이에 의하면 세계의 나중 상태가 그 이전의 상태에 비하여 더 큰 엔트로피로 규정된다. 엔트로피의 극대값으로부터의 차이 —이는 모든 자연적 과정의 목표[Treibende]이다— 는 항상 감소할 것이다. 총에너지는 불변하지만 그 가변성은 따라서 계속 작아지고, 자연적 사상들은 더 지루하고 재미없어지며, 이전의 엔트로피 값으로 돌아가는 것은 불가능하다.[67]

이 결과가 우리의 경험과 모순된다고 단언할 수는 없는데, 실제로 이것이 세계에 대한 우리의 현 지식의 연장선상에 있는 듯하기 때문이다. 그러

67) Boltzmann, Die Unentbehrelichkeit der Atomistik I. d. Naturwissenschaft. Wien. Ber. **105** (2) 907(1896); Ann. Phys. [3] **60**, 231(1897). Ueber die Frage nach der Existenz der Vorgänge in der unbelebten natur, Wien. Ber. **106** (2) 83(1897).

나 직접적인 경험을 넘어설 때에 유념해야 할 사항을 인식한다 하더라도, 이 결과들이 거의 만족스럽지 못함을 인정해야 하는데, 시간이 무한대로 진행한다고 생각하든지 혹은 닫힌 순환을 반복한다고 생각하든지, 이러한 결과들을 회피하기 위한 만족할 만한 방법을 찾는 것은 매우 바람직하다. 어떠한 경우에도 경험을 통하여 우리에게 주어진 시간의 특이한 일방성이 우리의 특별히 제한된 관점으로부터 야기되는 단순한 환상일 뿐임을 생각해야 할 것이다.

§90. 우주에 대한 적용

모든 알려져 있는 자연적 과정의 비가역성은 모든 자연적 사상들이 제약없이 가능하다는 생각과 부합하는가? 시간의 일방성은 무한한 시간의 개념에 부합하는가, 시간의 순환성에 부합하는가? 이러한 질문들에 긍정적으로 답하고자 하는 사람은 세계에 대한 모델로서, 시간에 대한 변화가 양의 시간과 음의 시간이 동등하게 되는 계를 사용해야 하며, 이 모델에 의하여 오랜 시간 동안에 걸쳐서 발생하는 비가역성을 어떤 특수한 가정에 의하여 설명해야 할 것이다. 하지만 이것은 바로 세계에 대한 원자론적 관점에서 일어나는 일이다.

세계가 무한히 많은 요소들로 구성된 매우 오랜 동안에 형성된 역학적 계라고 생각하면, 우리의 "항성들"을 포함하는 일부분의 차원은 우주의 역사에 비하면 단 몇 분일 뿐이다; 또한 우리가 영겁이라 부르는 시간도 우주의 나이에 비하자면 단 몇 분일 뿐이다. 그렇다면 열평형상태에 있으므로 죽어 있는 우주에는 여기저기에 우리의 (단일 세계라 불리는) 은하계의 크기와 같은 상대적으로 작은 지역이 있어서 영겁 속의 짧은 시간 동안에 뚜렷이 열평형으로부터 벗어나서 상태분포가 증가하거나 감소할 확률이 동일한 경우가 있을 것이다. 공간 내에 위쪽과 아래쪽이 구별 불가능한 것처럼 우주에서 시간의 두 방향은 구별할 수 없다. 그러나 지표상에서 우리가 "아래쪽"이라고 부르는 방향은 지구의 중심을 향하는 것처럼, 특정한 시간 동안에 살아 있는 존재는 확률이 더 작은 상태로 향하는 시간(과거로 향한 시간)과 그 반대의 방향의 시간(미래의 시간)을 구별할 것이다. 이 용어를 빌리자면 우주의 작은 고립된 지역은 항상 "초기에" 확률이 낮은 상태에 있게 된다. 나에게 있어서 이 방법은, 우주가 어떤 지정된 초기상태로부터 최종상태를 향하여 한쪽 방향으로 변한다는 가정 없이도 열역학 제2법칙 —각 단일세계의 열적 죽음— 을 이해하는 유일한 방식인 듯하다.

이러한 추측이 중요하다거나 혹은 —고대의 철학자들이 그러했던 것처럼— 과학의 가장 높은 목적이라고는 누구도 생각하지 않을 것이다. 그러나 이를 순전히 무의미한 것으로 경멸하지도 않을 듯하다. 이런 추측들이 우리의 생각의 지평을 확대하여 활기찬 생각에 의하여 경험적 사실에 대한 이해에 진전을 줄 수 있을지 누가 알랴?

자연에서 확률이 큰 상태가 확률이 낮은 작은 상태로 전이되는 경우가 그 반대의 경우보다 덜 빈번히 일어난다는 사실은, 우리를 둘러싼 전 우주의 초기상태가 매우 확률이 낮은 것임을 가정하면 이해될 수 있는데, 그 결과로서 임의의 상호작용하는 물체들의 계가 일반적으로 확률이 낮은 초기상태를 가진다는 것이다. 그러나 확률이 큰 상태에서 확률이 낮은 작은 상태로 전이되는 경우가 여기저기에서 일어나고, 또 실제로 관찰된다고 반론을 펼 수도 있을 것이다. 이에 대해서는 위에서 언급한 우주론적 논의가 해답을 줄 수 있다. 관찰 시간 동안에 관찰 가능한 차원에서 확률이 큰 상태가 확률이 낮은 작은 상태로 전이되는 경우의 무한 희소성에 대한 수치적 자료로부터, 우리는 개별세계(특히 우리의 개별세계) 내에서 그러한 과정은 그 가능성이 너무나 낮기에 이를 관찰할 수 없다고 보아야 할 것이다.

하지만 모든 개별세계들의 집합인 전 우주에서는 실제로 반대방향의 과정들이 일어날 수도 있을 것이다. 그러나 그러한 과정들을 관찰하는 존재들은 시간이 확률이 낮은 상태로부터 확률이 높은 상태로 흐른다고 볼 것이어서, 이 존재들이 우리로부터 영겁의 시간과 시리우스까지의 거리의 $10^{10^{10}}$배의 공간으로 떨어져 있으며, 또한 그들의 언어는 우리의 언어와 아무런 관계가 없으므로, 시간에 대한 그들의 생각이 우리와 다른지 결코 알 수가 없을 것이다.

당신은 이런 생각에 웃을지도 모른다; 그러나 여기에서 제기된 세계에 대한 모델이 최소한 내적 모순이 없는 가능한 것이며, 또한 새로운 관점을 주므로 유용한 것임을 인정해야 할 것이다. 세계에 대한 우리의 모델은 추측뿐 아니라 실험(예를 들면 가분성의 한계, 영향권의 크기, 유체역학 및 확산과 열전도 방정식들과의 차이)에도 동기를 부여하는바, 다른 어느 이론도 이에 미치지 못할 것이다.

§91. 분자물리학에 대한 확률미적분의 적용

본 주제에 확률미적분을 적용할 수 있는지에 대하여 의구심이 제기된 바 있다. 그러나 확률미적분은 많은 특수한 경우들에 있어서 검증되었기 때문에 좀 더 일반적인 종류의 자연적 과정에 확률미적분이 적용될 수 없을 이유를 나는 찾지 못하겠다. 기체분자운동에 확률미적분을 적용하는 근거는 물론 분자운동의 미분방정식으로부터 엄밀하게 이끌어낼 수는 없다. 이는 매우 많은 기체분자들과 그 경로의 길이로부터 자연스럽게 따르는 것인데, 이에 의하여 분자들이 충돌을 일으키는 기체의 성질들은 그전에 분자가 어디에서 충돌했는지에 전혀 무관하다. 이는 물론 임의적으로 긴 시간 동안에 유한한 분자들이 있을 경우에만 얻어지는 결과이다. 완벽하게 매끄러운 벽을 가진 견고한 용기 내의 유한한 개수의 분자들에 대해서 이는 결코 정확하지 않으며, 맥스웰의 속도분포는 언제나 성립할 수가 없다.[68)]

그러나 실제로는 벽은 연속적으로 섭동을 겪는데, 이는 유한한 개수의 분자들로부터 발생하는 주기성을 파괴한다. 어떠한 경우에도 기체론에 대한 확률미적분의 적용은 거부되기보다는 매우 긴 시간 동안의 유한한 닫힌 계의 주기성에 의하여 확증되어야 하는 것이며, 그로부터 경험에 부합하는 세계의 모델이 유도될 뿐 아니라 또한 추측과 실험을 촉진하므로, 기체론에 포함되어야 할 것이다.

또한 확률미적분은 물리학에서 중요한 또 하나의 역할을 담당한다. 가우스의 유명한 방법에 의한 오차의 계산은 보험료의 통계적 계산과 마찬가지로 순전히 물리적인 과정에서 확증되고 있다. 확률법칙 덕분에 우리는 오케스트라에서 음향들이 파괴적 간섭을 일으키기보다는 규칙적으로 상호 화음을 이룬다는 사실을 알게 되었다; 이는 비편광의 본질에 대해서도 마찬가지였다. 오늘날 자연에 대한 우리의 관점이 완전히 변할 때를 기대하

68) 관련된 문헌에서 다음의 일부만을 인용한다: Loschmidt, Ueber den Zustand des Warmegleichgewichts eines Systems von Körpern mit Rucksicht auf die Schwere, Wien. Ber. **73**, 139(1876) Boltzmann, Wien. Ber. **75** (2) 67(1877); **76**, 873(1878); Wien. Ber. **78**, 740(1878); Wien. Alm. 1886; *Nature* **51**, 413(1895) Vorlesungen über gastheorie, Part I, §6. Ann. Phys. [3] **57**, 773(1896); **60**, 392(1897) Math. Ann. **50**, 325(1898) Burbury, *Natuer* **51**, 78(1894) Bryan, Am. J. Math. **19**, 283(1897) Zermelo, Ann. Phy. [3] **57**, 485(1896); **59**, 793(1896).

는 것이 유행인바, 나는 개개 분자들의 운동에 대한 기본 방정식들이 평균값에 대한 근사적 관계를 마련해줄 가능성을 언급하고자 한다. 기상학에서 평균값들에 대한 법칙들이 오랜 관찰결과에 대한 확률미적분에 의하여 얻어졌듯이, 분자운동에 대한 이러한 관계들도 주위를 구성하는 수많은 움직이는 요소들 간의 상호작용에 확률미적분을 적용하여 얻어질 것이다. 이 구성요소들은 물론 매우 많고 매우 빨리 작용하므로 정확한 평균값들은 순간적으로 얻어져야 할 것이다.

§92. 시간 역전에 의한 열평형의 유도

이러한 논의는 맥스웰[69]에 의하여 처음 제기되었고 이후에 플랑크[70]에 의하여 전개된 방정식 (266)의 유도 과정과 관련되어 있다. 주어진 성질들을 가지는 임의적으로 많은 이상기체들이 고정된 고체벽으로 둘러싸여 있다고 하고, 이를 우리의 역학적 계라 하자. 첫 번째 종류의 기체분자의 모든 부분들의 위치가 μ개의 좌표 $p_1, p_2 \cdots p_\mu$로, 두 번째 종류의 기체분자의 모든 부분들의 위치가 ν개의 좌표 $p_{\mu+1}, p_{\mu+2} \cdots p_{\mu+\nu}$로 지정된다고 하자. 이에 대응하는 운동량들은 $q_1, q_2 \cdots q_{\mu+\nu}$이다.

특이한 몇 개의 상태들을 제외하면 모든 초기상태는 점차 확률이 높은 상태로 진행하고, 계는 확률이 낮은 상태에 있었던 시간에 비하여 매우 긴 시간 동안 이 확률이 높은 상태에 머무른다고 가정하자. 확률이 높은 모든

69) Maxwell, Phil. Mag. [4] **35**, 187(1868); Scientific papers, Vol. 2, p 45.
70) Planck, Mun. Ber. **24**, 187(1894); Ann. Phys. [3] **55**, 220(1895).

상태에서 각각의 작은 부분들의 여러 양들의 평균값들은 동일하지만 각각의 분자들은 매우 많은 상태들 사이에 여러 방식으로 분포되어 있다.

(290a) $$f(p_1, p_2 \cdots q_\mu)dp_1 dp_2 \cdots dq_\mu$$

를 첫 번째 기체분자의 변수들

(291) $$p_1, p_2 \cdots q_\mu$$

가 범위

(292) $$(p_1, p_1 + dp_1), (p_2, p_2 + dp_2) \cdots (q_\mu, q_\mu + dq_\mu)$$

에 있을 확률이라 하고, 다음과 같이 정의하자: 매우 긴 시간 T 동안에 계가 연속적으로 확률이 높은 상태에 있다고 하자. 첫 번째 기체분자들의 변수들 (291)이 범위 (292)에 있게 되는 시간 간격들의 총합과 T의 비율에 첫 번째 기체분자들의 개수를 곱한 양은 변수들 (291)이 범위 (292)에 있을 확률로 정의된다.

시간 T는 계가 매우 확률이 낮은 상태에 있는 시간도 포함하는데, 이는 매우 드물다. 확률이 높은 상태로부터 계속적으로 벗어나는 특이한 상태들만이 배제되어야 한다. 짧은 시간 동안에 첫 번째 기체분자들 두 개 또는 세 개의 변수들 (291)이 동시에 (292)의 범위에 있게 된다면, 이 시간 간격들은 총합에서 두 번 또는 세 번씩 포함될 것이다.

마찬가지로

(293) $$f_2(p_{\mu+1}, p_{\mu+2} \cdots q_{\mu+\nu})dp_{\mu+1} dp_{\mu+2} \cdots dq_{\mu+\nu}$$

가 두 번째 기체분자의 변수들

(294) $$p_{\mu+1}, p_{\mu+2} \cdots q_{\mu+\nu}$$

가 범위

(295) $$(p_{\mu+1}, p_{\mu+1}+dp_{\mu+1}), (p_{\mu+2}, p_{\mu+2}+dp_{\mu+2}) \cdots (q_{\mu+\nu}, q_{\mu+\nu}+dq_{\mu+\nu})$$

에 있을 확률이라 하자.

두 분자들이 현재는 상호작용하지 않으나, 곧 상호작용하도록 범위 (292), (293)을 선택하여 보자. 이러한 상호작용을 성질 A를 가진 충돌이라 부르면 [방정식 (123) 참조]

(296) $$f_1(p_1 \cdots q_\mu) f_2(p_{\mu+1}, p_{\mu+2} \cdots q_{\mu+\nu}) dp_1 \cdots dq_{\mu+\nu}$$

는 분자쌍[71]에 있어서 변수들 (291)과 (294)가 (292)와 (295)의 범위에 있을 확률이며, 이를 간단히 성질 A를 가진 충돌의 확률이라 부르자.

(첫 번째 종류의 분자 B와 두 번째 종류의 분자 C로 구성된) 분자쌍의 변수들 (291)과 (294)가 (292)와 (295)의 범위에 떨어지는 순간, 어떤 시간 t가 경과하도록 하는바, 이는 두 분자 간 충돌 시에 상호작용하는 시간보다는 길다고 하자. 분자 B와 C의 변수들 (291)과 (294)의 값들은 시간 t가 지나면

(297) $$(P_1, P_1+dP_1) \cdots (Q_{\mu+\nu}, Q_{\mu+\nu}+dQ_{\mu+\nu})$$

의 범위에 있게 된다.

위에서 T로 표기한 시간을 지나서 모든 분자들의 모든 구성요소들의 속도의 크기 및 위치들은 그대로 하고, 속도의 방향만을 거꾸로 하자. 계는 동일한 순서의 상태들을 반대방향으로 지날 것인데, 이를 원래의 변화(직접과

71) 아래의 논의에서 분자쌍은 첫 번째 종류의 분자와 두 번째 종류의 분자로 구성되어 있다.

정)와 대조하여 역과정이라고 부르자.

직접과정의 변수들 (291)과 (294)가 (292)와 (295)의 범위에 있게 되는 반면, 역과정에서 변수들은

(298) $$\begin{Bmatrix} (P_1, P_1 + dP_1) \cdots (P_{\mu+\nu}, P_{\mu+\nu} + dP_{\mu+\nu}), \\ (-Q_1, -Q_1 - dQ_1) \cdots (-Q_{\mu+\nu}, Q_{\mu+\nu} - dQ_{\mu+\nu}) \end{Bmatrix}$$

의 범위에 있게 된다.

다음으로, 우리의 계에서 모든 좌표들과 속도의 크기는 동일하지만 속도의 방향이 다른 두 상태들의 확률이 같다고 가정하여. 이를 가정 A라 부르자. 분자들이 단순한 질점이거나 임의의 모양을 가진 고체인 경우 및 기타의 다른 경우에서 이 가정은 성립한다. 그러나 어떤 경우에는 이것이 증명되어야 할 것이다.

따라서 역과정에서 변수들은 (292)와 (295)의 범위에 있게 되는 빈도만큼 (297)의 범위에 있게 될 것이다. 하지만 역과정에서도 계는 순차적으로 많은 개수의 상태들을 지나게 되는데, 변수들 또한 많은 다른 값들을 가지게 된다. 이 상태들은 따라서 전적으로 또는 압도적으로 특이한 상태일 수가 없는데, 대부분은 확률이 높은 상태일 것이다. 따라서 직접과정과 역과정에서의 변수들의 평균은 동일하여야 하며, 분자쌍의 변수들이 (297)의 범위에 있을 확률은 (296)과 마찬가지로:

$$f_1(P_1 \cdots Q_\mu) f_2(P_{\mu+1} \cdots Q_{\mu+\nu}) dP_1 \cdots dQ_{\mu+\nu}$$

로 주어지는바, 이는 (296)과 같다. 그러나 루이빌 정리에 의하면

$$dp_1 \cdots dq_{\mu+\nu} = dP_1 \cdots dQ_{\mu+\nu}$$

이므로 방정식

$$(299) \quad f_1(p_1 \cdots q_\mu) f_2(p_{\mu+1} \cdots q_{\mu+\nu}) = f_1(P_1 \cdots Q_\mu) f_2(P_{\mu+1} \cdots Q_{\mu+\nu})$$

를 얻는다. 이에 의하여 (266)이 모든 종류의 충돌에 있어서 성립한다는 사실이 증명되었다.

§93. 유한한 개수의 상태들의 순환 계열에 대한 증명

(실제로 모든 경우에 있어서 성립하지는 않는) 가정 A를 사용하지 않으려 한다면, §81에서와 마찬가지로 증명은 반복적 순환을 이용하여 수행되어야 할 것이다. 간단히 하기 위하여 모든 분자들이 같은 종류라고 가정하여,

$$(300) \qquad \begin{pmatrix} 2, 1 \\ 3, 4 \end{pmatrix}, \begin{pmatrix} 4, 3 \\ 5, 6 \end{pmatrix}, \begin{pmatrix} 6, 5 \\ 7, 8 \end{pmatrix} \cdots \begin{pmatrix} a, a-1 \\ 1, \ \ 2 \end{pmatrix}$$

의 충돌들을 생각해보자. 이 중 첫 번째 충돌의 확률은

$$C_{3,4}^{2,1} w_1 w_2$$

이고, 그 다음 충돌의 확률은

$$C_{5,6}^{4,3} w_3 w_4 \cdots$$

등등이다. 이제 루이빌 정리에 의하여

$$C_{3,4}^{2,1} = C_{5,6}^{4,3} = C_{7,8}^{6,5} \cdots$$

이다. 이 모든 계수들의 공통된 값을 C로 표기하면 (300)의 모든 충돌들의 확률은:

$$C w_1 w_2, \ C w_3 w_4, \ C w_5 w_6 \cdots, \ C w_{a-1} w_a$$

이다. 이제 계의 상태변화의 전 과정을 거꾸로 해보자. 이 경우에도 상태들의 정상분포를 얻게 됨은 자명하다. 따라서 어느 특정한 충돌의 확률은 원래의 과정에서나 역과정에서나 동일해야 한다. 반대의 과정에서 (300)의 마지막 충돌의 확률은 Cw_1w_2, 마지막에서 두 번째 충돌의 확률은 $Cw_{a-1}w_a$ 등등이다. 따라서

$$w_1w_2 = w_{a-1}w_a = w_{a-3}w_{a-2} \cdots = w_3w_4$$

를 얻는데, 이 관계는 모든 충돌에서 성립하므로 (266)이 다시 증명되었다.

이상의 논의에서 나는, "이는 따라서 가능한 속도 분포의 최종적인 형태이며, 또한 유일한 형태이다."라는 문장으로 시작한 맥스웰의 생각을 상세하게 발전시켰다고 믿는다.

지은이

:: 루트비히 볼츠만 Ludwig Eduard Boltzmann, 1844~1906

1844년 오스트리아 빈에서 출생
1863년 빈 대학에서 물리학을 전공. 1866년에 「기체분자운동론」으로 박사학위 취득
1867년 첫 논문 「열역학 제2법칙의 역학적 의미」 발표
1869년 그라츠 대학의 수리물리학 정교수로 임용
1873년 빈 대학의 수학 교수로 취임
1876년 그라츠 대학의 수학 및 물리학 강사인 헨리에테 폰 아이겐틀러와 결혼.
그라츠 대학으로 돌아감
1887년 그라츠 대학 총장으로 취임
1890년 뮌헨 대학 이론물리학과의 석좌교수로 취임
1893년 스승인 요제프 슈테판의 후임으로 빈 대학 이론물리학 교수로 취임
1896년 『기체론 강의(*Vorlesungen über Gastheorie*)』 출간
1906년 이탈리아 트리스테 근처 두이노에서 여름휴가 중 사망.
빈의 중앙묘지에 있는 묘비명에는 유명한 엔트로피 방정식 $S = k \log W$ 가 새겨져 있음

옮긴이

:: 이성열

서울대학교 화학과(이학사)
KAIST 화학과(이학석사)
시카고 대학 화학과(이학박사)
경희대학교 응용화학과 교수(물리화학 전공)
1999년 경희대학교 창립 50주년 미원학술상(우수상)
2009년 대한화학회 이태규 학술상 수상
논문 "Hydrogen-bond promoted nucleophilic fluorination: Concept, mechanism and applications in positron emission tomography" *Chem. Soc. Rev.* **45**, **4638**(2016) 등 150여 편 발표
저, 역서: 『과학의 천재들』(앨런 라이트먼 지음, 다산초당, 2011)
『과학이 나를 부른다』(공저, 사이언스북스, 2008)

:: 한국연구재단총서 학술명저번역 서양편 603

기체론 강의 ❷

1판 1쇄 찍음 | 2018년 1월 10일
1판 1쇄 펴냄 | 2018년 1월 22일

지은이 | 루트비히 볼츠만
옮긴이 | 이성열
펴낸이 | 김정호
펴낸곳 | 아카넷

출판등록 2000년 1월 24일(제406-2000-000012호)
10881 경기도 파주시 회동길 445-3
전화 | 031-955-9510(편집) · 031-955-9514(주문)
팩시밀리 | 031-955-9519
책임편집 | 이하심
www.acanet.co.kr

Printed in Seoul, Korea.

ISBN 978-89-5733-580-2 94420
ISBN 978-89-5733-214-6 (세트)

이 도서의 국립중앙도서관 출판예정도서목록(CIP)은
서지정보유통지원시스템 홈페이지(http://seoji.nl.go.kr)와
국가자료공동목록시스템(http://www.nl.go.kr/kolisnet)에서 이용하실 수 있습니다.
(CIP제어번호: CIP 2017033115)